"十四五"高等教育机电类专业系列教材

# 电工电子技术

朱海宽　罗锋华◎主　编
沈　放　胡　荣◎副主编

中国铁道出版社有限公司
CHINA RAILWAY PUBLISHING HOUSE CO., LTD.

## 内 容 简 介

本书依据教育部高等学校电工电子基础课程教学指导分委员会2022年发布的《基础课程教学要求》进行编写。全书以电工学基础知识和电路分析方法为主，以典型例题为辅，以清晰和易理解的方式讲述电路基础、模拟电子技术和数字电子技术的相关知识。

本书共分10章，包括电路的基本概念、电路定律及定理、电路分析方法、正弦交流电路、半导体器件、直流稳压电源、三极管放大电路及分析、集成运算放大器及其应用、数字电路基础、组合逻辑电路与时序逻辑电路。

本书适合作为高等学校工科非电类专业少学时电工学课程的教材，也可作为高等职业教育、成人高等教育中非电类专业的教材。

**图书在版编目（CIP）数据**

电工电子技术 / 朱海宽，罗锋华主编. -- 北京 ：
中国铁道出版社有限公司，2025. 2. -- （“十四五”
高等教育机电类专业系列教材）. -- ISBN 978-7-113
-31908-3

Ⅰ. TM；TN

中国国家版本馆 CIP 数据核字第 2024PT2924 号

**书　　名：电工电子技术**
**作　　者：**朱海宽　罗锋华

**策　　划：**曹莉群　　**编辑部电话：**（010）63560043
**责任编辑：**何红艳　绳　超
**封面设计：**郑春鹏
**责任校对：**刘　畅
**责任印制：**赵星辰

**出版发行：**中国铁道出版社有限公司（100054，北京市西城区右安门西街8号）
**网　　址：**https://www.tdpress.com/51eds
**印　　刷：**河北宝昌佳彩印刷有限公司
**版　　次：**2025年2月第1版　2025年2月第1次印刷
**开　　本：**787 mm×1 092 mm 1/16　**印张：**11　**字数：**282千
**书　　号：**ISBN 978-7-113-31908-3
**定　　价：**38.00元

# 前言

党的二十大报告明确提出了“加强教材建设和管理”这一重要任务，为我们进一步做好教材编写工作指明了方向，提供了根本遵循。教材建设中，我们全面落实立德树人根本任务，充分发挥教材的育人作用，突出思想引领，体现时代性。《电工电子技术》就是教材建设实践中的一个成功范例。

“电工电子技术”是一门研究电路原理、电子元件及其应用的专业课程。它涵盖了电路理论、模拟电子技术和数字电子技术等多个方面，是现代工程技术的基础和关键。

为了适应“新工科”的发展趋势，本书立足于工科非电类专业的教学要求，依据教育部高等学校电工电子基础课程教学指导分委员会2022年发布的《基础课程教学要求》进行编写，旨在为学生提供一个系统、全面、易于理解的电工电子技术学习资源，帮助学生掌握电工电子技术的基本原理及应用，为后续的专业学习打下坚实基础。

本书通过10章内容介绍了电路的基本概念、电路定律及定理、电路分析方法、正弦交流电路、半导体器件、直流稳压电源、三极管放大电路及分析、集成运算放大器及其应用、数字电路基础、组合逻辑电路与时序逻辑电路。在对理论知识的分析基础上通过实例、例题和习题来加深学生对理论的掌握和理解。

本书由南昌大学科学技术学院朱海宽、江西现代职业技术学院罗锋华任主编，南昌大学科学技术学院沈放、胡荣任副主编。其中，第1、2、3、4章由朱海宽编写，第5、6章由罗锋华编写，第7、8章由沈放编写，第9、10章由胡荣编写。

限于编者的知识水平和能力，书中难免存在不妥之处，敬请使用本书的教师和学生提出批评和改进意见。

编　者

2024年10月

# 目　录


**第 1 章　电路的基本概念 ………… 1**

1.1　电路的基本物理量和工作状态 ………… 1

1.1.1　电路与电路模型 ………… 1

1.1.2　电流和电流的参考方向 ………… 2

1.1.3　电压和电压的参考方向 ………… 3

1.1.4　电位和电动势 ………… 4

1.1.5　电功率和能量 ………… 5

1.1.6　电路的工作状态 ………… 6

1.2　电路元件 ………… 7

1.2.1　电阻元件 ………… 7

1.2.2　电感元件 ………… 8

1.2.3　电容元件 ………… 10

1.3　电压源、电流源及受控源 ………… 11

1.3.1　电压源 ………… 11

1.3.2　电流源 ………… 12

1.3.3　受控源 ………… 14

1.4　电源的等效变换 ………… 15

1.4.1　理想电压源的串联和并联 ………… 15

1.4.2　理想电流源的并联和串联 ………… 15

1.4.3　实际电压源和电流源的等效变换 ………… 16

小结 ………… 18

习题 ………… 18

**第 2 章　电路定律及定理 ………… 20**

2.1　基尔霍夫定律 ………… 20

2.1.1　基尔霍夫电流定律（KCL） ………… 20

2.1.2　基尔霍夫电压定律（KVL） ………… 21

2.2　叠加定理 ………… 22

2.2.1　叠加定理的内容 ………… 22

2.2.2　叠加定理的应用 ………… 23

2.3 戴维南定理（等效电压源定理） …… 24
2.3.1 戴维南定理的内容 …… 24
2.3.2 戴维南定理的应用 …… 24
2.4 最大功率传输 …… 25
小结 …… 26
习题 …… 26

**第3章 电路分析方法 …… 28**

3.1 支路电流法 …… 28
3.2 回路分析法 …… 30
3.3 节点电压法 …… 34
小结 …… 35
习题 …… 35

**第4章 正弦交流电路 …… 37**

4.1 正弦交流电的基本概念 …… 37
4.1.1 正弦量的三要素 …… 37
4.1.2 同频率正弦量的相位关系 …… 38
4.2 正弦量的相量表示法 …… 39
4.2.1 复数及其运算 …… 39
4.2.2 相量和相量的复数运算法 …… 40
4.2.3 相量图和相量图法 …… 41
4.3 单一参数的正弦交流电路 …… 41
4.3.1 纯电阻电路 …… 41
4.3.2 纯电感电路 …… 42
4.3.3 纯电容电路 …… 44
4.4 串联正弦交流电路 …… 46
4.4.1 *RLC* 串联交流电路 …… 46
4.4.2 串联谐振电路 …… 49
4.5 三相正弦交流电路 …… 50
4.5.1 三相交流电及其表示方法 …… 51
4.5.2 三相电源星形联结 …… 52
4.5.3 负载星形联结的三相交流电路 …… 53
4.5.4 负载三角形联结的三相交流电路 …… 55
小结 …… 55
习题 …… 56

**第 5 章　半导体器件 …… 57**

5.1　半导体的导电特性 …… 57

5.1.1　本征半导体 …… 57

5.1.2　N 型半导体和 P 型半导体 …… 59

5.2　PN 结及其单向导电性 …… 60

5.3　二极管结构与特性 …… 60

5.3.1　二极管基本结构 …… 60

5.3.2　二极管伏安特性 …… 61

5.3.3　二极管主要参数 …… 62

5.3.4　稳压二极管 …… 63

5.4　三极管结构与特性 …… 65

5.4.1　三极管基本结构 …… 65

5.4.2　三极管电流分配和放大原理 …… 66

5.4.3　三极管特性曲线 …… 69

5.4.4　三极管主要参数 …… 71

5.5　光电器件 …… 74

小结 …… 75

习题 …… 76

**第 6 章　直流稳压电源 …… 77**

6.1　直流电源的结构 …… 77

6.2　二极管整流电路 …… 78

6.2.1　单相半波整流电路 …… 78

6.2.2　单相全波整流电路 …… 79

6.2.3　单相桥式整流电路 …… 80

6.3　滤波电路 …… 82

6.3.1　电容滤波 …… 82

6.3.2　电感滤波 …… 83

6.3.3　复式滤波 …… 83

6.4　稳压电路 …… 84

6.4.1　稳压电路的工作原理 …… 84

6.4.2　硅稳压管稳压电路参数的选择 …… 85

6.5　集成稳压器 …… 86

6.5.1　固定式三端集成稳压器 …… 87

6.5.2　可调式三端集成稳压器 …… 88

小结 …… 90
习题 …… 90

**第 7 章 三极管放大电路及分析 …… 91**

7.1 基本共射放大电路 …… 91
7.1.1 放大电路的主要性能指标 …… 91
7.1.2 直流通路与交流通路 …… 92
7.2 放大电路的分析方法 …… 93
7.2.1 估算法 …… 93
7.2.2 图解法 …… 94
7.2.3 微变等效电路 …… 96
7.3 偏置共射放大电路 …… 96
7.3.1 电路组成及各元器件的作用 …… 96
7.3.2 偏置共射放大电路的分析 …… 97
7.4 分压式偏置共射放大电路 …… 99
7.4.1 温度对静态工作点的影响 …… 99
7.4.2 分压式偏置共射放大电路的组成 …… 99
7.4.3 分压式偏置共射放大电路工作原理 …… 100
7.4.4 分压式偏置共射放大电路的分析 …… 101
7.5 其他放大电路及分析 …… 101
7.5.1 共集电极放大电路 …… 101
7.5.2 共基极放大电路 …… 104
7.6 多级放大电路 …… 105
7.6.1 级间耦合方式 …… 105
7.6.2 多级放大电路的主要性能指标 …… 106
小结 …… 107
习题 …… 107

**第 8 章 集成运算放大器及其应用 …… 109**

8.1 集成运算放大器概述 …… 109
8.1.1 集成运放的特点及分类 …… 109
8.1.2 集成运放的基本组成 …… 110
8.1.3 集成运放的主要技术指标 …… 111
8.2 集成运算放大器的应用电路 …… 112
8.2.1 理想运算放大器分析基础 …… 112
8.2.2 比例运算电路 …… 113

8.2.3 加法运算电路 …… 115

8.2.4 减法运算电路 …… 116

8.3 负反馈放大电路 …… 118

8.3.1 反馈概念的建立 …… 118

8.3.2 反馈的分类及判断 …… 118

8.3.3 负反馈的四种类型 …… 121

小结 …… 123

习题 …… 123

**第9章 数字电路基础 …… 125**

9.1 数字信号的特点 …… 125

9.2 数制与码制 …… 125

9.2.1 数制 …… 125

9.2.2 码制 …… 126

9.3 逻辑函数 …… 127

9.3.1 三种基本逻辑函数 …… 127

9.3.2 复合逻辑函数 …… 129

9.4 逻辑代数的基本定律和逻辑函数的化简 …… 131

9.4.1 逻辑代数的基本定律 …… 131

9.4.2 逻辑函数的代数化简 …… 132

9.4.3 逻辑函数的卡诺图化简 …… 133

9.5 逻辑门电路 …… 136

9.5.1 基本逻辑门电路 …… 136

9.5.2 复合逻辑门电路 …… 140

小结 …… 144

习题 …… 145

**第10章 组合逻辑电路与时序逻辑电路 …… 146**

10.1 组合逻辑电路 …… 146

10.1.1 组合逻辑电路概述 …… 146

10.1.2 组合逻辑电路的分析 …… 146

10.1.3 组合逻辑电路的设计 …… 148

10.2 常用触发器 …… 150

10.2.1 基本RS触发器 …… 150

10.2.2 其他类型的触发器 …… 152

10.3 时序逻辑电路 …… 159
10.3.1 时序逻辑电路概述 …… 159
10.3.2 时序逻辑电路功能的描述方法 …… 159
10.3.3 同步时序逻辑电路分析举例 …… 160
小结 …… 164
习题 …… 164
**参考文献 …… 166**

# 第 1 章 电路的基本概念

本章主要介绍电路的基本概念，内容包括：电路与电路模型，电流和电压及其参考方向，电功率和能量，电阻元件、电容元件、电感元件的数学模型及特性，电压源和电流源的概念及特点，受控源的概念及分类等。

## 1.1 电路的基本物理量和工作状态

### 1.1.1 电路与电路模型

电路是电流的通路，主要由电源、负载和中间环节（包括连接导线和开关等）三个基本部分组成。发电机、蓄电池等是电源，它们将非电能转换成电能，向电路提供能量。电灯、电动机、电炉等是负载，分别将电能转换为光能、机械能和热能等非电能，它们是取用电能的设备。中间环节是连接电源和负载的部分，起着连接与断开电路，控制、传递和分配电能的作用。

**1. 实际电路**

实际电路是由电气设备组成（如电动机、变压器、晶体管、电容等），为完成某种预期的目的而设计、连接和安装形成的电流通路。图 1.1（a）所示为手电筒电路，它由三部分组成：①提供电能的能源（图中为干电池），简称电源或激励源或输入，电源将其他形式的能量转换成电能；②用电设备（图中为灯泡），简称负载，负载将电能转换为其他形式的能量；③连接导线，导线提供电流通路，电路中产生的电压和电流称为响应。

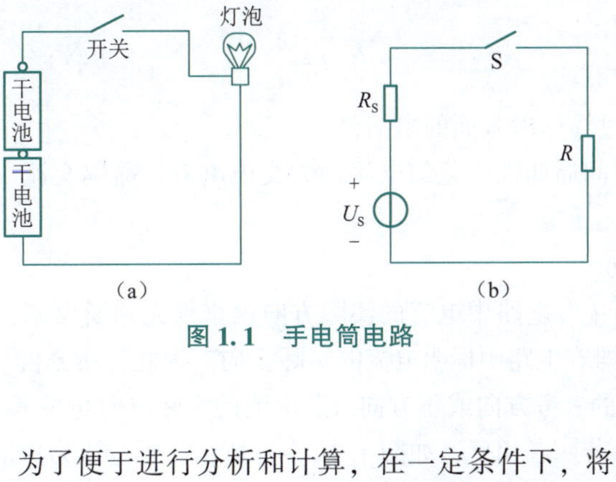


图 1.1 手电筒电路

**2. 电路模型**

在集总参数电路中，为了便于进行分析和计算，在一定条件下，将实际元件加以近似化、理想化，忽略其次要性质，用足以表征其主要特征的“模型”来表示，这种元件称为理想元件。由理想电路元件构成的电路，称为实际电路的“电路模型”。图 1.1（a）所示为手电筒的实际电路，若将灯泡看成电阻元件，用符号“$R$”表示，考虑干电池内部自身消耗的电能，将干电池看成电阻元件 $R_S$ 和电压源 $U_S$ 串联，连接导线看成理想导线（其电阻为零）。这样，手电筒的实际电路就可以用电路模型来表示，如图 1.1（b）所示。

电路模型是指足以反映实际电路中电工设备和器件（实际部件）的电磁性能的理想电路元件或它们的组合。理想电路元件是指忽略了实际部件的外形、尺寸等差异性，反映其电磁性能共性的电路模型的最小单元。

发生在实际电路器件中的电磁现象按性质可分为消耗电能、供给电能、储存电场能、储存磁场能。

假定这些现象可以分别研究，将每一种性质的电磁现象用一理想电路元件来表征，有如下几种基本的理想电路元件：

①电阻：反映消耗电能转换成其他形式能量的过程（如电阻器、灯泡、电炉等）。

②电容：反映产生电场、储存电场能的特征。

③电感：反映产生磁场、储存磁场能的特征。

④电源元件：表示各种将其他形式的能量转换成电能的元件。

## 1.1.2 电流和电流的参考方向

### 1. 电流

带电粒子（电子、离子等）的定向运动称为电流。电流的量值（大小）等于单位时间内穿过导体横截面的电荷量，用符号“$i$”表示，即

$$i=\lim_{\Delta t\to 0}\frac{\Delta q}{\Delta t}=\frac{\mathrm{d}q}{\mathrm{d}t} \tag{1.1}$$

式中，$\Delta q$ 为极短时间 $\Delta t$ 内通过导体横截面的电荷量。

在国际单位制（SI）中，电流的单位是安［培］①（A）。常用的电流单位有千安（kA）、毫安（mA）、微安（μA）等，它们之间的换算关系为

$$1\ \text{kA}=10^3\ \text{A}=10^6\ \text{mA}=10^9\ \mu\text{A}$$

电流方向定义为正电荷定向运动的方向。当电流的量值和方向都不随时间变化时，$\mathrm{d}q/\mathrm{d}t$ 为定值，这种电流称为直流电流，简称直流（DC）。常用英文大写字母“$I$”表示。对于直流，式（1.1）可写成

$$I=\frac{q}{t} \tag{1.2}$$

式中，$q$ 为时间 $t$ 内通过导体横截面的电荷量。

量值和方向随着时间周期性变化的电流称为交流电流，简称交流（AC）。常用英文小写字母“$i$”表示。

### 2. 电流的参考方向

在复杂电路的分析中，电路中电流的实际方向很难预先判断出来，有时电流的实际方向还会不断改变。因此，很难在电路中标明电流的实际方向。为此，在分析与计算电路时，常可任意规定某一方向作为电流的参考方向或正方向。若电流的实际方向与参考方向一致，如图 1.2（a）所示，则电流为正值；若两者相反，如图 1.2（b）所示，则电流为负值。这样就可以利用电流

① ［］内的字，是在不致混淆的情况下，可以省略的字，下同。——编者注

的参考方向和正负值来判断电流的实际方向。应当注意，在未规定参考方向的情况下，电流的正负号是没有意义的。

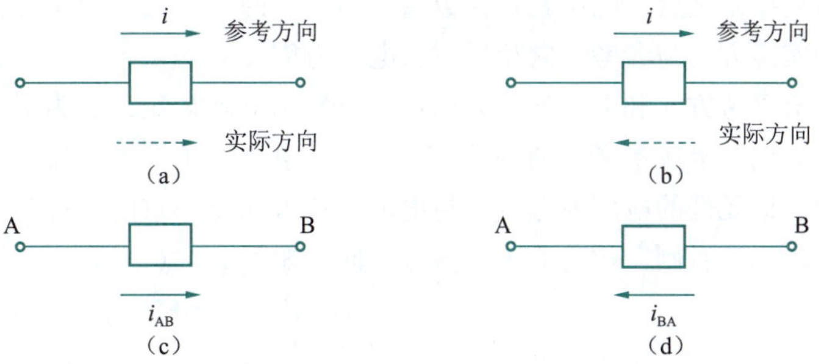


图 1.2　电流的参考方向

电流的参考方向除用箭头在电路图上表示外，还可用双下标表示，如对某一电流，用 $i_{AB}$ 表示其参考方向为由 A 指向 B，如图 1.2（c）所示；用 $i_{BA}$ 表示其参考方向为由 B 指向 A，如图 1.2（d）所示。显然，两者相差一个负号，即

$$i_{AB}=-i_{BA}$$

需要指出的是：

①电流的参考方向可以任意指定。

②指定参考方向的用意是将电流看成代数量。在指定的电流参考方向下，电流值的正和负就可以反映出电流的实际方向。

## 1.1.3　电压和电压的参考方向

### 1. 电压

导体中存在电场时，电荷在电场力的作用下运动，电场力对运动电荷做功，运动电荷的电能将减少，电能转化为其他形式的能量。电路中 A、B 两点间的电压是单位正电荷在电场力的作用下由 A 点移动到 B 点所减少的电能，即

$$u_{AB}=\lim_{\Delta q\to 0}\frac{\Delta W_{AB}}{\Delta q}=\frac{\mathrm{d}W_{AB}}{\mathrm{d}q} \tag{1.3}$$

式中，$\Delta q$ 为由 A 点移动到 B 点的电荷量；$\Delta W_{AB}$ 为移动过程中电荷所减少的电能。

电压的实际方向是使正电荷电能减少的方向，当然也是电场力对正电荷做功的方向。在国际单位制中，电压的单位是伏［特］（V）。常用的电压单位有千伏（kV）、毫伏（mV）、微伏（μV）等，它们之间的换算关系为

$$1\ \text{kV}=10^3\ \text{V}=10^6\ \text{mV}=10^9\ \mu\text{V}$$

量值和方向都不随时间变化的直流电压用英文大写字母“$U$”表示。量值和方向随着时间周期性变化的交流电压用英文小写字母“$u$”表示。

### 2. 电压参考方向

与电流类似，在电路分析中也要规定电压的参考方向，通常用三种方式表示：

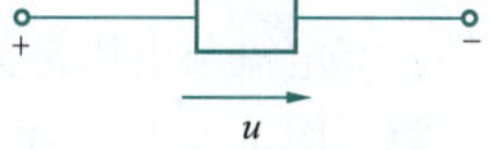


图 1.3　电压的参考方向

①采用正（+）、负（−）极性表示，称为参考极性，如图 1.3 所示。这时，从正极性端指向负极性端的方向就是电压的参考方向。

②采用实线箭头表示，如图 1.3 所示为电压的参考方向。

③采用双下标表示，如 $u_{AB}$ 表示电压的参考方向由 A 指向 B。

电压的参考方向指定之后，电压就是代数量。当电压的实际方向与参考方向一致时，电压为正值；当电压的实际方向与参考方向相反时，电压为负值。

任一电路的电流参考方向和电压参考方向可以分别独立地规定，但为了分析方便，常使同一元件的电流参考方向与电压参考方向一致，即电流从电压的正极性端流入该元件而从它的负极性端流出。这时，该元件的电压参考方向与电流参考方向是一致的，称为关联参考方向，如图 1.4（a）、（b）所示；否则，称为非关联参考方向，如图 1.4（c）所示。

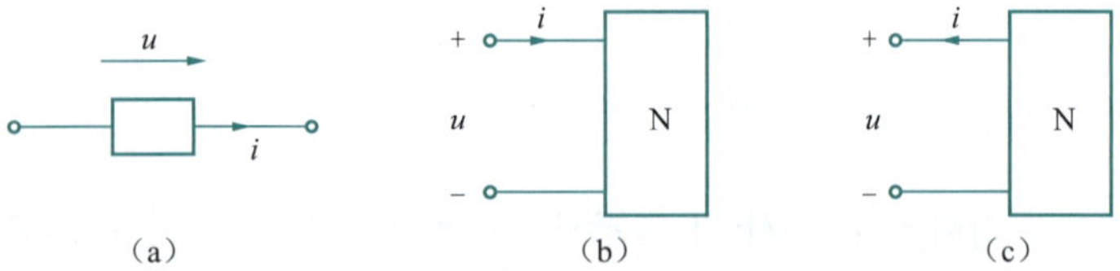


图 1.4　关联方向与非关联方向

## 1.1.4　电位和电动势

### 1. 电位

在复杂电路中，经常用电位的概念来分析电路。所谓电位，是指在电路中任选一点作为参考点，某点到参考点的电压就称为该点的电位。电位用英文大写字母“$V$”表示，电路中 A 点的电位可表示为 $V_A$。图 1.5 所示为电位的表示，其参考方向规定为 A 点为参考正极性，参考点 O 为参考负极性。电位的单位与电压的单位相同，国际单位制中它们的单位均为伏［特］(V)。

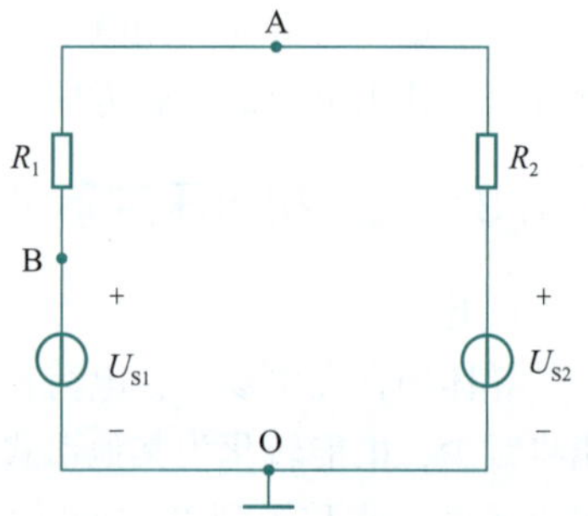


图 1.5　电位的表示

已知 A、B 两点的电位分别为 $V_A$、$V_B$，则此两点间的电压为

$$U_{AB}=U_{AO}+U_{OB}=U_{AO}-U_{BO}=V_A-V_B \tag{1.4}$$

即两点间的电压等于这两点的电位的差，所以，电压又称电位差。

参考点选择不同，同一点的电位就不同，但电压与参考点的选择无关。至于如何选择参考点，则要视分析计算问题的方便而定。电子电路中需选各有关部分的公共线作为参考点，常用符号“⊥”表示。

### 2. 电动势

电动势是指电场力将单位正电荷从电源的低电位点移到高电位点所做的功。电动势用英文大写字母“$E$”表示，实际方向为电位升的方向，与电压方向相反。

【例 1.1】　试分别说明图 1.6（a）、（b）、（c）所示电路中，①电流实际方向与电压实际的极性；②电流与电压是关联的还是非关联的？

**解**　图 1.6（a）中，电流的实际方向为 a→b，电压的实际极性 a 端为“+”，b 端为“−”，电压与电流相关联；图 1.6（b）中，电流的实际方向为 b→a，电压的实际极性 a 端为“−”，b 端为“+”，电压与电流相关联；图 1.6（c）中，电压和电流都未规定参考方向，所以电流实际方向与电压实际的极性不能判定。

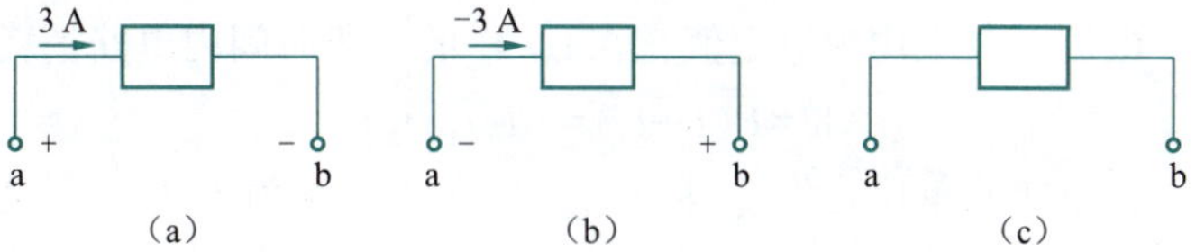


图 1.6　例 1.1 的图

需要指出的是：

①分析电路前必须选定电压和电流的参考方向。

②参考方向一经选定，必须在图中相应位置标注（包括方向和符号），在计算过程中不得任意改变。

③参考方向不同时，其表达式相差一个负号，但实际方向不变。

## 1.1.5　电功率和能量

### 1. 电功率

电功率是电路分析中常用到的一个物理量。传递、转换电能的速率称为电功率，简称功率，用“$p$”或“$P$”表示。习惯上，将发出或吸收电能表达为发出或吸收功率。

①定义。单位时间内电场力所做的功称为电功率，表达式为

$$p=\frac{\mathrm{d}W}{\mathrm{d}t} \tag{1.5}$$

在国际单位制中，电功率的单位是瓦［特］(W)。常用的电功率单位有千瓦（kW）、毫瓦（mW），它们之间的换算关系为

$$1\ \mathrm{kW}=10^3\ \mathrm{W}=10^6\ \mathrm{mW}$$

电功率与电压和电流密切相关。由于

$$p=\frac{\mathrm{d}W}{\mathrm{d}t}=\frac{\mathrm{d}W}{\mathrm{d}q}\cdot\frac{\mathrm{d}q}{\mathrm{d}t}=u\cdot i \tag{1.6}$$

在直流情况下，式（1.6）可表示为

$$P=U\cdot I \tag{1.7}$$

即电路消耗（或吸收）的功率等于其电压与电流的乘积。

②电路吸收或发出功率的判断。用式（1.6）计算功率时，如果电流、电压选取关联参考方向，则所得的 $p$ 应看成支路吸收的功率，即计算所得功率为正值时，表示支路实际吸收功率；计算所得功率为负值时，表示支路实际发出功率。

同样，如果电流、电压选取非关联参考方向，则按式（1.6）所得的 $p$ 应看成支路发出的功率，即计算所得功率为正值时，表示支路实际发出功率；计算所得功率为负值时，表示支路实际吸收功率。

需要指出的是，对于完整的电路，其发出的功率等于吸收的功率，满足功率平衡。

### 2. 能量

在 $t_0$ 到 $t_1$ 的一段时间内，某一个元件或一段电路消耗的电能 $W$ 可根据电压的定义（a、b 两点的电压在量值上等于电场力将单位正电荷由 a 点移动到 b 点时所做的功）求得，即

$$W=\int_{t_0}^{t_1} p\mathrm{d}t=\int_{t_0}^{t_1} ui\mathrm{d}t \tag{1.8}$$

在直流电路中，电流、电压均为恒定值，在 $t_0 \sim t_1$ 的一段时间内电路消耗的电能为

$$W=P(t_1-t_0)=UI(t_1-t_0) \tag{1.9}$$

在国际单位制中，电能的单位是焦［耳］(J)。它等于功率为 1 W 的用电设备在 1 s 内所消耗的电能。在实际生活中，还采用千瓦·时（kW·h）作为电能的单位。它等于功率为 1 kW 的用电设备在 1 h（3 600 s）内所消耗的电能，俗称 1 度电。

$$1\ \mathrm{kW\cdot h}=10^3\times 3\ 600\ \mathrm{J}=3.6\times 10^6\ \mathrm{J}$$

**【例 1.2】** 求图 1.7 所示电路中各方框所代表的元件发出或吸收的功率。已知：$U_1=1$ V，$U_2=3$ V，$U_3=8$ V，$U_4=4$ V，$U_5=7$ V，$U_6=-3$ V，$I_1=2$ A，$I_2=1$ A，$I_3=-1$ A。

**解** $P_1=U_1I_1=(1\times 2)\ \mathrm{W}=2\ \mathrm{W}$（发出）

$P_2=U_2I_2=(3\times 2)\ \mathrm{W}=6\ \mathrm{W}$（发出）

$P_3=U_3I_1=(8\times 2)\ \mathrm{W}=16\ \mathrm{W}$（吸收）

$P_4=U_4I_2=(4\times 1)\ \mathrm{W}=4\ \mathrm{W}$（发出）

$P_5=U_5I_3=[7\times(-1)]\ \mathrm{W}=-7\ \mathrm{W}$（吸收）

$P_6=U_6I_3=[(-3)\times(-1)]\ \mathrm{W}=3\ \mathrm{W}$（吸收）

本题的计算说明：对于完整的电路，其发出的功率等于吸收的功率。

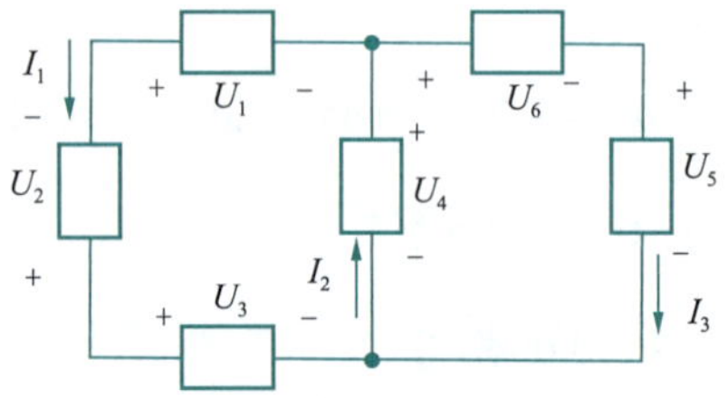


图 1.7 例 1.2 的图

## 1.1.6 电路的工作状态

### 1. 电源有载工作

如图 1.8（a）所示电路，当电源向负载正常供电时，电路中流过电流，这种状态称为有载工作状态（又称负载状态）。电路中电流为

$$I=\frac{E}{R+R_0}$$

电源端电压为

$$U_1=E-IR_0$$

可见，负载状态时，电源端电压 $U_1$ 总是小于电源电动势。

电源输出功率为

$$P_1=U_1I=(E-IR_0)I=EI-I^2R_0=P_{\mathrm{E}}-\Delta P$$

若忽略线路上的电压降，则负载从电源吸收的功率为

$$P_2=U_2I=U_1I=P_1=P_{\mathrm{E}}-\Delta P$$

式中，$U_2$ 为负载端电压；$P_{\mathrm{E}}=EI$ 为电源电动势发出的功率；$\Delta P=I^2R_0$ 为电源内阻上损耗的功率。

这说明，电源供给外电路负载的功率等于电源电动势发出的功率减去电源内阻上损耗的功率。

### 2. 电源的开路

如图 1.8（b）所示电路，当开关断开时，电源不能向负载供电，电路中电流为零；电源端电压等于电源的电动势，称为开路电压，用 $U_0$ 表示；电源输出的功率和负载吸收的功率均为零，这种状态称为开路。

### 3. 电源的短路

如图 1.8（c）所示电路，当电路中的电源两端短接时，电源内部将流过极大的短路电流，但电源和负载的端电压均为零，输出电流为零。电源发出的电功率全部被内阻所消耗，电源输出的功率和负载吸取的功率均为零，这种状态称为短路。一般来说，短路是一种严重事故，应尽量预防和避免。

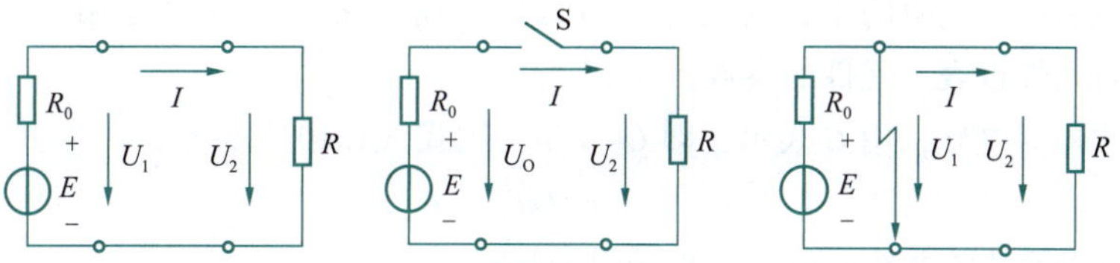


图 1.8　电路的工作状态

## 1.2　电 路 元 件

电路元件是电路中最基本的组成单元。元件的特性通过与端子有关的物理量来描述。某一种元件反映某种确定的电磁性质。表示电路元件特性的数学关系称为元件约束。

电路元件分类如下：

①电路元件按与外部连接的端子数目可分为二端、三端、四端元件等。

②电路元件按是否给电路提供能量分为无源元件和有源元件。

③电路元件的参数如不随端子上电压或电流数值变化则称为线性元件，否则称为非线性元件。

④电路元件的参数如不随时间变化则称为时不变元件，否则称为时变元件。

### 1.2.1　电阻元件

如果一个元件通过电流时总是消耗能量，那么其电压的方向总是与电流的方向一致。电阻元件就是按此而定义的，用来反映能量的消耗。电阻元件是一个二端元件，它的电流方向和电压方向总是一致的，电流和电压的大小为线性关系。

电流和电压的大小成正比的电阻元件称为线性电阻元件。元件的电流与电压的关系曲线称为元件的伏安特性曲线。线性电阻元件的伏安特性为通过坐标原点的直线，如图 1.9 所示，这个关系称为欧姆定律。在电流和电压取关联参考方向下，欧姆定律的表达式为

$$u=Ri \tag{1.10}$$

式中，$R$ 是元件的电阻，是反映电路中电能消耗的电路参数，是一个正实数。

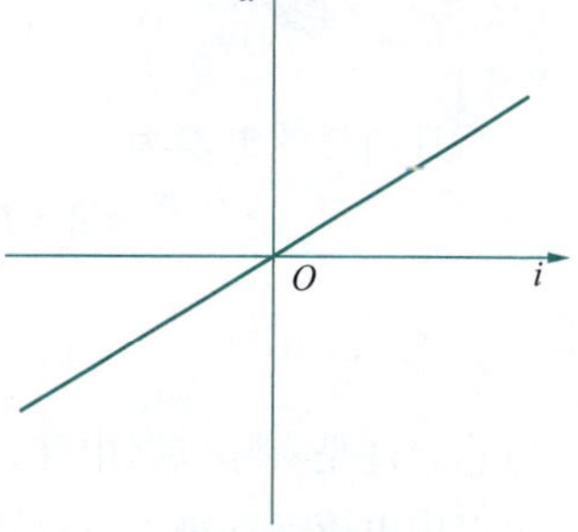


图 1.9　线性电阻元件的伏安特性曲线

式（1.10）中，电压的单位用 V 表示，电流的单位用 A 表示时，电阻的单位是欧［姆］（Ω）。电阻的单位还有千欧（kΩ）、兆欧（MΩ）。

电流和电压的大小不成正比的电阻元件称为非线性电阻元件。式（1.10）称为电阻元件上电压与电流的约束关系（VCR）。

需要说明的是，此公式在电压 $u$ 与电流 $i$ 取关联参考方向下成立。若 $u$、$i$ 为非关联参考方向，则公式表示为

$$u=-Ri \tag{1.11}$$

在国际单位制中，电阻的单位为欧［姆］(Ω)。一般情况下，说“电阻”一词及其符号 $R$ 时，既表示电阻元件也表示元件的参数。

电阻的倒数称为电导，用 $G$ 表示，即 $G=1/R$，则式（1.10）变为

$$i=Gu \tag{1.12}$$

式中，$G$ 称为电阻元件的电导，单位是西［门子］(S)。

电阻根据阻值 $R$ 的大小，在电路中有两种特殊的工作状态：

①当 $R=0$ 时，根据欧姆定律 $u=Ri$，无论电流 $i$ 为何有限值，电压 $u$ 都恒等于零，把电阻的这种工作状态称为短路。

②当 $R=\infty$ 时，根据欧姆定律 $i=u/R$，无论电压 $u$ 为何有限值，电流 $i$ 都恒等于零，把电阻的这种工作状态称为开路。

在电流和电压取关联参考方向下，任何瞬时线性电阻元件吸收的功率为

$$p=ui=i^2R=\frac{u^2}{R}=Gu^2 \tag{1.13}$$

由于电阻 $R$ 和电导 $G$ 都是正实数，因此功率 $p$ 恒为非负值。既然功率 $p$ 不能为负值，这就说明任何时刻电阻元件不可能发出电能，它所吸收的全部电能都转换成其他形式的能，所以线性电阻元件是耗能元件。

如果电阻元件把吸收的电能转换成热能，则从 $t_0$ 到 $t$ 时间内（$t-t_0$ 是电流通过电阻的总时间），电阻元件的热量 $Q$，也就是这段时间内吸收的电能 $W$ 为

$$Q=W=\int_{t_0}^{t}p\mathrm{d}t=\int_{t_0}^{t}Ri^2\mathrm{d}t=\int_{t_0}^{t}\frac{u^2}{R}\mathrm{d}t \tag{1.14}$$

**【例 1.3】** 有 220 V、100 W 灯泡一个，其灯丝电阻是多少？每天用 5 h，一个月（按 30 天计算）消耗的电能是多少？

解　灯泡灯丝电阻为

$$R=\frac{U^2}{P}=\frac{220^2}{100}\ \Omega=484\ \Omega$$

一个月消耗的电能为

$$W=Pt=100\times10^{-3}\times5\times30\ \mathrm{kW\cdot h}=15\ \mathrm{kW\cdot h}$$

### 1.2.2 电感元件

电感元件是实际电路中储存磁场能这一物理性质的科学抽象，凡是电流及其磁场存在的场合总可以用电感元件来加以描述。

电感元件是表征产生磁场、储存磁场能的元件。一般把金属导线绕在一骨架上来构成一实际电感器，线圈内有电流 $i$ 流过时，电流在该线圈内产生的磁通为自感磁通。图 1.10 所示为线圈的磁通和磁链，$\Phi_L$ 表示电流 $i$ 产生的自感磁通。其中，$\Phi_L$ 与 $i$ 的参考方向符合右手螺旋定

则，把电流与磁通这种参考方向的关系称为关联参考方向。如果线圈的匝数为 $N$，且穿过每一匝线圈的自感磁通都是 $\Phi_L$，则

$$\Psi_L = N\Phi_L$$

即电流 $i$ 产生的自感磁链。

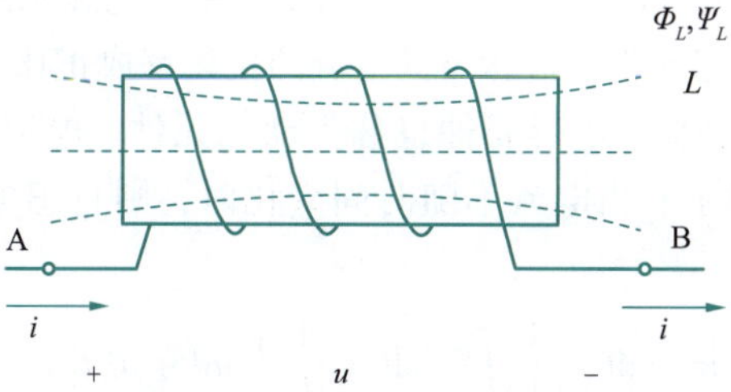


图 1.10　线圈的磁通和磁链

实际线圈通入电流时，线圈内及周围都会产生磁场，并储存磁场能。电感元件就是体现实际线圈基本电磁性能的理想化模型。

**1. 电感元件特性**

电感元件中电流 $i(t)$ 与磁通 $\Phi(t)$ 的关系最能反映该元件的性质，所以电感元件的概念可叙述如下：

一个二端元件，如果在任一时刻 $t$，其电流 $i(t)$ 和磁通 $\Phi(t)$ 的关系可以唯一地用 $i$-$\Phi$ 平面上的一条曲线所表征，即有代数关系 $F(i,\Phi)=0$。

图 1.11 所示为电感元件及其特性。电感元件的磁通链为电流的线性函数，即

$$\Psi(t) = Li(t) \tag{1.15}$$

式中，$L$ 称为电感元件的自感系数或电感。

若 $L$ 为常数，则此电感元件称为线性电感元件，它的特性曲线如图 1.11（b）所示，其斜率即为电感量 $L$。若在任何时刻该直线的斜率不变，则称为线性时不变电感元件，简称电感。若电感元件不是线性的，则为非线性电感元件，如图 1.11（c）所示。

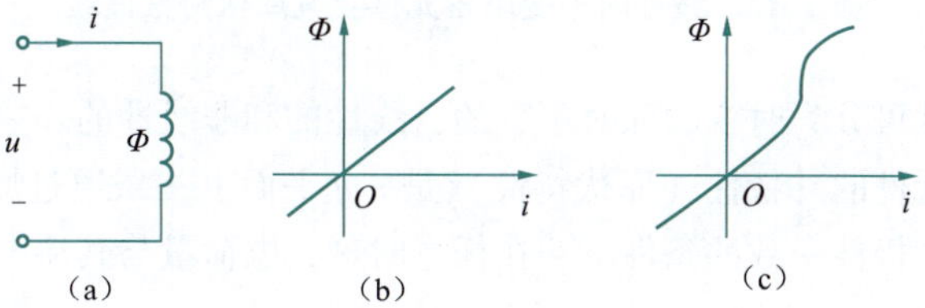


图 1.11　电感元件及其特性

电感的国际单位为亨［利］(H)，1 H = 1 Wb/A 。通常还用毫亨（mH）和微亨（μH）作为其单位，它们的换算关系为

$$1\ \text{mH} = 10^{-3}\ \text{H},\ 1\ \mu\text{H} = 10^{-6}\ \text{H}$$

电感元件和电感线圈也称为电感。所以，“电感”一词有时指电感元件，有时则是指电感元件或电感线圈的自感系数。

**2. 电感元件的电压、电流关系**

电感元件的电流变化时，其自感磁链也随之改变，在元件两端会产生自感电压。在电流与

电压取关联参考方向下，如果电压的参考方向与磁通的方向符合右手螺旋定则，根据法拉第电磁感应定律与楞次定律，有

$$u(t)=\frac{\mathrm{d}\Psi}{\mathrm{d}t}=L\frac{\mathrm{d}i}{\mathrm{d}t} \tag{1.16}$$

这就是关联参考方向下电感元件的电压与电流的约束关系或电感元件的 $u$-$i$ 关系。

由式（1.16）可知，电感元件的电压与其电流的变化率成正比。只有当元件的电流发生变化时，其两端才会有电压。因此，电感元件也称为动态元件。电流变化越快，自感电压越大；电流变化越慢，自感电压越小。当电流不随时间变化时，则自感电压为零。所以，直流电路中，电感元件相当于短路。

$$i(t)=\frac{1}{L}\int_{-\infty}^{t}u\mathrm{d}t=\frac{1}{L}\int_{-\infty}^{t_0}u\mathrm{d}t+\frac{1}{L}\int_{t_0}^{t}u\mathrm{d}t=i(t_0)+\frac{1}{L}\int_{t_0}^{t}u\mathrm{d}t \tag{1.17}$$

## 1.2.3 电容元件

### 1. 电容元件的特性

电容元件是储存电场能的元件，是实际电容器的理想化模型。即一个二端元件，如果在任意时刻，其端电压 $u$ 与其储存的电荷 $q$ 之间的关系能用 $u$-$q$ 平面（或 $q$-$u$ 平面）上的一条曲线所确定，就称其为电容元件，简称电容。图 1.12 所示为线性时不变电容元件及其库伏特性曲线，其中图 1.12（a）为电容元件的图形符号，图 1.12（b）为电容元件的库伏特性曲线。

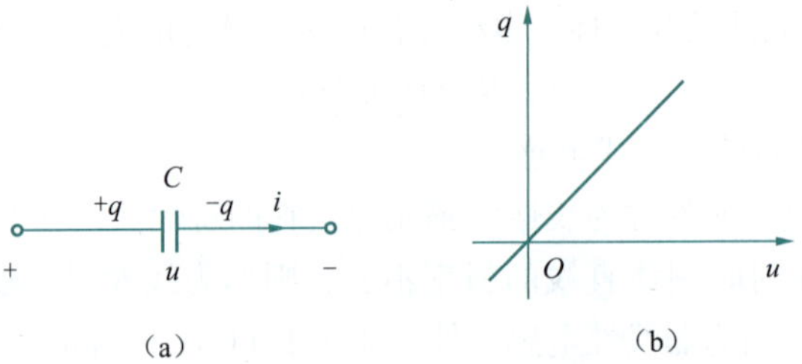


图 1.12　线性时不变电容元件及其库伏特性曲线

电容元件按其特性可分为时变的和时不变的，线性的和非线性的。

线性时不变电容元件的外特性（库伏特性）是 $u$-$q$ 平面上一条通过原点的直线，在电容元件上电压与电荷的参考极性一致的条件下，在任意时刻，电荷量与其端电压的关系为

$$q(t)=Cu(t) \tag{1.18}$$

式中，$C$ 是用以衡量电容元件容纳电荷本领大小的一个物理量，称为电容元件的电容量，简称电容。它是一个与电荷 $q$ 和电压 $u$ 无关的正实数，但在数值上等于电容元件的电压每升高一个单位所容纳的电荷量。

电容的国际单位为法［拉］(F)，1 F=1 C/V 。电容器的电容往往比 1 F 小得多，因此常采用微法（μF）和皮法（pF）作为其单位，它们的换算关系为

$$1\ \mathrm{F}=10^{6}\ \mu\mathrm{F}=10^{12}\ \mathrm{pF}$$

线性电容元件的电容量只与其本身的几何尺寸和内部介质有关，而与外加电压的大小无关。两块平行金属板间充满某种均匀电介质的电容计算公式为

$$C=\frac{\varepsilon S}{d}$$

式中，$\varepsilon$ 为电介质的介电常数；$S$ 为每块金属板的面积；$d$ 为两块平行金属板内表面的距离。

当电容元件的外加电压发生变化时，极板上的电荷随之变化，在与电容元件相连接的导线中就有电荷移动形成电流（介质中的电场变化形成位移电流，因此整个电容电路中的电流仍是连续的）。

**2. 电容元件的电压、电流关系**

由式（1.18）可知，当电容元件极板间的电压 $u$ 变化时，极板上的电荷也随着变化，电路中就有电荷的转移，于是该电容电路中出现电流。

对电容元件，选择电流的参考方向指向正极板，即与电压 $u$ 的参考方向关联。假设在时间 $\mathrm{d}t$ 内，极板上电荷量改变了 $\mathrm{d}q$，则由电流的定义式有 $i=\mathrm{d}q/\mathrm{d}t$，又根据式（1.18）可得 $q=Cu$，代入可得

$$i=\frac{C\mathrm{d}u}{\mathrm{d}t} \tag{1.19}$$

这就是关联参考方向下电容元件的电压与电流的约束关系，或电容元件的 $u$-$i$ 关系。式（1.19）表明：

①当$\frac{\mathrm{d}u}{\mathrm{d}t}>0$ 时，即$\frac{\mathrm{d}q}{\mathrm{d}t}>0$，$i>0$，说明电容极板上电荷量增加，电容器充电。

②当$\frac{\mathrm{d}u}{\mathrm{d}t}=0$ 时，即$\frac{\mathrm{d}q}{\mathrm{d}t}=0$，$i=0$，说明电容两端电压不变时电流为零，即电容在直流稳态电路中相当于开路，故电容有隔直流的作用。

③当$\frac{\mathrm{d}u}{\mathrm{d}t}<0$ 时，即$\frac{\mathrm{d}q}{\mathrm{d}t}<0$，$i<0$，说明电容极板上电荷量减少，电容器放电。

若电容上电压 $u$ 与电流 $i$ 为非关联参考方向，则

$$i=-\frac{C\mathrm{d}u}{\mathrm{d}t} \tag{1.20}$$

## 1.3　电压源、电流源及受控源

### 1.3.1　电压源

**1. 理想电压源**

端电压可以按照某给定规律变化而与其电流无关的二端元件称为理想电压源，简称电压源。理想电压源是从实际电源抽象得到的电路模型，是有源二端元件。把端电压为常数的电压源称为直流电压源。图 1.13 所示为电压源的符号及其伏安特性曲线，其中图 1.13（a）为直流电压源模型；图 1.13（b）为其伏安特性曲线；图 1.13（c）为理想电压源模型；图 1.13（d）为其在 $t_1$时刻的伏安特性曲线。

理想电压源具有以下两个特点：

①电压源对外提供的电压 $u(t)$ 是某种确定的时间函数，不会因所接的外电路不同而改变，即 $u(t)=u_S(t)$。

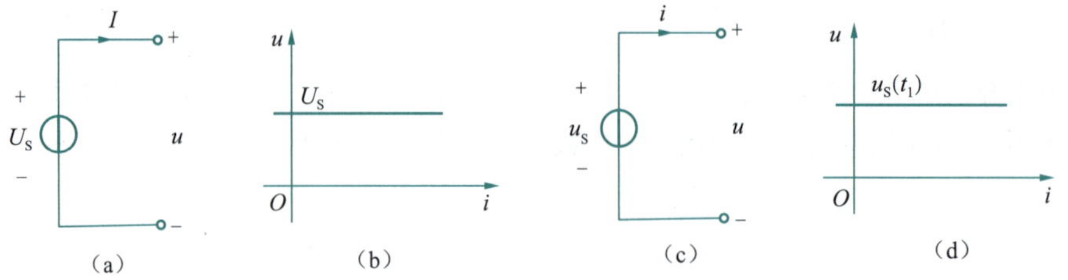


图 1.13　电压源的符号及其伏安特性曲线

②通过电压源的电流 $i(t)$ 随外接电路不同而不同。

图 1.14 所示为电压源与负载的连接，理想电压源连接外电路时有以下几种工作情况：

①当外电路的电阻 $R=\infty$ 时，电压源处于开路状态，$I=0$，其对外提供的功率为 $P=U_SI=0$。

②当外电路的电阻 $R=0$ 时，电压源处于短路状态，$I=\infty$，其对外提供的功率为 $P=U_SI=\infty$。这样，短路电流可能使电源遭受机械的过热损伤或毁坏，因此电压源短路通常是一种严重事故，应该尽量预防。

③当外电路的电阻为一定值时，电压源对外输出的电流为 $I=\dfrac{U_S}{R}$，对外提供的功率等于外电路电阻消耗的功率，即 $P=\dfrac{U_S^2}{R}$，$R$ 越小，则 $P$ 越大。

**2. 实际电压源**

考虑实际电压源有损耗，其电路模型用理想电压源和电阻的串联组合表示，这个电阻称为电压源的内阻。图 1.15 所示为实际电压源的符号及其伏安特性曲线。其端口电压与电流的关系可写为

$$u=U_S-iR_S \tag{1.21}$$

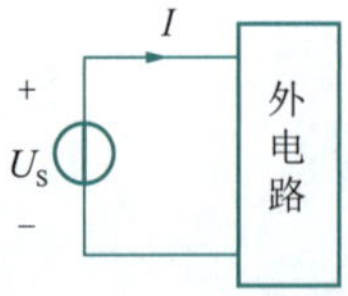


图 1.14　电压源与负载的连接

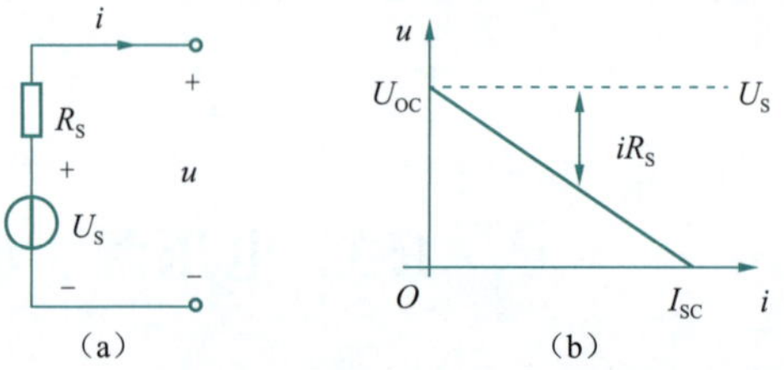


图 1.15　实际电压源的符号及其伏安特性曲线

实际电压源可以看作理想电压源 $U_S$ 和电阻 $R_S$ 的串联组合，其输出特性曲线是由短路电流和开路电压决定的一条直线。随着输出的负载电流加大，其输出电压降低。实际电压源也不允许短路，因其内阻小，若短路，电流很大，可能烧毁电源。

## 1.3.2　电流源

**1. 理想电流源**

不管外部电路如何，其输出电流总能保持常数或一定的时间函数，其值与它的两端电压 $u$ 无关的电流源定义为理想电流源。常把电流为常数的电流源称为直流电流源。图 1.16 所示为电流源的符号及其伏安特性曲线，其中图 1.16（a）为直流电流源模型；图 1.16（b）为其伏安

特性曲线；图 1.16（c）为理想电流源模型；图 1.16（d）为其在 $t_1$时刻的伏安特性曲线。

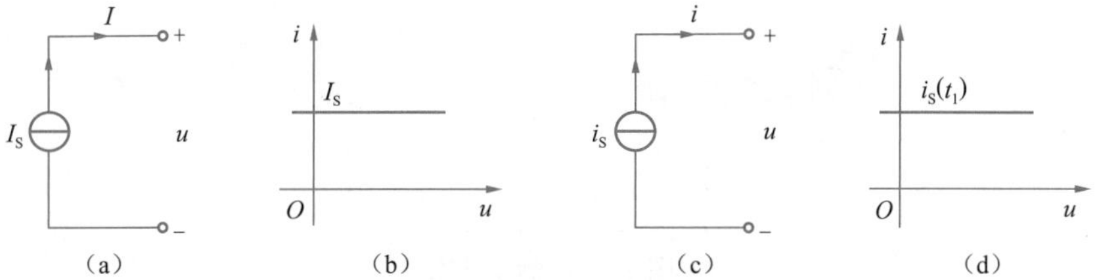


图 1.16　电流源的符号及其伏安特性曲线

理想电流源具有以下两个特点：

①电流源的输出电流由电源本身决定，与外电路无关，与其两端电压无关。

②电流源两端的电压由其本身输出电流及外部电路共同决定。

理想电流源连接外电路时有以下几种工作情况：

①当外电路的电阻 $R=0$ 时，电流源处于短路状态，$i=i_S$，电流源两端的电压 $u=0$。

②当外电路的电阻 $R=\infty$ 时，电流源处于开路状态，$u=i_S R=\infty$，理想电流源不允许开路。

③当外电路的电阻为一定值时，电流源两端的电压为 $u=i_S R$，其对外提供的功率等于外电路电阻消耗的功率，即 $p=i_S^2 R$，$R$ 越大，则 $p$ 越大 。

由图 1.16 可知，电流源发出的功率为 $p=ui_S$。

$p>0$，电流源实际是发出功率；$p<0$，电流源实际是吸收功率，此时，电流源是作为负载出现的。

**2. 实际电流源**

理想电流源是由实际电流源抽象而来的理想化模型。实际电流源可以看作理想电流源 $I_S$ 和一个电导 $G_S$ 或电阻 $R_S$ 的并联组合，如图 1. 17 所示。其输出特性可表示为

$$i=I_S-uG_S \tag{1.22}$$

开路电压：$U_{OC}=\dfrac{I_S}{G_S}=I_S R_S$；

短路电流：$I_{SC}=I_S$。

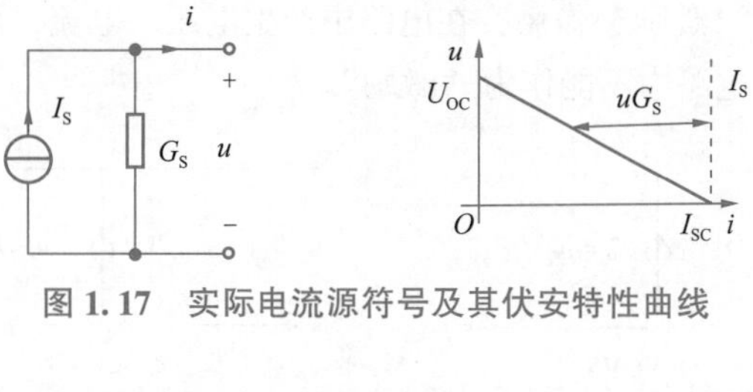


图 1.17　实际电流源符号及其伏安特性曲线

【例 1.4】　计算图 1.18 所示电路中电流源的端电压 $U$，5 Ω 电阻两端的电压 $U_2$ 和电流源、电阻、电压源的功率 $P_1$、$P_2$、$P_3$。

解　$U_2=5\times2$ V$=10$ V　　$U_1=U_2+U_3=(10+3)$ V$=13$ V

电流源的电流、电压取非关联参考方向，所以

$$P_1=U_1 I_S=13\times2\ \text{W}=26\ \text{W}(\text{发出})$$

电阻的电流、电压取关联参考方向，所以

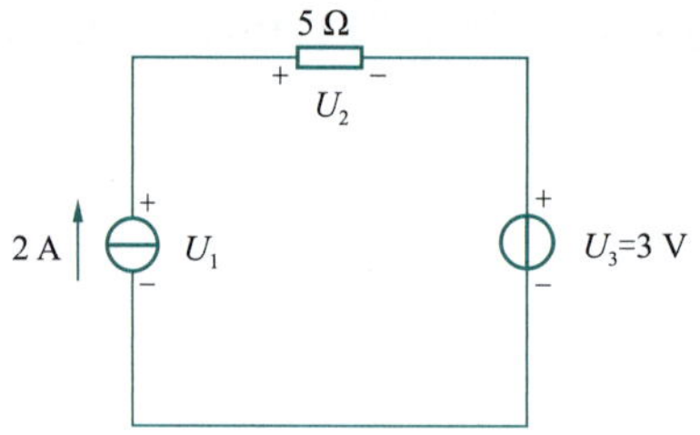


图 1.18　例 1.4 图

$$P_2 = 10\times2\ \text{W} = 20\ \text{W}(吸收)$$

电压源的电流、电压取关联参考方向，所以

$$P_3 = 2\times3\ \text{W} = 6\ \text{W}(吸收)$$

## 1.3.3　受控源

若器件的某些端口电压或电流受到另外一些端口电压或电流的控制，并不是独立的，则称其为受控电源，简称受控源。受控源又称非独立电源。

如果电路向外连接有两个端子，且从一个端子流入的电流恒等于从另一个端子流出的电流，则把这两个端子称为一个端口。受控源一般由两个端口构成，一个为输出端口或称为受控端，是对外提供电压或电流的；另一个为输入端，是施加控制量的端口，所施加的控制量可以是电流也可以是电压。输出端是电压的称为受控电压源，受控电压源又按其输入端的控制量是电压还是电流分为电压控制电压源（voltage controlled voltage source，VCVS）和电流控制电压源（current controlled voltage source，CCVS）两种。输出端是电流的称为受控电流源。同样，受控电流源按其输入端的控制量是电压还是电流分为电压控制电流源（voltage controlled current source，VCCS）和电流控制电流源（current controlled current source，CCCS）两种。

图 1.19 所示为受控电源的四种形式。

受控电源与独立电源的比较：

①独立源电压（或电流）由电源本身决定，与电路中其他电压、电流无关，而受控源的电压（或电流）由控制量决定。

②独立源在电路中起“激励”作用，在电路中产生电压、电流，而受控源只是反映输出端与输入端的受控关系，在电路中不能作为“激励”。

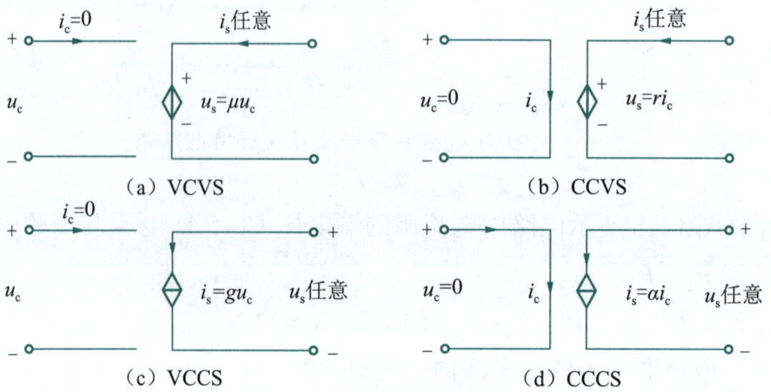


图 1.19　受控电源的四种形式

# 1.4　电源的等效变换

## 1.4.1　理想电压源的串联和并联

### 1. 理想电压源的串联

$n$ 个电压源串联，如图 1.20（a）所示。就端口特性而言，等效于一个独立电压源。根据 KVL，其电压等于各电压源电压的代数和，即

$$u_S = u_{S1} + u_{S2} + \cdots + u_{Sn} = \sum_{k=1}^{n} u_{Sk} \tag{1.23}$$

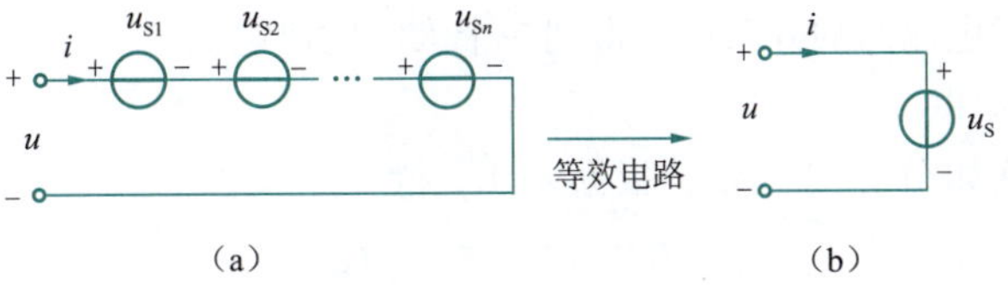


图 1.20　理想电压源的串联及其等变换

也就是说，$n$ 个串联的电压源可以用一个电压源等效置换（替代），等效电压源的电压是相串联的各电压源电压的代数和。式（1.23）中，$u_{Sk}$ 与 $u_S$ 的参考方向一致时，$u_{Sk}$ 在式中取“+”号，不一致时取“-”号。通过电压源的串联可以得到一个大的输出电压。

### 2. 理想电压源的并联

如图 1.21 所示为 $n$ 个电压源的并联，根据 KVL，得

$$u_S = u_{S1} = u_{S2} = \cdots = u_{Sn} \tag{1.24}$$

式（1.24）说明只有电压相等且极性一致的电压源才能并联，此时并联电压源的对外特性与单个电压源一样。根据电路等效的概念，可以用图 1.21（b）所示的单个电压源替代图 1.21（a）所示的电压源并联电路。

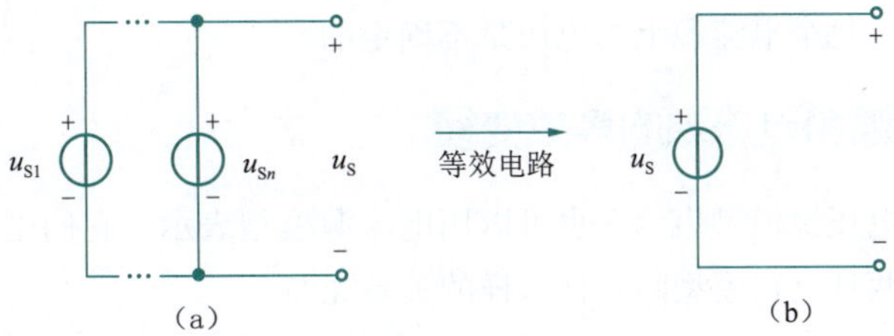


图 1.21　理想电压源的并联

**注意：**

①不同值或不同极性的电压源是不允许并联的，否则违反 KVL。

②电压源并联时，每个电压源中的电流是不确定的。

## 1.4.2　理想电流源的并联和串联

### 1. 理想电流源的并联

$n$ 个电流源的并联，如图 1.22（a）所示。根据电路等效的概念，就端口特性而言，可等

效为一个独立电流源。根据 KCL 可得总电流为

$$i_S = i_{S1} + i_{S2} + \cdots + i_{Sn} = \sum_{k=1}^{n} i_{Sk} \tag{1.25}$$

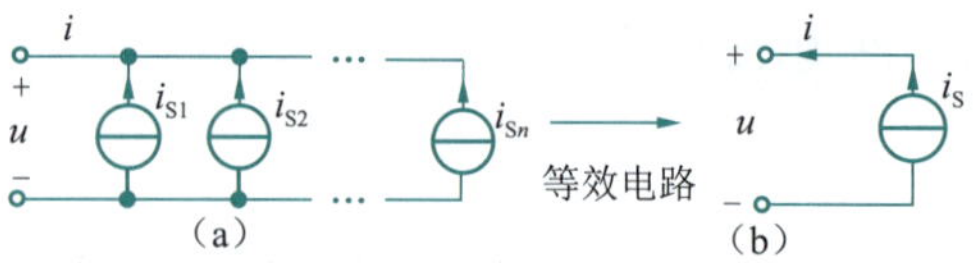


图 1.22　理想电流源的并联

也就是说，$n$ 个并联的电流源可以用一个电流源等效置换（替代）。等效电流源的电流是相并联的各电流源电流的代数和，式中 $i_{Sk}$ 与 $i_S$ 的参考方向一致时，$i_{Sk}$ 在式中取“+”号，不一致时取“-”号。通过电流源的并联可以得到一个大的输出电流。

**2. 理想电流源的串联**

$n$ 个电流源的串联如图 1.23 所示，根据 KCL，得

$$i_S = i_{S1} = i_{S2} = \cdots = i_{Sn} \tag{1.26}$$

式（1.26）说明只有电流相等且输出电流方向一致的电流源才能串联，此时串联电流源的对外特性与单个电流源一样。根据电路等效的概念，可以用图 1.23（b）所示的单个电流源替代图 1.23（a）所示的电流源串联电路。

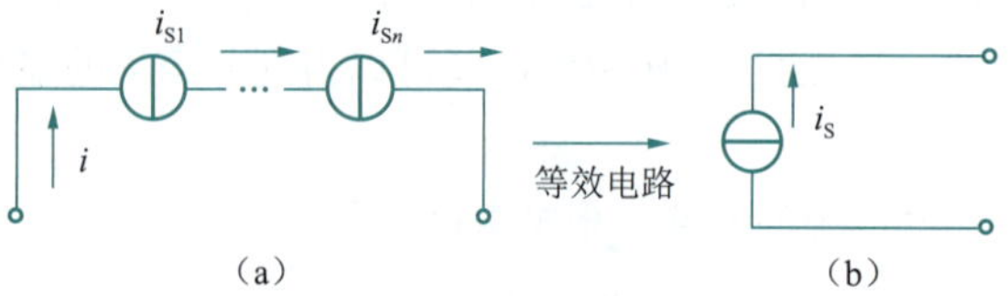


图 1.23　理想电流源的串联

**注意：**

①不同值或不同流向的电流源是不允许串联的，否则违反 KCL。

②电流源串联时，每个电流源上的电压是不确定的。

### 1.4.3　实际电压源和电流源的等效变换

一个电源可以用电压源模型表示，也可以用电流源模型表示，它们是同一电源的两种不同电路模型。那么，这两种电路模型间有什么样的关系呢？

由图 1.24（a）可知

$$U = E - IR_0 \tag{1.27}$$

可得

$$I = \frac{E}{R_0} - \frac{U}{R_0} \tag{1.28}$$

由图 1.24（b）可知

$$I = I_S - \frac{U}{R_0'} \tag{1.29}$$

只要

$$\left.\begin{aligned} &R_0=R_0' \\ &E=I_S R_0' \quad \text{或} \quad I_S=\frac{E}{R_0} \end{aligned}\right\} \tag{1.30}$$

式（1.30）是电压源和电流源之间的等效变换条件。

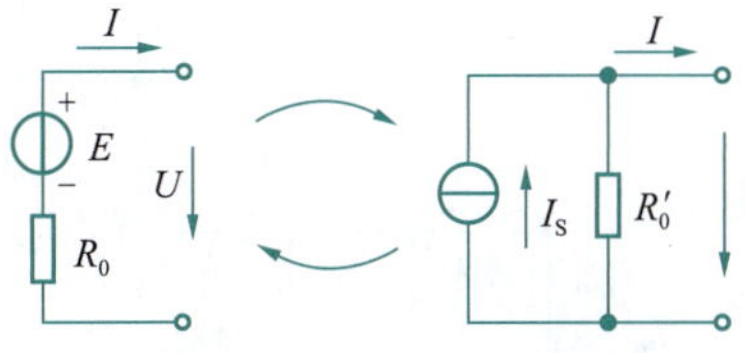


图 1.24　电压源与电流源的等效变换

仔细分析式（1.30）可以发现，若一个电压源和另一个电流源等效，则电流源的电流 $I_S$ 等于等效电压源的短路电流 $E/R_0$，电压源的电动势 $E$ 等于等效电流源的开路电压 $I_S R_0'$，而电压源和电流源的内阻相等。

在等效变换时应注意：

①电压源的电动势 $E$ 和电流源的电流 $I_S$ 正方向应相同。

②等效变换时，$R_0$、$R_0'$并不限于内阻，而可扩展至任一电阻。凡是电动势为 $E$ 的理想电压源与某电阻 $R$ 串联的有限支路，都可以变换为电流 $I_S$ 的理想电流源与某电阻 $R$ 并联的有限支路，反之亦然。

③等效变换不适用于理想电源。因为理想电压源的内阻为零，理想电压源的短路电流$\frac{E}{R_0}$为“∞”；对理想电流源，内阻 $R_0$ 为“∞”，故理想电流源的开路电压也为“∞”，都不能得到有限的数值。

④等效变换是对外部电路而言的，对内部电路来说，这种变换是不等效的。

当某一支路有多个恒压源串联时，可用一个等效恒压源代替。等效恒压源的电动势等于各串联电动势的代数和。其中，各串联恒压源的电动势正方向与等效恒压源的电动势正方向相同时取正号，相反时取负号。同样，有多个恒流源并联时，可用一个等效恒流源代替，等效恒流源的电流等于各并联恒流源的电流的代数和。其中，各并联恒流源的电流正方向与等效恒流源的电流正方向相同时取正号，相反时取负号。

**【例 1.5】**　试求图 1.25（a）所示电路 4 Ω 电阻中的电流。

**解**　图示电路可应用电源等效变换的方法求解，即将图 1.25（a）中的电压源变为电流源，如图 1.25（b）所示，其中 $I_{S1}=\frac{E_1}{R_1}=\frac{15}{3}$ A = 5 A，$I_{S2}=\frac{E_2}{R_2}=\frac{12}{6}$ A = 2 A；然后将图 1.25（b）中的各个并联恒流源合并成一个等效恒流源。注意：和 4 A 恒流源串联的 2 Ω 电阻，对端点 a、b 外部而言是不起作用的，可以短接，如图 1.25（c）所示，其中

$$I_S=I_{S1}+I_{S2}+4=(5-2+4)\text{ A}=7\text{ A}$$

根据分流公式求得 4 Ω 电阻中的电流为

$$I=I_S\frac{\frac{3\times6}{3+6}}{\frac{3\times6}{3+6}+4}=7\times\frac{2}{2+4}\text{ A}\approx2.33\text{ A}$$

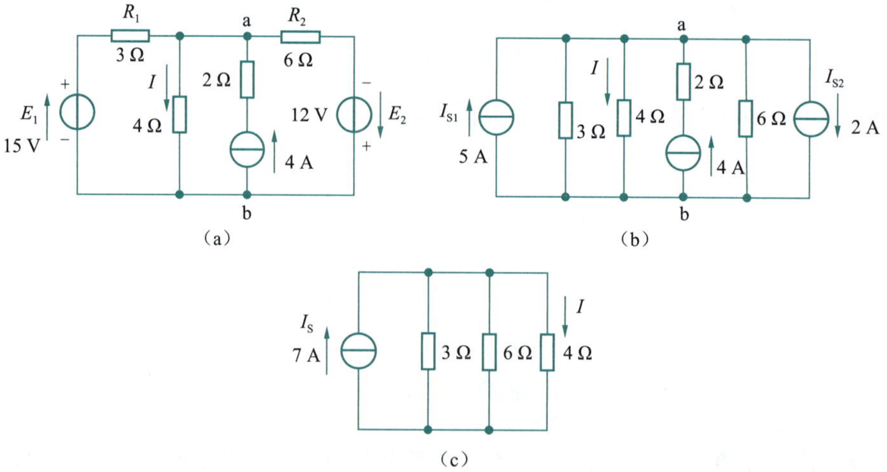


图 1.25　例 1.7 电路图

## 小　　结

本章介绍了电路的组成和功能，对电路模型进行了定义，电路模型是对实际电路元器件的理想化；对基本的电路元件——电阻、电感、电容进行了介绍，并分析了不同电路元件上的电压、电流关系；说明了电压源、电流源及受控源的特点；最后分析了电压源模型和电流源模型之间如何进行等效变换，以及进行等效变换需要注意的问题。

## 习　　题

**1.1**　在图 1.26（a）中，$U_{ab}=-5$ V，试问 a、b 两点哪点电位高？

**1.2**　在图 1.26（b）中，$U_1=-6$ V，$U_2=4$ V，试求 $U_{ab}$。

**1.3**　计算图 1.27 中的电流 $I$。

**1.4**　计算图 1.28 中的电压 $U_{ab}$、$U_{bc}$、$U_{ca}$。

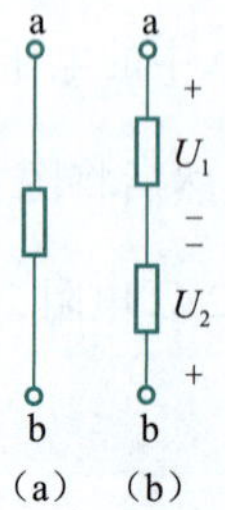


图 1.26　习题 1.1 和 1.2 图

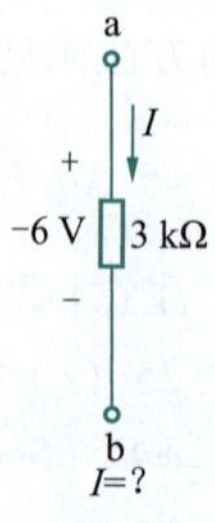


图 1.27　习题 1.3 图

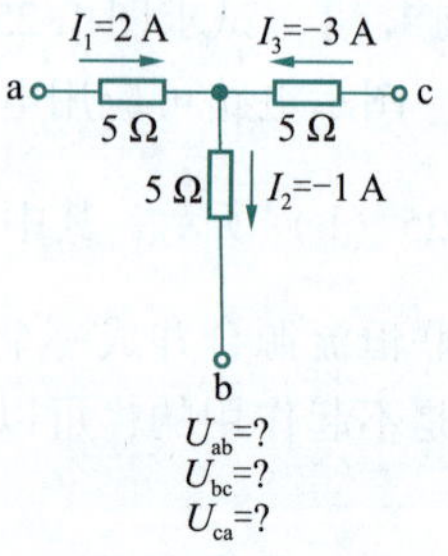


图 1.28　习题 1.4 图

**1.5**　额定值为 1 W、100 Ω 的碳膜电阻，在使用时电流和电压不得超过多少？

**1.6**　额定电流为 100 A 的发电机，只接了 60 A 的照明负载，还有 40 A 电流流到哪里去了？

**1.7**　在图 1.29 中，方框代表电源或负载。已知 $U=220$ V，$I=-1$ A，试问哪些方框是电源，哪些是负载？

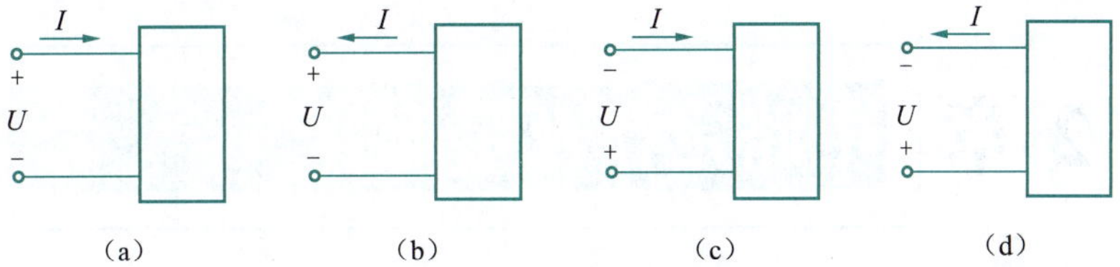


**图 1.29　习题 1.7 图**

**1.8**　在图 1.30 中，将开关 S 断开和闭合两种状态下的电流和各个电压的数值填入表 1.1 中。

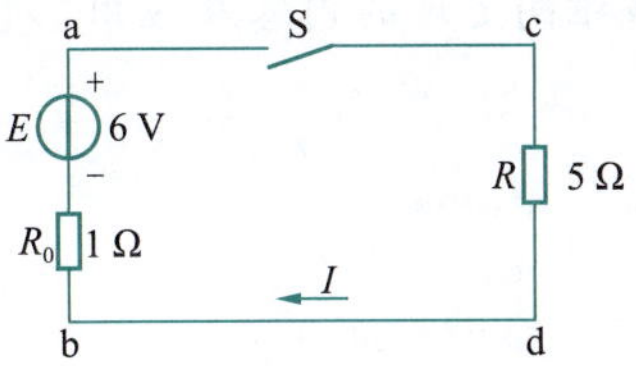


**图 1.30　习题 1.8 图**

**表 1.1　习题 1.8 表**

| 开关状态 | $I$/A | $U_{ab}$/V | $U_{ac}$/V | $U_{cb}$/V |
|---|---|---|---|---|
| S 断开 | | | | |
| S 闭合 | | | | |

**1.9**　把图 1.31 中的电压源模型变换为电流源模型，电流源模型变换为电压源模型。

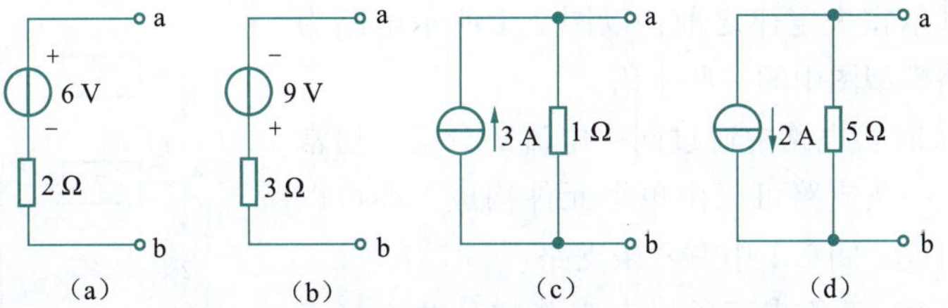


**图 1.31　习题 1.9 图**

**1.10**　在图 1.32 所示的两个电路中，(1) 负载电阻 $R$ 中的电流 $I$ 及其两端的电压 $U$ 各为多少？如果在图 1.32 (a) 中除去 (断开) 与理想电压源并联的理想电流源，在图 1.32 (b) 中除去 (短接) 与理想电流源串联的理想电压源，对计算结果有无影响？(2) 判别理想电压源和理想电流源，何者为电源，何者为负载？(3) 试分析功率平衡关系。

**1.11**　试用电源两种电路模型间等效变换的方法计算图 1.33 中的电流 $I$。

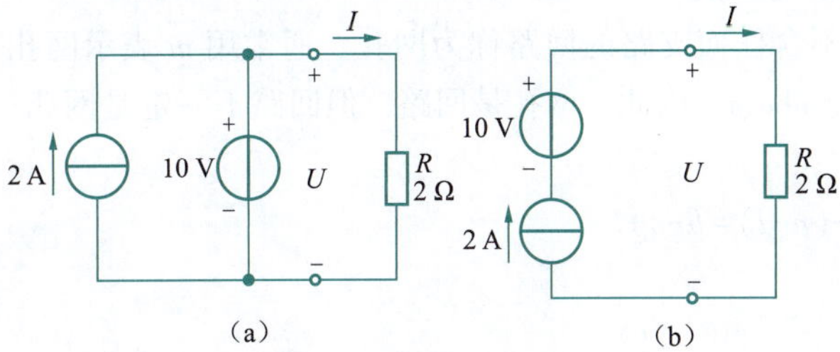


**图 1.32　习题 1.10 图**

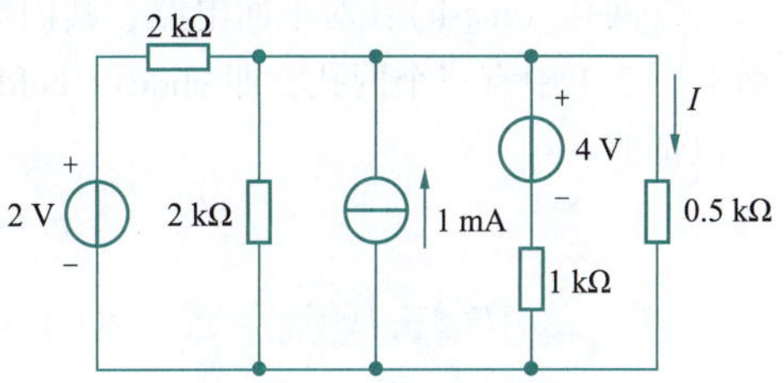


**图 1.33　习题 1.11 图**

# 第2章 电路定律及定理

电路分析是指在已知电路结构和元件参数的条件下，确定各部分电压与电流之间的关系。本章首先介绍了基尔霍夫定律，它是电路运行所遵循的基本规律。其次介绍了叠加定理的内容及应用，它只适用于分析线性电路中的电流和电压。接着介绍了戴维南定理的内容及应用，它适用于分析有源二端网络电路。最后介绍了最大传输功率的计算。

## 2.1 基尔霍夫定律

基尔霍夫定律包括基尔霍夫电流定律（KCL）和基尔霍夫电压定律（KVL）。它反映了电路中所有支路电压和电流所遵循的基本规律，是分析集总参数电路的根本依据。基尔霍夫定律与元件特性构成了电路分析的基础。

在具体讲述基尔霍夫定律之前，以图 2.1 所示电路为实例，先介绍电路模型图中的一些术语。

①支路（branch）：电路中通过同一电流的分支。通常用 $b$ 表示支路数。一条支路可以由单个元件构成，亦可以由多个元件串联组成。图 2.1 中有六条支路。

②节点（node）：三条或三条以上支路的公共连接点称为节点。通常用 $n$ 表示节点数。图 2.1 中有 a、b、c、d 四个节点。

③路径（path）：两节点间的一条通路。路径由支路构成。图 2.1 中 a、b 两个节点间有 ab、aedb、aedfcb、agcb、agcfdb 五条路径。

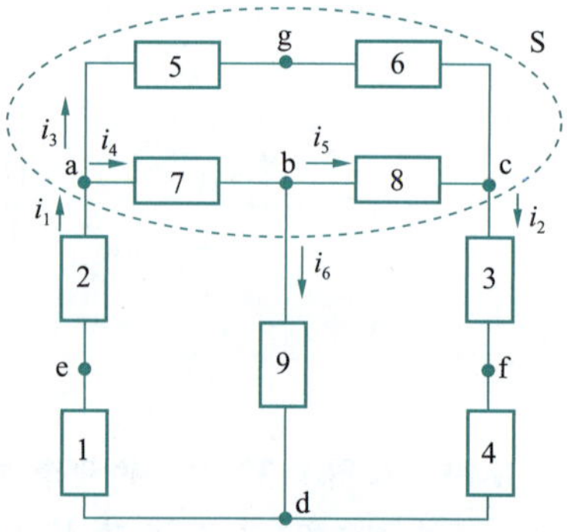

图 2.1 电路模型图

④回路（loop）：由支路组成的闭合路径。通常用 $l$ 表示回路数。图 2.1 中有 abdea、bcfdb、abcga、abdfcga、agcbdea、abcfdea、agcfdea 七个回路。

⑤网孔（mesh）：对平面电路，其内部不含任何支路的回路称为网孔。通常用 $m$ 表示网孔数。图 2.1 中有三个网孔，即 abdea、bcfdb、abcga，因此，网孔是回路，但回路不一定是网孔。可以证明

$$m=b-(n-I)=b-n+I$$

### 2.1.1 基尔霍夫电流定律（KCL）

KCL 是描述集总参数电路中与节点相连的各支路电流间相互关系的定律。它的基本内容是：对于集总参数电路中的任意节点，在任意时刻流出或流入该节点的电流的代数和等于零。

例如，图 2.2 所示为节点的 KCL。在电路中，各支路电流的参考方向选定并标于图上，设流入节点的电流为“+”，对节点 a，KCL 可表示为

$$i_1-i_2-i_3+i_4-i_5=0 \text{ 或 } i_1+i_4=i_2+i_3+i_5$$

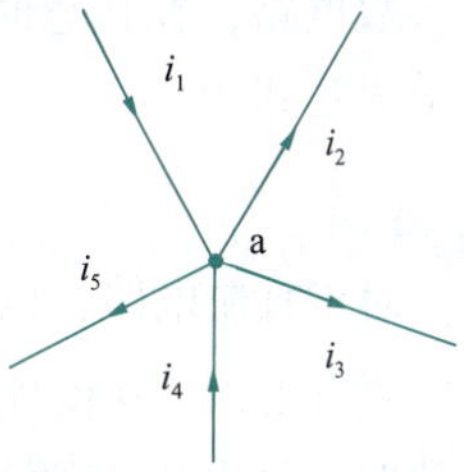

图 2.2　节点的 KCL

写成一般形式为

$$\sum i=0 \qquad (2.1)$$

对于直流电路，也可以写成 $\sum I=0$。

KCL 还可叙述为：对于集总参数电路中的任意节点，在任意时刻流出该节点的电流之和等于流入该节点的电流之和，即

$$\sum i_{\text{入}}=\sum i_{\text{出}} \qquad (2.2)$$

流入节点的电流前取“+”号，流出节点的电流前取“-”号，而电流是流出节点还是流入节点均按电流的参考方向来判定。

事实上，KCL 不仅适用于电路中的节点，对电路中任意假设的闭合曲面它也是成立的。例如图 2.1 所示封闭面 S 所包围的电路，有三条支路与电路的其余部分连接，其电流为 $i_1$、$i_6$、$i_2$，则

$$i_6+i_2=i_1$$

因为对一个封闭面来说，电流仍然是连续的，所以通过该封闭面的电流的代数和也等于零。也就是说，流出封闭面的电流等于流入封闭面的电流。基尔霍夫电流定律也是电荷守恒定律的体现。基尔霍夫电流定律给电路中的支路电流加上了线性约束。

需要明确的是：

①KCL 是电荷守恒和电流连续性原理在电路中任意节点处的反映。

②KCL 是对支路电流加的约束，与支路上接的是什么元件无关，与电路是线性还是非线性无关。

③KCL 方程是按电流参考方向列写的，与电流实际方向无关。

**【例 2.1】**　求图 2.3（a）所示电路中的电流 $i$。

**解**　作一闭合曲面，如图 2.3（b）所示。

把闭合曲面看作一广义节点，应用 KCL，有 $i=[3-(-2)]\text{ A}=5\text{ A}$。

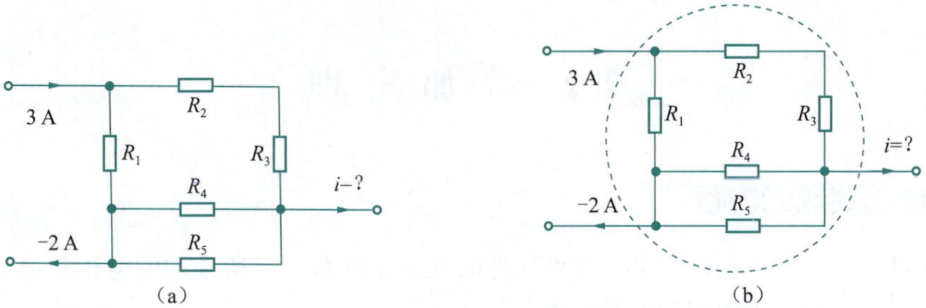

图 2.3　例 2.1 图

## 2.1.2　基尔霍夫电压定律（KVL）

KVL 是描述回路中各支路（或各元件）电压之间关系的定律。它的基本内容是：对于集

总参数电路，在任意时刻，沿任意闭合路径绕行一周，各段电路电压的代数和恒等于零。其数学表达式为

$$\sum u = 0 \tag{2.3}$$

对于直流电路，也可以写成 $\sum U = 0$。

式（2.3）取和时，需要任意选定一个回路的绕行方向，凡电压的参考方向与绕行方向一致时，该电压前面取“+”号；凡电压的参考方向与绕行方向相反时，该电压前面取“-”号。

需要明确的是：

①KVL 的实质反映了电路遵从能量守恒定律。

②KVL 是对回路电压加的约束，与元件的性质无关，与电路是线性还是非线性无关。

③KVL 方程是按电压参考方向列写的，与电压实际方向无关。

KCL、KVL 小结：

①KCL 是对支路电流的线性约束，KVL 是对回路电压的线性约束。

②KCL、KVL 与组成支路的元件性质及参数无关。

③KCL 表明每一节点上电荷是守恒的；KVL 是能量守恒的具体体现（电压与路径无关）。

④KCL、KVL 只适用于集总参数电路。

**【例 2.2】** 有一闭合回路如图 2.4 所示，各支路的元件是任意的，已知 $U_{AB}=5\ V$，$U_{BC}=-4\ V$，$U_{DA}=-3\ V$。试求：①$U_{CD}$；②$U_{CA}$。

**解** ①由基尔霍夫电压定律可列出

$$U_{AB}+U_{BC}+U_{CD}+U_{DA}=0$$

即

$$5+(-4)+U_{CD}+(-3)=0$$

可得

$$U_{CD}=2\ V$$

②ABCA 不是闭合回路，也可应用基尔霍夫电压定律列出

$$U_{AB}+U_{BC}+U_{CA}=0$$

$$5+(-4)+U_{CA}=0$$

$$U_{CA}=-1\ V$$

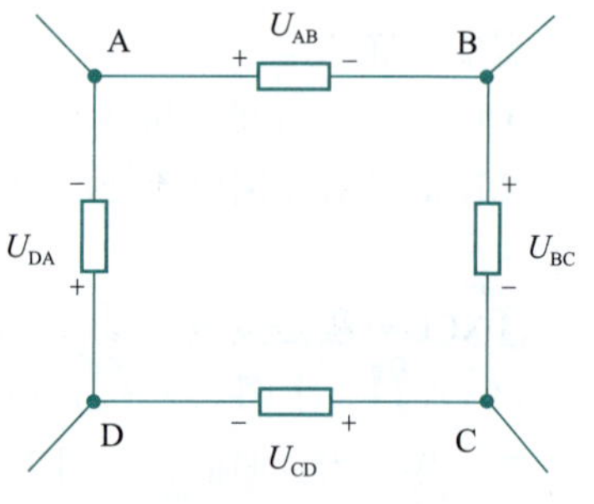


图 2.4 例 2.2 图

## 2.2 叠加定理

### 2.2.1 叠加定理的内容

电路元件有线性和非线性之分，线性元件的参数是常数，与所施加的电压和通过的电流无关。由线性元件组成的电路称为线性电路。

叠加定理是线性电路的基本原理。它指出，在一个含有多个电源的线性电路中，任一支路的电流（或电压）等于电路中各电源电动势或电流单独作用时在该支路所产生的电流（或电压）的代数和。

“单独作用”就是某一个电源工作时，其余电源的电动势或电流都等于零，即令理想电压源短接，理想电流源断开，而它们的内阻保持不变。每个电源单独作用时，在该支路所产生的

电流（或电压）的正方向与各电源同时作用时在该支路所产生的电流（或电压）的正方向一致时，叠加取正号；反之取负号。

## 2.2.2　叠加定理的应用

应用叠加定理可以将一个复杂电路的分析计算变成多个简单电路的分析计算。现以图 2.5 说明应用叠加定理解题的方法。

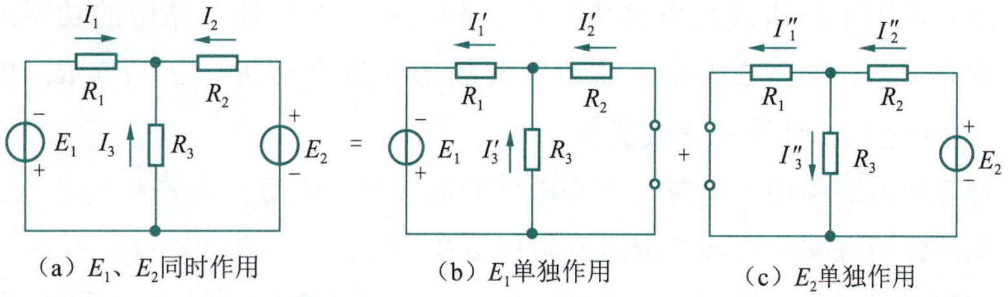


**图 2.5　叠加原理解题电路图**

由图 2.5（b），可得 $E_1$ 单独作用时的电流

$$I_3'=\frac{E_1R_2}{R_2R_1+R_2R_3+R_1R_3}$$

代入数据有 $I_3'=0.5$ A。

由图 2.5（c），可算出

$$I_3''=\frac{E_2R_1}{R_1R_2+R_2R_3+R_3R_1}$$

代入数据有 $I_3''=0.25$ A。

$E_1$、$E_2$ 同时作用时的电流为

$$I_3=I_3'+I_3''$$

代入数据有 $I_3=(0.5-0.25)$ A$=0.25$ A。

**【例 2.3】**　试求图 2.6（a）所示电路中的电流 $I$ 及电压 $U$。

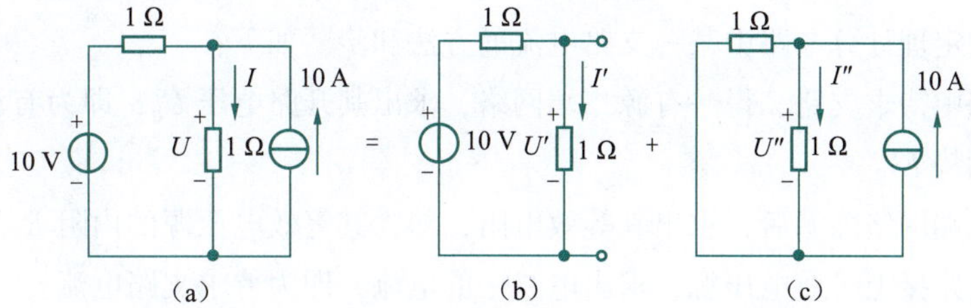


**图 2.6　例 2.3 图**

**解**　先求理想电压源单独作用时所产生的电流 $I'$和电压 $U'$。此时将理想电流源所在支路开路，如图 2.6（b）所示。由欧姆定律可得

$$I'=\frac{10}{1+1}\text{ A}=5\text{ A}\quad U'=1\times5\text{ V}=5\text{ V}$$

再求理想电流源单独作用时所产生的电流 $I''$和电压 $U''$。此时将理想电压源所在处短路，如图 2.6（c）所示。由分流公式可得

$$I''=\frac{1}{1+1}\times 10\ A=5\ A \quad U''=1\times 5\ V=5\ V$$

将图2.6（b）与图2.6（c）叠加可得

$$I=I'+I''=(5+5)\ A=10\ A$$

$$U=U'+U''=(5+5)\ V=10\ V$$

使用叠加定理时需注意以下几点：

①叠加定理只适用于分析线性电路中的电流和电压，而线性电路中的功率或能量是与电流、电压成二次方关系。如例2.3中负载所吸收的功率为 $P=I^2R=(I'+I'')^2R$，显然 $P\neq I'^2R+I''^2R$，故叠加定理不适用于计算功率或能量。

②叠加定理反映电路中理想电源（理想电压源或理想电流源）所产生的响应，而不是实际电源所产生的响应，所以实际电源的内阻必须保留在原处。

叠加定理不仅可以用来分析复杂的线性直流电路，而且还可以用来分析计算任何复杂的线性交流电路。在分析非正弦交流电路时，更常用叠加定理的概念。此外，有关线性电路中的某些定理常应用叠加定理加以证明。

## 2.3 戴维南定理（等效电压源定理）

### 2.3.1 戴维南定理的内容

凡具有两个出线端的部分电路称为二端网络。如果其内部含有电源，则称为有源二端网络。显然，任意一个有源二端网络对外部电路来说相当于一个电压源。

戴维南定理指出：任何一个有源线性二端网络，都可以用一个等效电压源替代，等效电压源的电动势 $E'$ 等于有源二端网络的开路电压 $U_0$，其内阻 $R_0$ 等于该有源二端网络除源（即将其内部各个理想电压源短接，各个理想电流源断开）后，所得的无源二端网络的等效电阻。等效电压源的电动势 $E'$ 和内阻 $R_0$ 可以通过理论计算得出，还可以通过实验测出。

应用戴维南定理计算电路中某一支路电流的方法和步骤如下：

①移去电路中待求支路，得一有源二端网络，求出其开路电压 $U_0$，即为有源二端网络的等效电压源的电动势 $E'$。

②将有源二端网络除源后，求出其等效电阻，即为其等效电压源的内阻 $R_0$。

③将待求支路接上等效电压源，求出电路中的电流，即为待求支路电流。

### 2.3.2 戴维南定理的应用

**【例2.4】** 用戴维南定理求图2.7（a）所示电路中的 $I_g$。设 $E=12\ V$，$R_1=R_2=R_4=5\ \Omega$，$R=10\ \Omega$，$R_g=10\ \Omega$。

**解** 根据用戴维南定理计算电路中某一支路电流的方法和步骤，画出电路图，如图2.7所示。

将待求支路 $R_s$ 从网络中移去，求其开路电压 $U_0$。

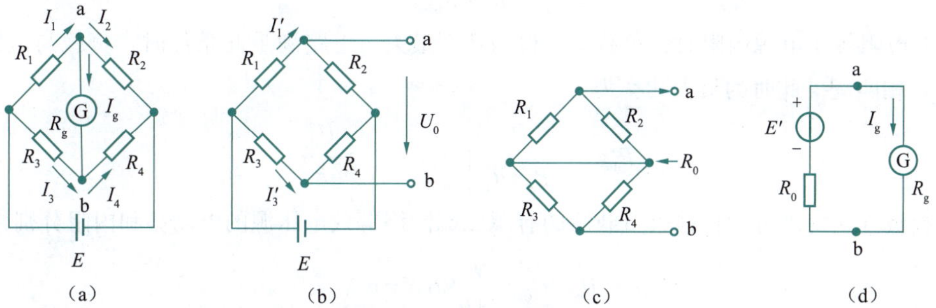


图 2.7　例 2.4 的电路

由图 2.7(b)得　　$$E'=U_0=\frac{R_2E}{R_1+R_2}-\frac{R_4E}{R_3+R_4}=2\ \text{V}$$

由图 2.7(c)得　　$$R_0=\frac{R_1R_2}{R_1+R_2}+\frac{R_3R_4}{R_3+R_4}=\left(2.5+\frac{10}{3}\right)\ \Omega=5.83\ \Omega$$

由图 2.7(d)得　　$$I_g=\frac{E'}{R_0+R_g}=\left(\frac{2}{5.83+10}\right)\ \text{A}=0.126\ \text{A}$$

显然，用戴维南定理解此题，比用其他方法简便。

## 2.4　最大功率传输

**【例 2.5】**　电路如图 2.8 所示，$R_L$ 可调。$R_L$ 为何值时，它吸收的功率最大？并计算出这个最大功率。

**解**　先分析一下电路中负载获得最大功率的条件。根据戴维南定理，对于负载 $R_L$ 来说，图 2.8 所示的电路可等效为图 2.9 所示的电路，$U_S$ 为等效电压源中理想电压源的电压，$R_0$ 为等效电压源的内阻，$R_L$ 为负载电阻，可得负载功率为

$$P_L=I^2R_L=\left(\frac{U_S}{R_0+R_L}\right)^2R_L$$

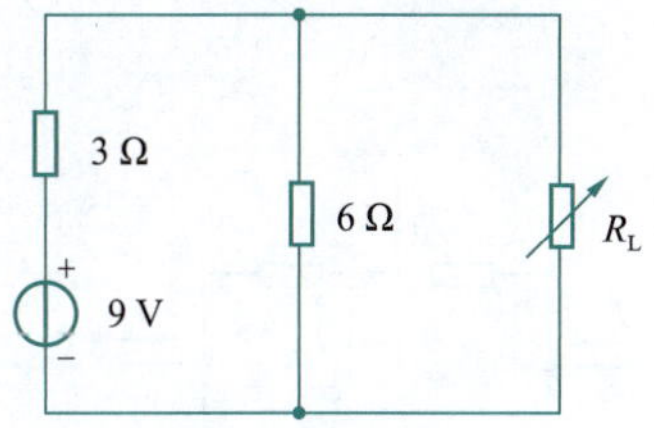


图 2.8　例 2.5 图

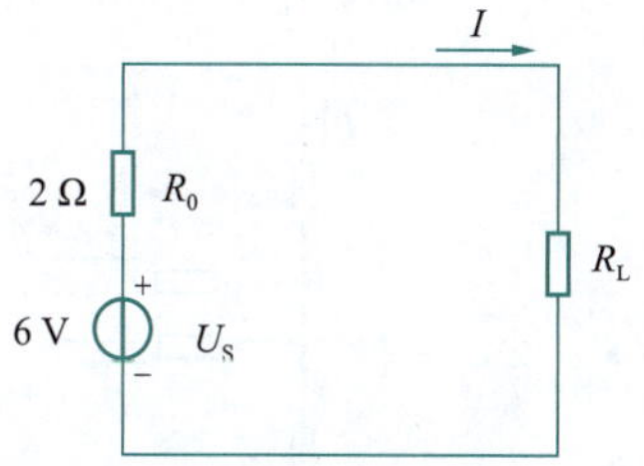


图 2.9　负载获得最大功率的条件

当 $R_L=0$ 或 $\infty$ 时，$R_L$ 上不获得功率，只有当 $R_L$ 为 0 与 $\infty$ 之间某一值时，才能获得最大功率。由

$$\frac{dP_L}{dR_L}=\frac{U_S^2[(R_0+R_L)^2-2R_L(R_0+R_L)]}{(R_0+R_L)^4}=U_S^2\frac{R_0-R_L}{(R_0+R_L)^3}$$

令 $\frac{dP_L}{dR_L}=0$，得

$$R_L = R_0 \tag{2.4}$$

即当负载电阻等于电源内阻时，负载上获得的功率最大。电路满足此条件时，负载与电源（或信号源）相匹配。此时的最大功率为

$$P_{Lmax} = \left(\frac{U_S}{R_0+R_L}\right)^2 R_L \bigg|_{R_L=R_0} = \frac{U_S}{4R_0} \tag{2.5}$$

根据戴维南定理可求得移去负载后的有源二端网络等效电压源的电动势和内阻分别为

$$U_S = U_0 = \frac{9}{3+6} \times 6\ \text{V} = 6\ \text{V}$$

$$\frac{1}{R_0} = \frac{1}{3\ \Omega} + \frac{1}{6\ \Omega} = \frac{3}{6\ \Omega} \Rightarrow R_0 = 2\ \Omega$$

由式（2.4）和式（2.5）可知：当 $R_L = R_0 = 2\ \Omega$ 时，$R_L$ 上获得最大功率，最大功率为

$$P = \frac{U_S}{4R_0} = \frac{6^2}{4\times 2}\ \text{W} = 4.5\ \text{W}$$

## 小　　结

本章介绍了基尔霍夫定律、叠加定理和戴维南定理。基尔霍夫定律与欧姆定律共同决定了电路的电压和电流间的关系。基尔霍夫定律分为基尔霍夫电流定律（KCL）和基尔霍夫电压定律（KVL），适用于分析电路同一节点的电流间关系和同一回路上的电压关系；叠加定理适用于分析存在多个激励源（电压源、电流源）的电路；戴维南定理为如何分析有源二端网络提供了很好的方法。

## 习　　题

**2.1**　已知 $I_1 = 4$ A，$I_2 = -2$ A，$I_3 = 1$ A，$I_4 = -3$ A，求图 2.10 中电流 $I_5$ 的数值。

**2.2**　已知 $I_a = 1$ mA，$I_b = 10$ mA，$I_c = 2$ mA，求图 2.11 中电流 $I_d$ 的数值。

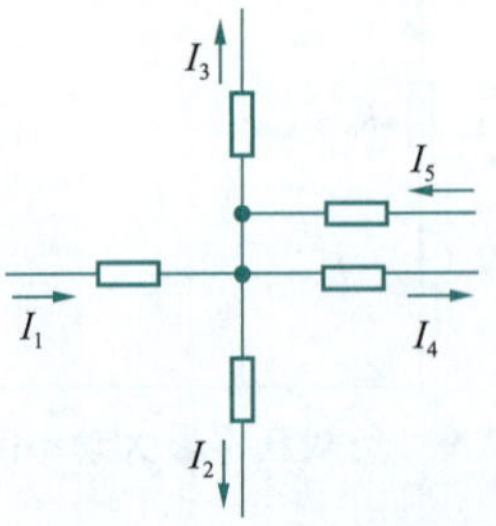


图 2.10　习题 2.1 图

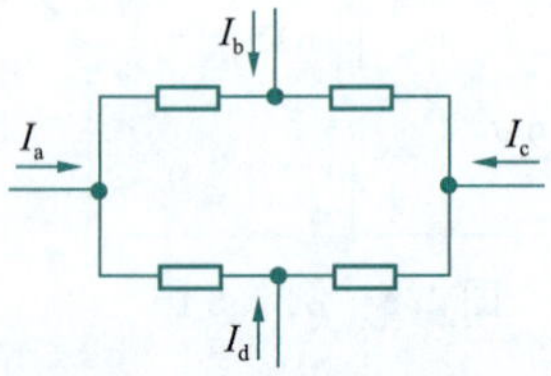


图 2.11　习题 2.2 图

**2.3**　在图 2.12 所示的两个电路中，$U_{ab}$ 和 $I$ 是否等于零？如果将图 2.12（a）中右下臂的 6 Ω 改为 3 Ω，则又如何？

**2.4**　应用叠加定理计算图 2.13 中的电流 $I_3$。

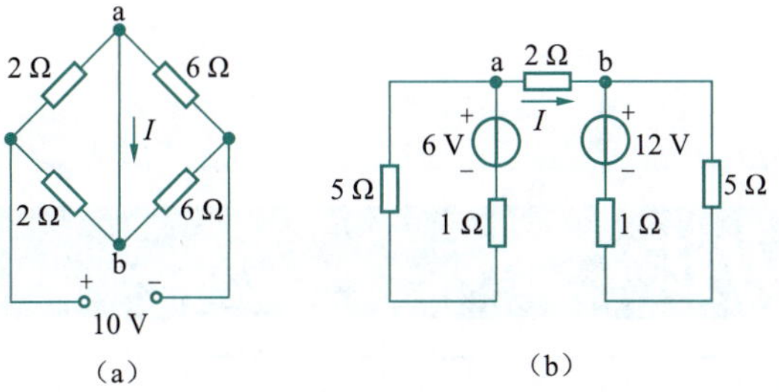


图 2.12　习题 2.3 图

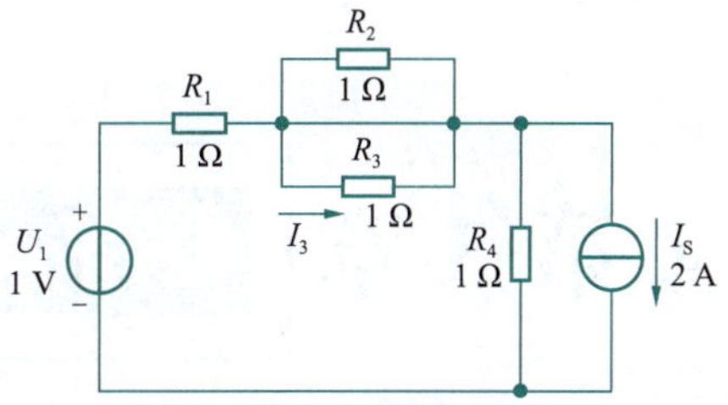


图 2.13　习题 2.4 图

**2.5**　应用戴维南定理将图 2.14 所示各个电路化为等效电压源。

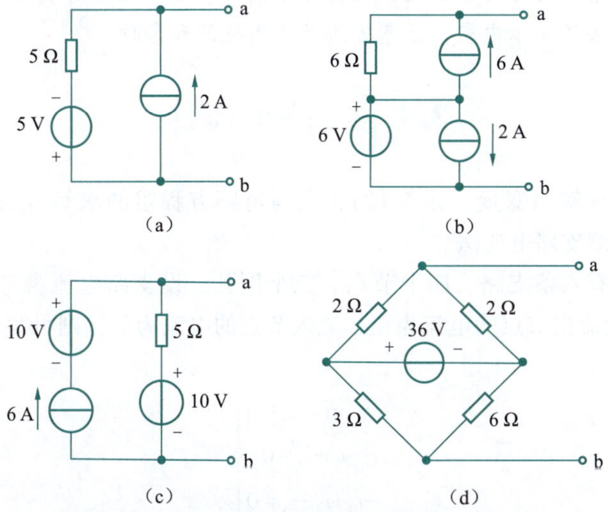


图 2.14　习题 2.5 图

**2.6**　应用戴维南定理和叠加定理计算图 2.15 中流过 1 Ω 电阻中的电流。

**2.7**　应用戴维南定理计算图 2.16 所示电路中的电流 $I$。

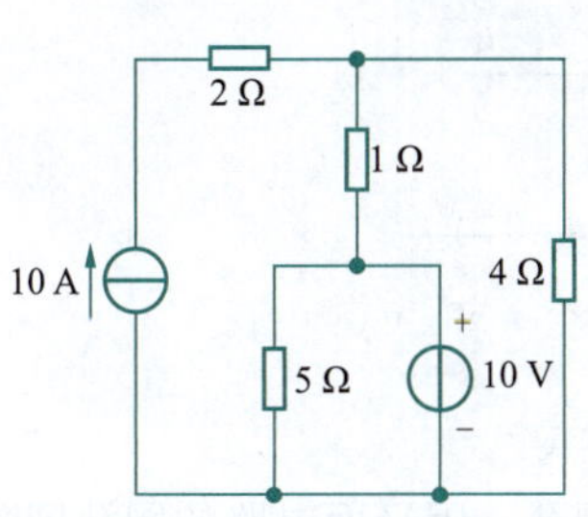


图 2.15　题 2.6 图

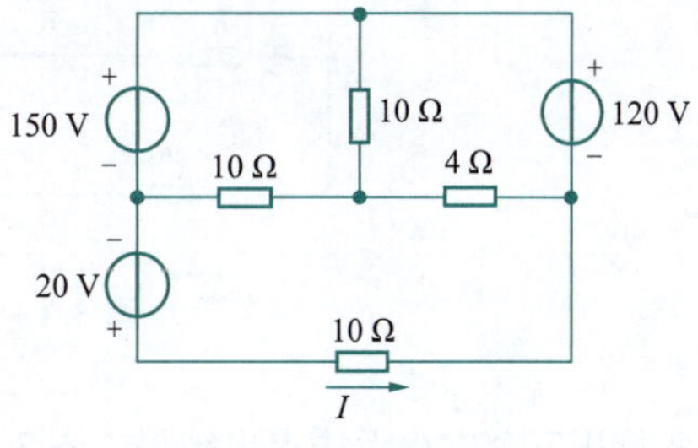


题 2.16　题 2.7 图

# 第3章 电路分析方法

本章以电路基本理论（欧姆定律、基尔霍夫定律）为基础，介绍多种电阻电路的分析方法，包括支路电流法、回路分析法和节点电压法。在特定的电路条件下，选择合适的分析方法，会使一些看似复杂的问题的求解过程变得非常简单。应用电路分析方法分析电阻电路的相关问题时，要理解方法的具体内容，注意方法的使用范围和条件。

## 3.1 支路电流法

以支路电流作为求解的变量（未知量），列写电路方程组的求解方法，称为支路电流法。下面以图3.1为例介绍支路电流法。

图3.1所示电路有六条支路、四个节点、三个网孔，设支路电流参考方向如图3.1所示，利用KCL列方程，设流出节点的电流为正，流入节点的电流为负，则可写出节点①、节点②和节点③的电流方程。

$$\left.\begin{aligned}-i_1+i_5-i_6=0\\ i_1-i_2+i_3=0\\ -i_3+i_4-i_5=0\end{aligned}\right\}\tag{3.1}$$

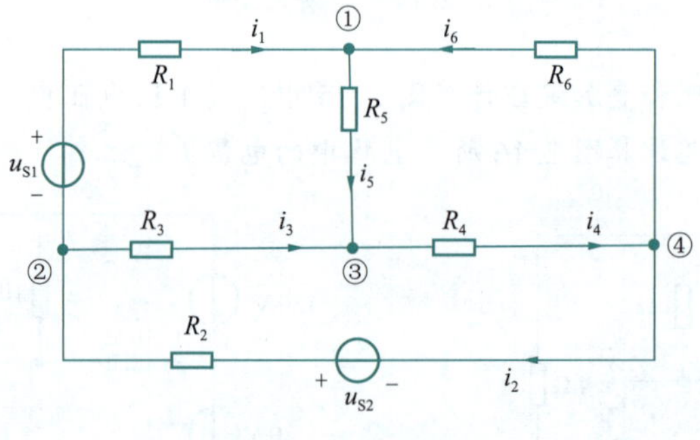


图3.1 支路电流法

六个变量用三个方程无法求出结果，图3.1中有三个网孔，因平面电路的网孔即独立回路，利用KVL列回路电压方程。

取由电阻$R_1$、$R_5$、$R_3$，$R_5$、$R_6$、$R_4$，$R_3$、$R_4$、$R_2$组成的三个回路列方程：

$$\left.\begin{aligned}R_1i_1+R_5i_5-R_3i_3-u_{S1}=0\\ R_6i_6+R_5i_5+R_4i_4=0\\ R_3i_3+R_4i_4+R_2i_2-u_{S2}=0\end{aligned}\right\}\tag{3.2}$$

联立由 KCL 列出的三个独立方程与由 KVL 列出的三个独立方程

$$\left.\begin{aligned}&-i_1+i_5-i_6=0\\&i_1-i_2+i_3=0\\&-i_3+i_4-i_5=0\\&R_1i_1+R_5i_5-R_3i_3-u_{S1}=0\\&R_6i_6+R_5i_5+R_4i_4=0\\&R_3i_3+R_4i_4+R_2i_2-u_{S1}=0\end{aligned}\right\}\tag{3.3}$$

解这六个以支路电流为未知量的相互独立的方程组，便得各支路电流。这种求解电路的方法，称为支路电流法。

由以上分析可知，支路电流方程的列写步骤如下：

①标定各支路电流（电压）的参考方向；

②从电路的 $n$ 个节点中任意选择 $n-1$ 个节点列写 KCL 方程；

③选择基本回路，结合元件的特性方程列写 $b-(n-1)$ 个 KVL 方程；

④求解上述方程，得到 $b$ 个支路电流；

⑤进一步计算支路电压和进行其他分析。

需要注意的是，支路电流法列写的是 KCL 和 KVL 方程，所以方程列写方便、直观，但方程数较多，宜利用计算机求解；人工计算时，适用于支路数不多的电路。

【例 3.1】 求图 3.2 所示电路的各支路电流及电压源各自发出的功率。

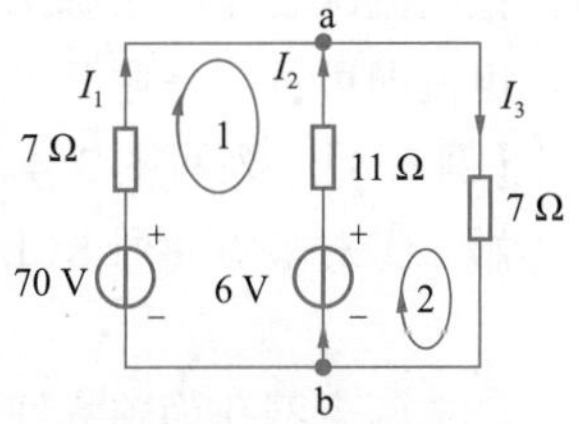


图 3.2　例 3.1 图

解　①对节点 a 列 KCL 方程：

$$-I_1-I_2+I_3=0$$

②对两个网孔列 KVL 方程：

$$7I_1-11I_2=70-6$$

$$11I_2+7I_3=6$$

③用数学矩阵方法求解上述方程：

$$\Delta=\begin{vmatrix}-1&-1&1\\7&-11&0\\0&11&7\end{vmatrix}=203\quad \Delta_1=\begin{vmatrix}0&-1&1\\64&-11&0\\6&11&7\end{vmatrix}=1\ 218\quad \Delta_2=\begin{vmatrix}-1&0&1\\7&64&0\\0&6&7\end{vmatrix}=-406$$

$$I_1=\frac{\Delta_1}{\Delta}=\frac{1\ 218}{203}\ \text{A}=6\ \text{A}\quad I_2=\frac{\Delta_2}{\Delta}=\frac{-406}{203}\ \text{A}=-2\ \text{A}\quad I_3=I_1+I_2=(6-2)\ \text{A}=4\ \text{A}$$

④电压源发出的功率：

$$P_{70}=6\times70\ \text{W}=420\ \text{W}\quad P_6=[(-2)\times6]\ \text{W}=-12\ \text{W}$$

【例 3.2】 列写图 3.3（a）、（b）所示电路的支路电流方程（电路中含有理想电流源）。

解　对于图 3.3（a）：

①对节点 a 列 KCL 方程：

$$-I_1-I_2+I_3=0$$

②选两个网孔为独立回路，设电流源两端电压为 $U$，列 KVL 方程：

$$7I_1-11I_2=70-U$$

$$11I_2+7I_3=U$$

③由于多出一个未知量 $U$，需增补一个方程：

$$I_2=6\ \text{A}$$

求解以上方程可得各支路电流。

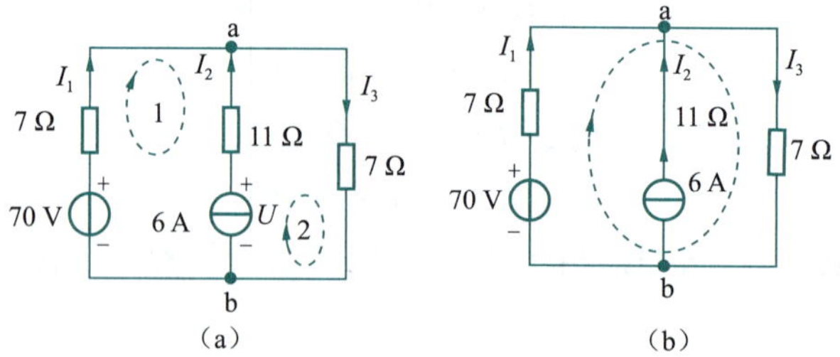


图 3.3　例 3.2 图

对于图 3.3（b），由于支路电流 $I_2$已知，故只需列写两个方程。

①对节点 a 列 KCL 方程：

$$-I_1-6+I_3=0$$

②避开电流源支路取回路，选大回路列 KVL 方程：

$$7I_1+7I_3=70$$

**注意**：对含有理想电流源的电路，列写支路电流方程有两种方法。一是设电流源两端电压，把电流源看作电压源来列写方程，然后增补一个方程，即令电流源所在支路电流等于电流源的电流即可；二是避开电流源所在支路列方程，把电流源所在支路的电流作为已知。

**【例 3.3】** 列写图 3.4 所示电路的支路电流方程（电路中含有受控源）。

**解** ①对节点 a 列 KCL 方程：

$$-I_1-I_2+I_3=0$$

②选两个网孔为独立回路，列 KVL 方程：

$$7I_1-11I_2=70-5U$$

$$11I_2+7I_3=5U$$

③由于受控源的控制量 $U$ 是未知量，需增补一个方程：

$$U=7I_3$$

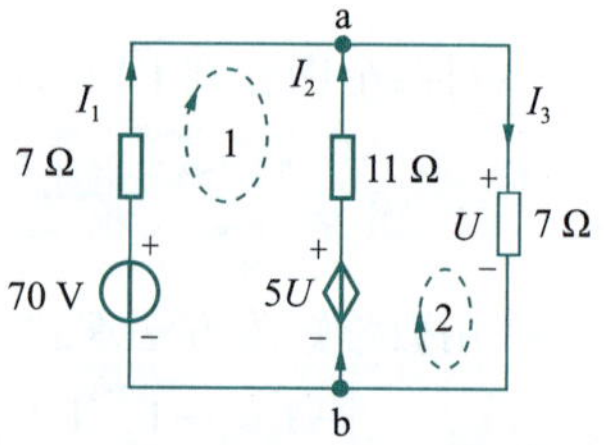


图 3.4　例 3.3 图

④整理以上方程，消去控制量 $U$：

$$-I_1-I_2+I_3=0$$

$$7I_1-11I_2+35I_3=70$$

$$11I_2-28I_3=0$$

**注意**：对含有受控源的电路，方程列写需分两步。

①先将受控源看作独立源列方程；

②将控制量用支路电流表示，并代入所列方程，消去控制量。

## 3.2　回路分析法

为减少未知量（方程）的个数，假设每个基本回路中有一个回路电流沿着构成该回路的各支路流动。各支路电流用回路电流的线性组合表示来求得电路的解。回路分析法和网孔分析法就是基于这种想法而提出的一类方法。

要使方程数目减少，必须使求解的未知量数目减少，应寻求数目少于支路数 $b$ 的新的求解变量。

所列 KVL 方程相互独立的回路称为独立回路。一个具有 $b$ 条支路、$n$ 个节点的连通图有 $b-n+1$ 个基本回路，即有 $b-n+1$ 个独立回路。

假设电路的各独立回路中均有一电流在各回路单独做闭合流动，这些假想的电流称为各独立回路的回路电流。

图 3.5 所示为回路分析法电路。图中有两个独立回路，选两个网孔为独立回路，设网孔电流沿顺时针方向流动。可以清楚地看到，当某支路只属于某一回路（或网孔），那么该支路电流就等于该回路（网孔）电流；如果某支路属于两个回路（或网孔）所共有，则该支路电流就等于流经该支路两回路（网孔）电流的代数和。

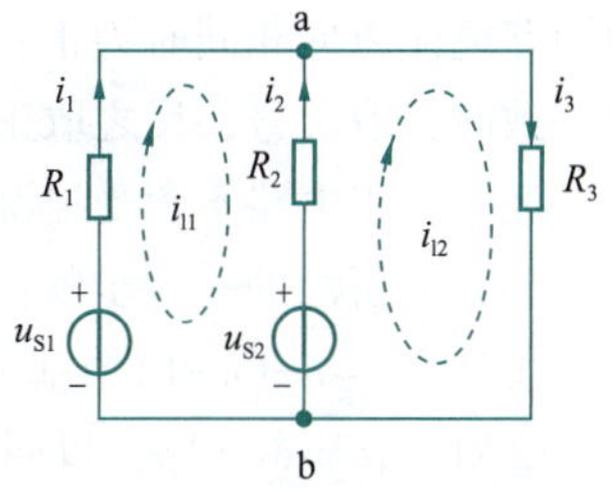


图 3.5　回路分析法电路

图 3.5 所示电路中

$$i_1=i_{11}\quad i_3=i_{12}\quad i_2=i_{12}-i_{11}$$

回路电流在独立回路中是闭合的，对每个相关节点，回路电流流进一次，必流出一次，所以回路电流自动满足 KCL。因此，回路电流法是对基本回路列写 KVL 方程，方程数为 $b-(n-1)$，与支路电流法相比，方程数减少 $n-1$ 个。

应用回路分析法分析电路的关键是如何简便、正确地列写出以回路电流为变量的回路电压方程。下面以图 3.5 所示电路为例列写网孔的 KVL 方程，并从中归纳总结出简便列写回路 KVL 方程的方法。

按网孔列写 KVL 方程：

$$\left.\begin{aligned}&\text{网孔 1：}R_1i_{11}+R_2(i_{11}-i_{12})-u_{S1}+u_{S2}=0\\&\text{网孔 2：}R_2(i_{11}-i_{12})+R_3i_{12}-u_{S2}=0\end{aligned}\right\}\tag{3.4}$$

将以上方程按未知量顺序排列整理得

$$\left.\begin{aligned}&(R_1+R_2)i_{11}-R_2i_{12}=u_{S1}-u_{S2}\\&-R_2i_{12}+(R_2+R_3)i_{12}=u_{S2}\end{aligned}\right\}\tag{3.5}$$

观察方程可以看出如下规律：

第一个等式中，$i_{11}$ 前的系数（$R_1+R_2$）是网孔 1 中所有电阻之和，称为网孔 1 的自电阻，用 $R_{11}$ 表示；$i_{12}$ 前的系数 $-R_2$，是网孔 1 和网孔 2 公共支路上的电阻，称为两个网孔的互电阻，用 $R_{12}$ 表示。由于流过 $R_2$ 的两个网孔电流方向相反，故 $R_2$ 前为负号；等式右端 $u_{S1}-u_{S2}$ 表示网孔 1 中电压源的代数和，用 $u_{S11}$ 表示。$u_{S11}$ 中各电压源的取号法则是，电压源的电压降落方向与回路电流方向一致的取负号，反之取正号。

用同样的方法可以得出第二个等式中的自电阻、互电阻和等效电压源。

自电阻：$R_{22}=(R_2+R_3)$。

互电阻：$R_{21}=-R_2$。

等效电压源：$u_{S22}=u_{S2}$。

由此得回路（网孔）电流方程的标准形式：

$$\left.\begin{aligned}&R_{11}i_{11}+R_{12}i_{12}=u_{S11}\\&R_{21}i_{11}+R_{22}i_{12}=u_{S22}\end{aligned}\right\}\tag{3.6}$$

对于具有 $l=b-(n-1)$ 个基本回路的电路，回路（网孔）电流方程的通式为

$$\begin{aligned}
&R_{11}i_{11}+R_{12}i_{12}+\cdots+R_{1k}i_{1k}=u_{S11}\\
&R_{21}i_{11}+R_{22}i_{12}+\cdots+R_{2k}i_{1k}=u_{S22}\\
&\cdots\cdots\\
&R_{11}i_{11}+R_{12}i_{12}+\cdots+R_{1k}i_{1k}=u_{Skk}
\end{aligned}\tag{3.7}$$

式中，下标相同的自电阻 $R_{kk}$ 为正；下标不同的互电阻 $R_{jk}$（或 $R_{kj}$）可正可负，当流过互电阻的两回路电流方向相同时为正，反之为负；等效电压源 $u_{Skk}$ 中的电压源电压方向与该回路电流方向一致时，取负号，反之取正号。

**注意：** 当电路不含受控源时，回路电流方程的系数矩阵为对称阵。

回路分析法的一般步骤：

①选定 $l=b-(n-1)$ 个基本回路，并确定其绕行方向；

②对 $l$ 个基本回路，以回路电流为未知量，列写 KVL 方程；

③求解上述方程，得到 $l$ 个回路电流；

④求各支路电流（用回路电流表示）；

⑤其他分析。

电路中含有理想电流源和受控源时，回路方程的列写参见例题。

**【例 3.4】** 列写图 3.6（a）所示电路的回路电流方程，说明如何求解电流 $i$。

**解** 独立回路有 3 个。选网孔为独立回路如图 3.6（b）所示，回路方程为

$$\begin{aligned}
&(R_3+R_1+R_4)i_1-R_1i_2-R_4i_3=U_S\\
&-R_1i_1-(R_2+R_1+R_S)i_2-R_5i_3=0\\
&-R_4i_1-R_5i_2+(R_2+R_1+R_5)i_3=0
\end{aligned}$$

从以上方程中解出网孔电流 $i_2$ 和网孔电流 $i_3$，则电流 $i=i_2-i_3$。

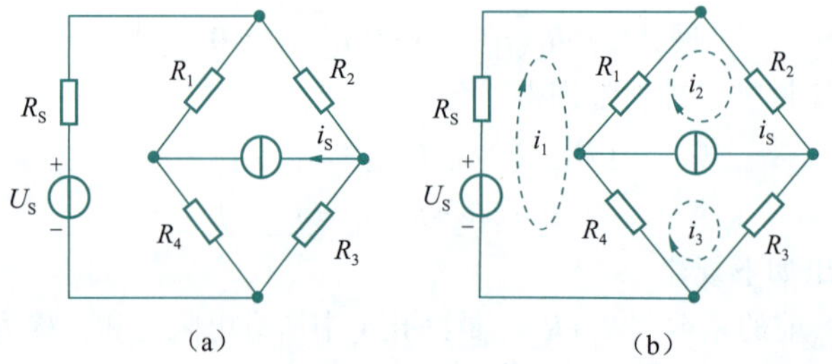


**图 3.6 例 3.4 图**

**注意：**

①不含受控源的线性网络，回路方程的系数矩阵为对称阵，满足 $R_{jk}=R_{kj}$。

②当网孔电流均取顺时针或逆时针方向时，$R_{kj}$ 均为负。

**【例 3.5】** 列写图 3.7（a）所示电路的回路电流方程（电路中含有无伴理想电流源）。

**解 1** 选取网孔为独立回路，如图 3.7（b）所示，引入电流源电压 $U$，则回路方程为

$$\begin{aligned}
&(R_S+R_1+R_4)i_1-R_1i_2-R_4i_3=U_S\\
&-R_1i_1-(R_2+R_1)i_2=U_S\\
&-R_4i_1+(R_3+R_4)i_3=U
\end{aligned}$$

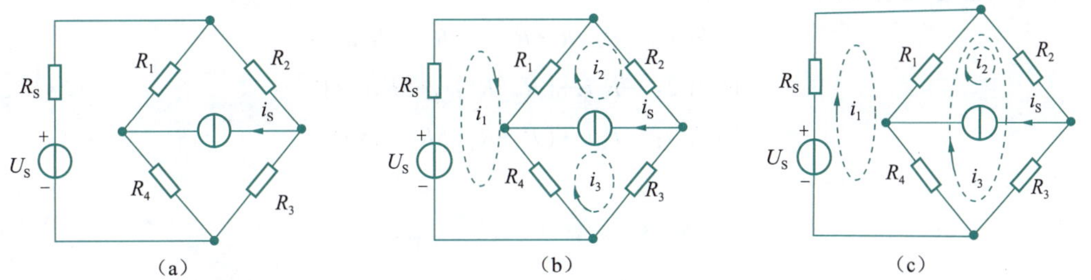


图 3.7　例 3.5 图

由于多出一个未知量 $U$，需增补一个方程，即增加回路电流和电流源电流的关系方程：$i_S=i_2-i_3$。

**解 2**　选取独立回路，使理想电流源支路仅仅属于一个回路，如图 3.7（c）所示，该回路电流等于 $i_S$。回路电流方程为

$$(R_S+R_1+R_4)i_1-(R_1+R_4)i_3=0$$

$$i_S=i_2$$

$$-(R_1+R_4)i_1+(R_1+R_2)i_2+(R_1+R_2+R_3+R_4)i_3=0$$

本题中的电流源 $i_S$ 单独构成一条支路，故称为无伴电流源。对含有无伴理想电流源的电路，回路电流方程的列写有两种方式：

①引入电流源电压 $U$，把电流源看作电压源列写方程，然后增补回路电流和电流源电流的关系方程，从而消去中间变量 $U$。这种方法比较直观，但需增补方程，往往列写的方程数多。

②使理想电流源支路仅仅属于一个回路（作为连支），该回路电流等于已知的电流源电流 $i_S$。这种方法列写的方程数少。

在一些有多个无伴电流源问题中，以上两种方法往往并用。

**【例 3.6】**　列写图 3.8（a）所示电路的回路电流方程（电路中含有受控源）。

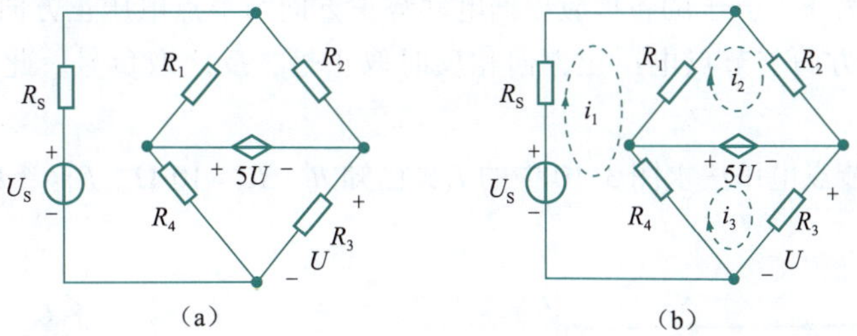


图 3.8　例 3.6 图

**解**　选网孔为独立回路，如图 3.8（b）所示，把受控电压源看作独立电压源列方程，得

回路 1：$(R_S+R_1+R_4)i_1-R_1i_2-R_4i_3=U_S$

回路 2：$-R_1i_1+(R_2+R_1)i_2=5U$

回路 3：$-R_4i_1+(R_3+R_4)i_4=-5U$

由于受控源的控制量 $U$ 是未知量，需增补一个方程 $U=R_3i_3$。

整理以上方程消去控制量 $U$ 得

$$\text{回路 1：} (R_S+R_1+R_4)i_1-R_1i_2-R_4i_3=U_S$$

$$\text{回路 2：} -R_1i_1+(R_2+R_1)i_2-5R_3i_2=0$$

$$\text{回路 3：} -R_4i_1+(R_3+R_4+5R_3)i_3=0$$

## 3.3 节点电压法

节点电压法是以节点电压为求解对象的计算方法。对于有两个节点的复杂电路，应用节点电压法十分简便。

现以图 3.9 为例来导出节点电压的计算公式，并说明如何用节点电压法解题。

根据基尔霍夫电流定律，对节点 A 有

$$I_1+I_2-I_3-I_4=0$$

选定节点电压 $U$ 的正方向，如图 3.9 所示。

根据基尔霍夫电压定律可求得各支路电流：

$$U=E_1-I_1R_1 \qquad U=E_2-I_2R_2 \qquad U=-E_3+I_3R_3 \qquad U=I_4R_4$$

$$I_1=\frac{E_1-U}{R_1} \qquad I_2=\frac{E_2-U}{R_2} \qquad I_3=\frac{E_3+U}{R_3} \qquad I_4=\frac{U}{R_4}$$

将以上四式代入节点 A 电流方程，可得

$$\frac{E_1-U}{R_1}+\frac{E_2-U}{R_2}-\frac{E_3+U}{R_3}-\frac{U}{R_4}=0$$

经整理后得出节点电压的计算公式：

$$U=U_{AB}=\frac{\dfrac{E_1}{R_1}+\dfrac{E_2}{R_2}-\dfrac{E_3}{R_3}}{\dfrac{1}{R_1}+\dfrac{1}{R_2}+\dfrac{1}{R_3}+\dfrac{1}{R_4}}=\frac{\sum\dfrac{E}{R}}{\sum\dfrac{1}{R}} \tag{3.8}$$

式中，分母各项总为正，分子的各项应根据电动势正方向与节点电压正方向的关系来决定。电动势（或电流）正方向与节点电压正方向相反时取正号，反之取负号。此公式又称弥尔曼定理，应用广泛。

**【例 3.7】** 用节点电压法求图 3.10 中的 $I_3$，已知 $R_1=R_2=10\ \Omega$，$R_3=5\ \Omega$，$E_1=10\ \text{V}$，$E_2=5\ \text{V}$。

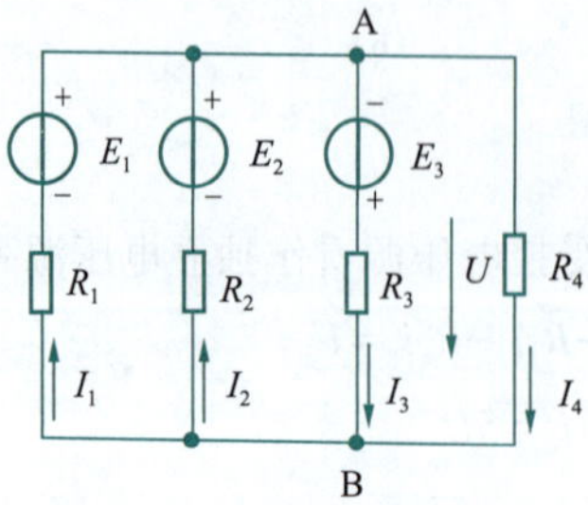


图 3.9 节点电压法电路

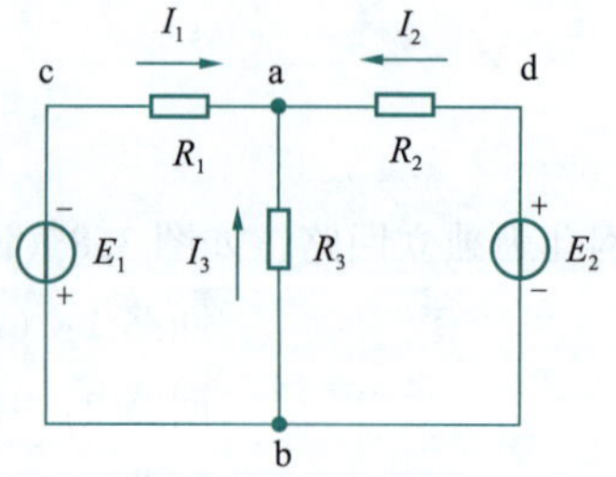


图 3.10 例 3.7 图

**解**　节点电压为

$$U_{ab}=\frac{\sum\frac{E}{R}}{\sum\frac{1}{R}}=\frac{-\frac{E_1}{R_1}+\frac{E_2}{R_2}}{\frac{1}{R_1}+\frac{1}{R_2}+\frac{1}{R_3}}=\frac{-\frac{10}{10}+\frac{5}{10}}{\frac{1}{10}+\frac{1}{10}+\frac{1}{5}}\ \text{V}=-1.25\ \text{V}$$

于是可得

$$I_3=\frac{-U}{R_3}=\frac{1.25}{5}\ \text{A}=0.25\ \text{A}$$

## 小　　结

本章介绍了分析线性电阻电路的支路电流法、回路分析法和节点电压法。支路电流法是以支路电流作为未知量，列写 KCL 和 KVL 方程组进行分析；回路分析法是以假设的回路电流作为未知量，列写 KVL 方程组进行分析；节点电压法是以节点电压作为未知量，列写 KCL 方程进行分析。因此，在分析线性电阻电路时要厘清已知哪些条件，需要求解哪些物理量，才好选择适合的分析方法。

## 习　　题

**3.1**　用回路分析法求解图 3.11 所示电路中 5 Ω 电阻中的电流。

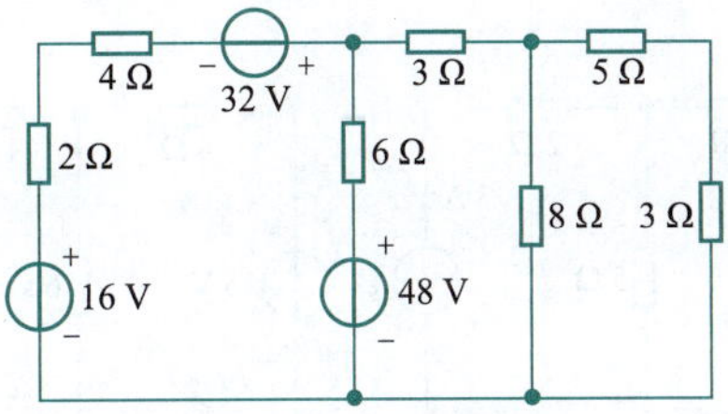


**图 3.11　题 3.1 图**

**3.2**　用回路分析法求解图 3.12（a）所示电路中的 $U_X$ 和图 3.12（b）所示电路中的 $I$。

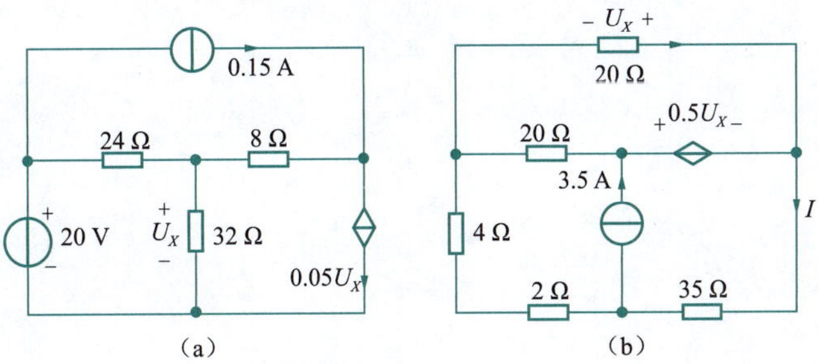


**图 3.12　题 3.2 图**

**3.3** 用回路分析法求解图3.13所示电路中 $I_X$ 以及CCVS的功率。

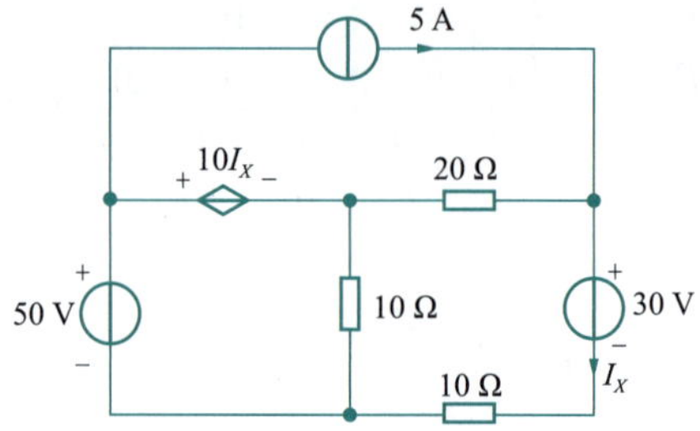


**图3.13 题3.3图**

**3.4** 列出图3.14所示电路的节点电压方程。

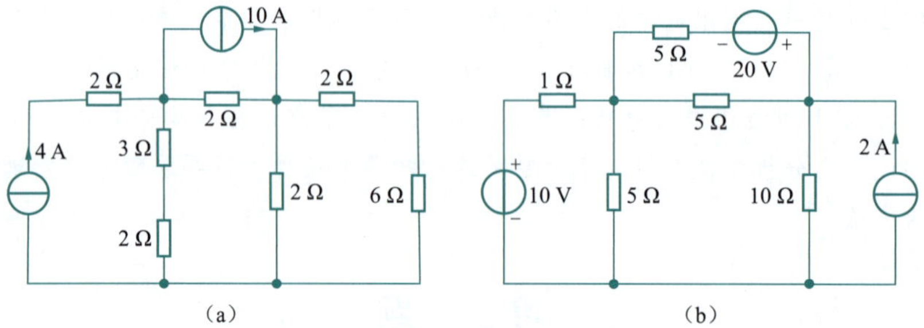


**图3.14 题3.4图**

**3.5** 用节点电压法求解图3.15所示电路中各支路电流。

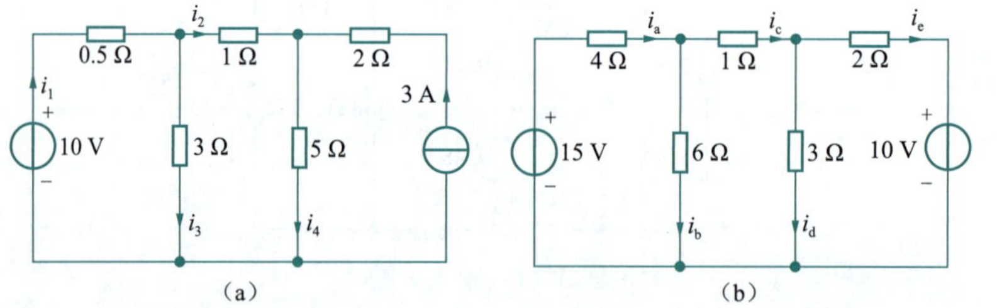


**图3.15 题3.5图**

# 第4章 正弦交流电路

正弦交流电路是指用正弦电源激励，产生大小和方向均随时间按正弦规律变化的电流与电压的电路。

本章首先介绍正弦交流电路的基本概念和分析方法，从单一参数电路出发，讨论交流电路的电流和电压的关系及功率问题，然后分析 *RLC* 串并联电路、功率因数提高及谐振电路，最后介绍和分析三相交流电路及安全用电知识。

## 4.1 正弦交流电的基本概念

### 4.1.1 正弦量的三要素

方向和大小随时间变化的电动势、电流和电压，统称为交流电。按照正弦规律变化的交流电称为正弦交流电，如图 4.1 所示。

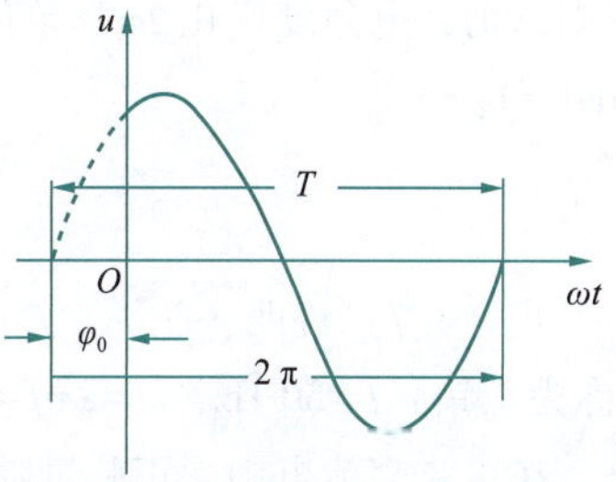


图 4.1 正弦交流电的波形图

正弦交流电压的函数表达式为

$$u=U_{\mathrm{m}}\sin(\omega t+\varphi_0) \tag{4.1}$$

式中，$U_{\mathrm{m}}$ 为电压的最大值，又称幅值，反映正弦交流电的大小。

在工程中，常采用有效值表示交流电的大小。交流测量仪表所指的读数、电气设备铭牌上的额定值都是指有效值。通常规定：如果一交流电流通过电阻 $R$，在一周期内产生的热量和某一直流电流通过同一电阻在相同时间内产生的热量相等，则这个直流电的量值称为交流电的有效值。

如图 4.2 所示，两个相同的电阻 $R$ 中，分别通以交流电流 $i$ 和直流电流 $I$。当交流电流 $i$ 通过电阻 $R$ 时，该电阻在一周期的时间 $T$ 内所消耗的电能为

$$W_i=\int_0^T Ri^2\mathrm{d}t=R\int_0^T i^2\mathrm{d}t \tag{4.2}$$

当直流电流通过电阻 $R$ 时，在相同的时间 $T$ 内所消耗的电能为

$$W_I=RI^2T \tag{4.3}$$

令式（4.2）和式（4.3）相等，就得到交流电的有效值计算式为

$$I=\sqrt{\frac{1}{T}\int_0^T i^2\mathrm{d}t} \tag{4.4}$$

可见，交流电的有效值是它的均方根值。

对于正弦交流电，设其函数式为 $i=I_{\mathrm{m}}\sin(\omega t+\varphi_i)$，则其有效值为

$$I=\sqrt{\frac{1}{T}\int_0^T \sin^2(\omega t+\varphi_i)\,\mathrm{d}t}=\frac{I_m}{\sqrt{2}}=0.707I_m \tag{4.5}$$

这就是说，正弦交流电的有效值等于它的最大值的$\frac{1}{\sqrt{2}}$倍，这个结论对于正弦电动势和电压都是适用的，即 $E=\frac{E_m}{\sqrt{2}}$，$U=\frac{U_m}{\sqrt{2}}$。

（a）交流电流通过电阻$R$　（b）直流电流通过电阻$R$

**图 4.2　交流电流与直流电流热效应的比较**

交流电变化一周所需的时间称为周期，用 $T$ 表示，单位为秒（s）。交流电在 1 s 内变化的周数称为频率，用 $f$ 表示，单位为赫［兹］(Hz)。

$$f=\frac{1}{T} \tag{4.6}$$

式（4.1）中所表示的交流电在交变过程中所经历的角度 $\omega t+\varphi_0$ 称为电角度。交流电变化一周，则其电角度变化 $2\pi$。单位时间内变化的电角度称为角频率，用 $\omega$ 表示，单位为弧度每秒(rad/s)。

$$\omega=\frac{2\pi}{T}=2\pi f \tag{4.7}$$

式（4.7）说明：$f$、$\omega$、$T$ 这三个量都反映正弦交流电变化的快慢。我国工业用电频率（称为工频）$f=50$ Hz，$\omega=2\pi f=314$ rad/s，周期 $T=0.02$ s。

在正弦交流电中，正弦量随时间变化的电角度是 $\omega t+\varphi_0$，反映正弦交流电的变化进程，决定某时刻正弦交流电的状态，称为正弦量的相位。显然，相位的大小与计时的起点有关。$t=0$ 时的相位 $\varphi_0$ 称为初相位，简称初相，反映正弦交流电的初始状态。

综上所述，正弦量的特征表现在变化的大小、快慢和初始状态三个方面，它们分别由最大值、角频率和初相位来确定。最大值、角频率和初相位称为正弦量的三要素，是正弦量特征的完整表示，也是正弦量之间进行比较和区分的依据。

### 4.1.2　同频率正弦量的相位关系

在正弦交流电路的分析中，经常要确定和比较它们之间的相位关系。设任意两个同频率正弦量，一个是电流 $i$，一个是电压 $u$，即

$$u=U_m\sin(\omega t+\varphi_u)$$
$$i=I_m\sin(\omega t+\varphi_i)$$

它们之间的相位之差称为相位差，用 $\varphi$ 表示，即

$$\varphi=(\omega t+\varphi_u)-(\omega t+\varphi_i)=\varphi_u-\varphi_i \tag{4.8}$$

可见，同频率正弦交流电的相位差等于其初相位之差，与时间无关。时间起点选择不同，电压的初相角 $\varphi_u$ 和电流的初相角 $\varphi_i$ 将随着改变，但二者之差是不变的。相位差是比较两个同频率正弦交流电的重要标志之一。

两个同频率正弦量的相位关系。它们的相位差有：$\varphi=0$，两交流电同相，如图 4.3（a）所示；$\varphi>0$，$u$ 超前 $i$，如图 4.3（b）所示；$\varphi<0$，$u$ 滞后 $i$。若 $\varphi=\pm\pi/2$，两交流电正交，如图 4.3（b）所示；若 $\varphi=\pm\pi$，两交流电反相，如图 4.3（c）所示。

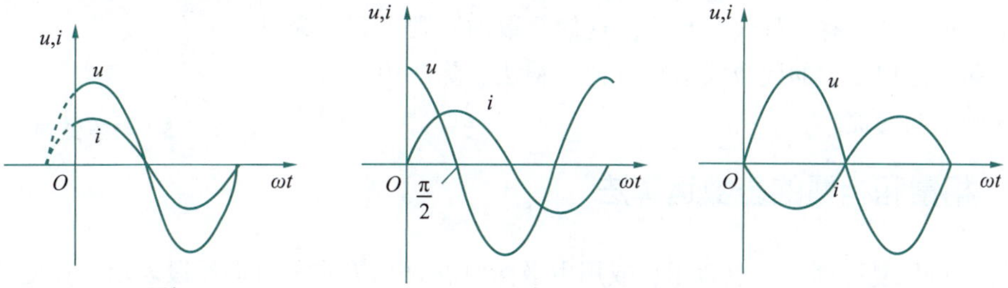


（a）同相　（b）正交　（c）反相

**图 4.3　正弦交流电的相位关系**

**【例 4.1】** 已知两正弦交流电 $u=12\sin(314t+80°)$ V，$i=7\sin(314t+10°)$ A。

①在同一坐标系内绘出它们的波形图。

②求其各自的最大值、有效值、角频率和初相位。

③说明它们的相位差哪个超前，哪个滞后。

**解**　①$u$、$i$ 的波形图如图 4.4 所示。

②$U_m=12$ V，$U=6\sqrt{2}$ V，$I_m=7$ A，$I=3.5\sqrt{2}$ A，

$\omega_1=\omega_2=314$ rad/s，$f_1=f_2=50$ Hz，$T_1=T_2=0.02$ s，

$\varphi_u=80°$，$\varphi_i=10°$。

③$\varphi=\varphi_u-\varphi_i=70°$，$u$ 超前电流 $i$ 70°。

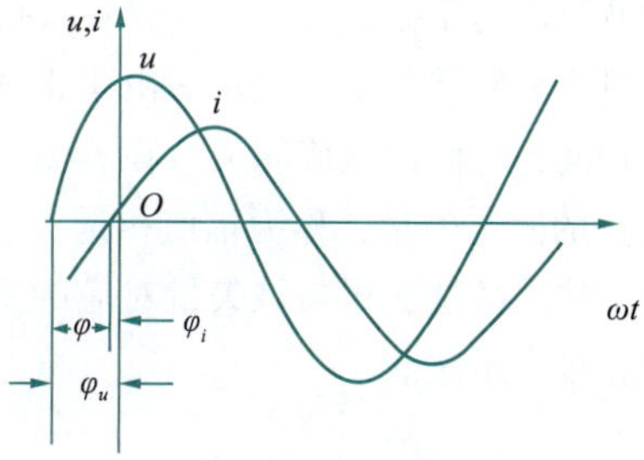


**图 4.4　例 4.1 图**

# 4.2　正弦量的相量表示法

在正弦交流电路的计算中，实际广泛采用的是简便有效的方法——相量法。为此，下面有必要先复习一下复数。

## 4.2.1　复数及其运算

一个复数 $\dot{A}$ 可以用几种形式表示，用代数式表示为

$$\dot{A}=a+\mathrm{j}b \tag{4.9}$$

式中，$a$、$b$ 都是实数，$a$ 是实部，$b$ 是虚部。为避免与电流相混淆，电工学中常用 j 作为虚部的单位。

复数 $\dot{A}$ 在复平面上可用有向线段表示，如图 4.5 所示。其中有向线段 $OA$ 的长度就是复数的模，有向线段 $OA$ 与实轴正方向的夹角 $\varphi$ 就是辐角。

$$\dot{A}=A\cos\varphi+\mathrm{j}A\sin\varphi=A(\cos\varphi+\mathrm{j}\sin\varphi) \tag{4.10}$$

式（4.10）即为复数 $\dot{A}$ 的三角函数式。

利用欧拉公式　$$\mathrm{c}^{\mathrm{j}\varphi}=\cos\varphi+\mathrm{j}\sin\varphi$$

可得复数 $\dot{A}$ 的指数形式

$$\dot{A}=Ae^{j\varphi} \tag{4.11}$$

写成极坐标形式

$$\dot{A}=A\angle\varphi \tag{4.12}$$

综上所述，复数有多种表示形式。这使复数的四则运算极为灵活。加法和减法用复数的代数式运算方便，乘法和除法用复数的极坐标形式则更为简捷。

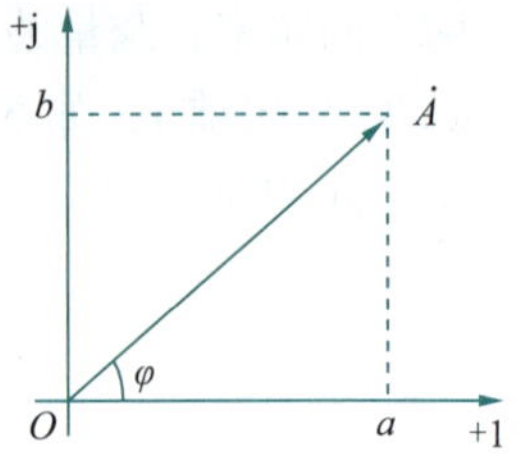


图 4.5　与复数对应的矢量

## 4.2.2　相量和相量的复数运算法

复数 $\dot{A}$ 可用复平面上一点表示，或用由坐标原点 $O$ 到 $P$ 点的有向线段表示。在复平面上取有向线段的长 $OP$，即复数的模 $|OP|$ 等于正弦量的幅值 $I_m$，有向线段的初始位置与横轴（实轴）间的夹角即辐角等于正弦量的初相位 $\varphi_0$，并以角速度 $\omega$（等于正弦量的角频率）按逆时针方向旋转，则这个旋转矢量任一时刻在纵轴（虚轴）上的投影就是正弦量的瞬时值。由此形成的波形就是正弦交流电 $i=I_m\sin(\omega t+\varphi_0)$ 的波形，如图 4.6 所示。由此可见，一个正弦量可用一个对应的旋转矢量来表示。由于正弦交流电路的分析通常不涉及角频率，因此不必考虑矢量的旋转问题，而用该旋转矢量在 $t=0$ 时的矢量来表示正弦量；其长度等于正弦量的幅值（或有效值）的固定矢量，称为幅值相量（或有效值相量）。这种表示正弦量的方法称为正弦量的矢量表示法。显然，用与该矢量对应的复数同样可以表示一个正弦量，称为正弦量的复数表示法，即相量表示法。

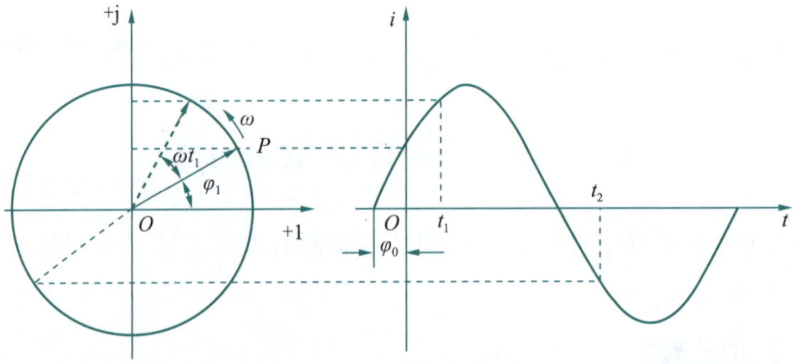


图 4.6　正弦量的矢量表示

以正弦电流 $i=I_m\sin(\omega t+\varphi_0)$ 为例，其幅值为 $I_m$，初相位为 $\varphi_0$，对应的复数为 $\dot{I}_m=I_m\angle\varphi_0$。因此，可用复数 $\dot{I}_m=I_m\angle\varphi_0$ 表示正弦电流 $i=I_m\sin(\omega t+\varphi_0)$。这种表示正弦量的复数，称为相量，以相应的大写字母顶上加“·”表示。若用最大值作为相量的模，称为最大值相量，如 $\dot{I}_m$；若用有效值作为相量的模，称为有效值相量，如 $\dot{I}=I\angle\varphi_0$。这样，对每一个正弦量，都可按照其对应关系写出相量。反之，对每一个相量，也可按照其对应关系求出该相量所表示的正弦量。

正弦量可用对应的复数表示，这样，正弦电路中有关量的加、减、乘、除也就容易解决了。

这种用复数表示正弦量来计算交流电路的方法称为相量的复数运算法。

这里，需要注意的是：

①相量可以表示正弦量，但并不等于正弦量，两者只有对应关系。

②只有正弦周期量才能用相量表示，相量不能表示非正弦周期量。因此，只有表示正弦量的复数才能称为相量。

### 4.2.3　相量图和相量图法

多个同频率正弦量对应的矢量画在同一坐标系的复平面上的集合图，称为相量图。由于频率相同，各矢量在图中的位置是固定不变的。因此，以相量图为基础，通过矢量运算，就可进行正弦量的计算，这种方法称为相量图法。相量图法亦属于相量法，它比相量的复数计算法更形象、直观、简明，是简化交流电路计算的一种很有效的方法。

应用相量图法时，需要注意的是：

①作相量图时，同频率的正弦量才能画在同一个相量图上。

②同类型的正弦量必须按其大小成比例画出，才能进行比较。

③实际决定各相量之间关系的是相位差。因此，可取某一相量作为参考相量（取其初相位等于零），各相量在相量图上的位置便可由它们与参考相量的相位差来确定。

**【例 4.2】**　已知 $i_1=8\sin(314t+60°)$ A，$i_2=6\sin(314t-30°)$ A，试求 $i=i_1+i_2$。

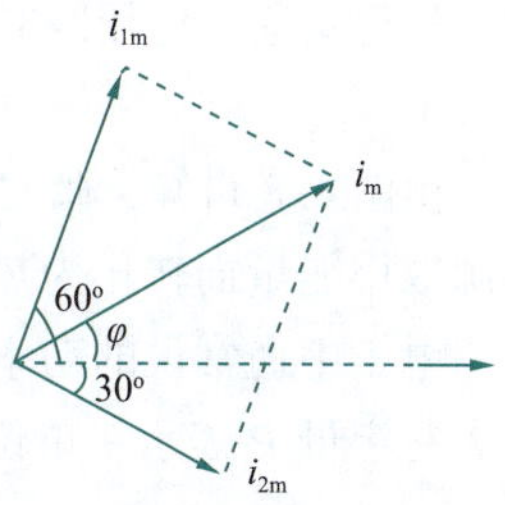

图 4.7　例 4.2 相量图

**解**　先作电流 $i_1$ 和 $i_2$ 的相量图，然后求相量和，如图 4.7 所示。

因为 $i_1$ 和 $i_2$ 的相位差为

$$\varphi=\varphi_1-\varphi_2=60°-(-30°)=90°$$

所以，总电流的幅值为

$$I_m=\sqrt{I_{1m}^2+I_{2m}^2}=\sqrt{8^2+6^2}\ \text{A}=10\ \text{A}$$

总电流的初相位为

$$\varphi=60°-\arctan(6/8)=60°-37°=23°$$

所以

$$i=10\sin(314t+23°)\ \text{A}$$

## 4.3　单一参数的正弦交流电路

### 4.3.1　纯电阻电路

负载为纯电阻元件的电路称为纯电阻电路，如图 4.8（a）所示。这种电路，在任何时刻，它的两端电压与电流的关系均服从欧姆定律。在电压与电流取关联参考方向时，有

$$u=iR \tag{4.13}$$

设 $i=I_m\sin\omega t$，则其相量为

$$\dot{I}=I\angle 0°$$

电阻两端电压为

$$u_R=iR=I_mR\sin\omega t=U_{Rm}\sin\omega t \tag{4.14}$$

也是一个同频率的正弦量，电压与电流的量值关系为

$$\frac{U_{Rm}}{I_m}=\frac{U}{I}=R$$

且同相位，其波形如图 4.8（b）所示。

由式（4.14）可得其相量为

$$\dot{U}_R=U_R\angle 0°=IR\angle 0°=\dot{I}R \tag{4.15}$$

它同时表达了电阻元件两端电压与电流的量值和相位关系，其相量图如图 4.8（c）所示。

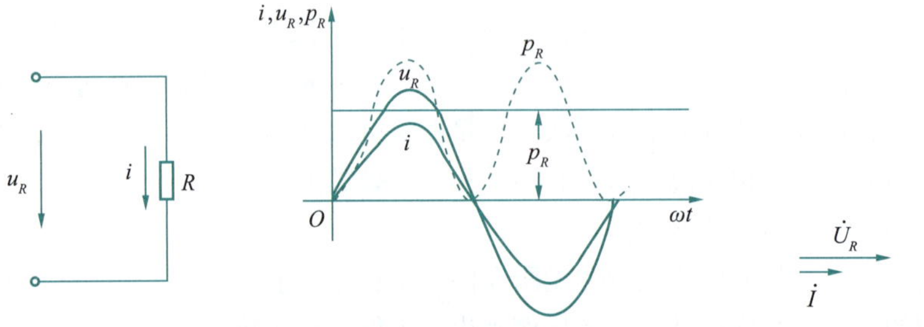


（a）电路图　　（b）波形图　　（c）相量图

**图 4.8　纯电阻电路**

任何瞬间，电压瞬时值 $u$ 与电流瞬时值 $i$ 的乘积称为瞬时功率，用小写字母 $p$ 表示，即

$$p_R=u_Ri=U_{Rm}I_m\sin^2\omega t=U_RI(1-\cos 2\omega t) \tag{4.16}$$

由图 4.8 可知，瞬时功率以 2 倍于电源频率的频率交变着，且总是正值，表明电阻元件从电源取用能量而转化为热能，这种能量转化是不可逆的，故电阻元件为耗能元件。

电工中通常说的功率是指瞬时功率在一周期内的平均值，称为平均功率，又称有功功率，以大写字母 $P$ 表示，单位为瓦［特］(W)。

$$P_R=\frac{1}{T}\int_0^T p_R\mathrm{d}t=\frac{1}{T}\int_0^T U_RI(1-\cos 2\omega t)\mathrm{d}t=U_RI=I^2R=\frac{U_R^2}{R} \tag{4.17}$$

式（4.17）表明交流电路中电阻上消耗的有功功率等于电压有效值 $U$ 与电流有效值 $I$ 的乘积，公式与直流电路中的完全一样。

**【例 4.3】** 交流电压 $u=311\sin(314t-60°)$ V，作用在 20 Ω 的电阻两端，试写出电流瞬时值表达式，其平均功率为多少？

**解** 电压的有效值为 $U=\frac{U_m}{\sqrt{2}}=\frac{311}{\sqrt{2}}$ V $=220$ V

电流的有效值为 $I=\frac{U}{R}=\frac{220}{20}$ A $=11$ A

根据纯电阻电路中电流和电压同相位，可得 $i=11\sqrt{2}\sin(314t-60°)$ A。

其平均功率为 $P=UI=220\times11$ W $=2\ 420$ W。

## 4.3.2 纯电感电路

图 4.9 所示为忽略电阻的空心线圈，称为纯电感电路，如图 4.10（a）所示。

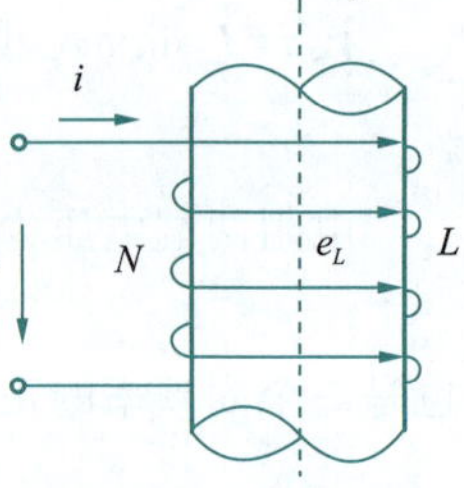


**图 4.9　电感线圈**

选定电压与电流为关联参考方向，正弦电流与它在线圈中产生磁通的正方向应遵从右手螺旋定则。根据电磁感应定律 $e_L=-N\frac{\mathrm{d}\Phi}{\mathrm{d}t}$，电流在

线圈中产生的自感电动势与磁通的正方向也应遵从右手螺旋定则，因此，自感电动势的正方向与电流的正方向一致。对于线性电感，$N\cdot\Phi=L\cdot i$。

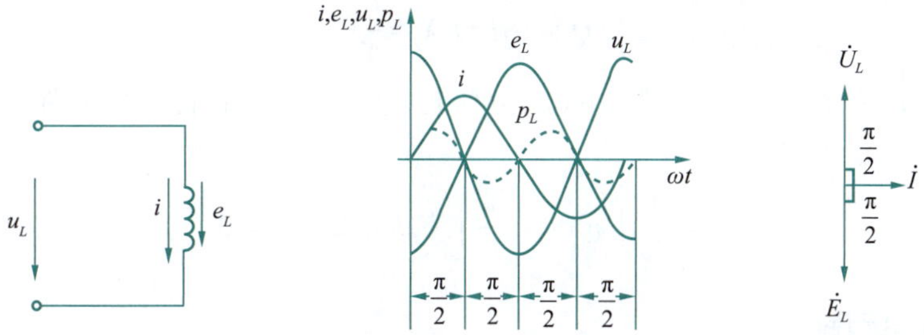


（a）电路图　　（b）波形图　　（c）相量图

**图 4.10　纯电感电路**

设通过线圈的正弦电流为

$$i=I_{\mathrm{m}}\sin\omega t \tag{4.18}$$

电感两端电压为

$$u_L=-e_L=N\frac{\mathrm{d}\Phi}{\mathrm{d}t}=L\frac{\mathrm{d}i}{\mathrm{d}t}=I_{\mathrm{m}}\omega L\cos\omega t=U_{\mathrm{m}}\sin\left(\omega t+\frac{\pi}{2}\right) \tag{4.19}$$

可见电感电路中的电压与电流也是同频率的正弦量。比较式（4.18）与式（4.19），可知电感电路中的电压比电流超前 π/2。电压与电流波形图如图 4.10（b）所示。

在式（4.19）中，引用了关系式 $U_{\mathrm{m}}=I_{\mathrm{m}}\omega L$。可表示为

$$\frac{U_{\mathrm{m}}}{I_{\mathrm{m}}}=\frac{U}{I}=\omega L \tag{4.20}$$

由此可知，在电感电路中，电压与电流有效值（或幅值）之比 $\omega L$ 对交流电流起阻碍作用，因此称 $\omega L$ 为感抗，单位为欧［姆］(Ω)，用 $X_L$ 表示，即

$$X_L=\omega L=2\pi fL \tag{4.21}$$

当电压一定时，$X_L$ 越大，则电流越小。感抗 $X_L$ 与线圈的电感量 $L$、频率 $f$ 成正比。$L$ 一定时，$f$ 越高，感抗 $\omega L$ 越大；$f$ 越低，感抗 $\omega L$ 越小，如果 $f$ 减小到零，则感抗 $X_L$ 等于零，即对直流可视为短路。可见电感元件具有“阻高频、通低频”和“阻交流、通直流”的作用。

根据式（4.18）和式（4.19），用相量表示电流与电压，有

$$\dot{I}=I\angle 0^\circ,\dot{U}_L=U_L\angle 0^\circ \tag{4.22}$$

则

$$\dot{U}_L=\mathrm{j}\dot{I}X_L=\mathrm{j}\dot{I}\omega L$$

式中，$\mathrm{j}X_L=\mathrm{j}\omega L$ 称为复感抗。

相量图如图 4.10（c）所示。

电感电路的瞬时功率为

$$p_L=u_Li=U_{\mathrm{m}}I_{\mathrm{m}}\sin\left(\omega t+\frac{\pi}{2}\right)\sin\omega t=U_{\mathrm{m}}I_{\mathrm{m}}\sin\omega t\cos\omega t=U_LI\sin 2\omega t \tag{4.23}$$

式（4.23）表明，电感电路的瞬时功率 $p_L$，是以 $2\omega$ 为角频率随时间而交变的正弦量，其波形如图 4.10（b）所示。在第一个与第三个 1/4 周期内，电感线圈中电流在增大，磁场在增强，线圈从电源取用电能，$p_L$ 为正。在第二个与第四个 1/4 周期内，电感线圈中电流在减小，

磁场在减弱，线圈中所储存的磁场能归还给电源，$p_L$ 为负。为反映这种能量交换的规模，规定用瞬时功率 $p_L$ 的最大值来衡量，称为无功功率 $Q_L$，即

$$Q_L = U_L I = I^2 X_L = \frac{U_L^2}{X_L} \tag{4.24}$$

无功功率的单位是乏（var）。由图 4.10（b）可知，电感是不消耗能量的元件，电感电路的有功功率（平均功率）为零，即

$$P = \frac{1}{T}\int_0^T p_L \mathrm{d}t = \frac{1}{T}\int_0^T U_L I \sin 2\omega t \mathrm{d}t = 0 \tag{4.25}$$

## 4.3.3 纯电容电路

负载为纯电容元件的电路，称为纯电容电路，如图 4.11（a）所示。

在电容器两极板间加上电压，电容器将被充电。对于线性电容，两极板上所带电荷 $q$ 与两极板间的电压 $u$ 有如下关系：

$$q = Cu \tag{4.26}$$

式中，$C$ 为电容量，单位为法［拉］(F)。

选定电压与电流为关联方向，则通过电容器的正弦电流为

$$i = \frac{\mathrm{d}q}{\mathrm{d}t} = C\frac{\mathrm{d}u}{\mathrm{d}t}$$

设电容器上的电压为

$$u = U_\mathrm{m} \sin \omega t \tag{4.27}$$

则

$$i = C\frac{\mathrm{d}u}{\mathrm{d}t} = U_\mathrm{m}\omega C \cos \omega t = U_\mathrm{m}\omega C \sin\left(\omega t + \frac{\pi}{2}\right) = I_\mathrm{m} \sin\left(\omega t + \frac{\pi}{2}\right) \tag{4.28}$$

比较式（4.27）和式（4.28）可知，电容电路中电流超前电压 π/2 相位角。电压与电流波形图如图 4.11（b）所示。

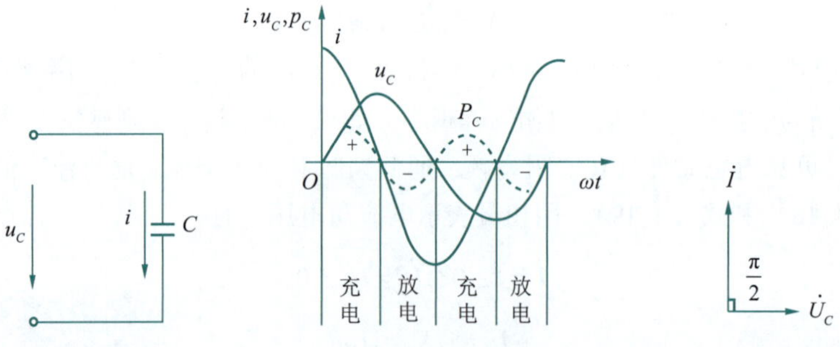


**图 4.11 纯电容电路**

在式（4.28）中，引用了关系式 $I_\mathrm{m} = U_\mathrm{m}\omega C$ 可表示为

$$\frac{U_\mathrm{m}}{I_\mathrm{m}} = \frac{U}{I} = \frac{1}{\omega C} \tag{4.29}$$

由此可知，在电容电路中，电压与电流有效值（或幅值）之比为$\frac{1}{\omega C}$，它对交变电流起阻碍作用，因此称它为容抗，单位为欧［姆］(Ω)，用 $X_C$ 表示，即

$$X_C=\frac{1}{\omega C}=\frac{1}{2\pi fC} \tag{4.30}$$

当电压一定时，$X_C$ 越大，则电流越小。容抗 $X_C$ 与电容器的电容量 $C$、频率 $f$ 成反比，$C$ 一定时，$f$ 越高，容抗 $X_C$ 越小；$f$ 越低，容抗 $X_C$ 越大，如果 $f$ 减小到零，容抗 $X_C$ 趋于∞，这时对直流电可视为开路。可见电容与电感特性相反，具有"阻低频，通高频"和"阻直流，通交流"的作用。

根据式（4.27）和式（4.28），用相量表示电压与电流的关系，则

$$U_C=-\mathrm{j}\dot{I}\frac{1}{\omega C}=-\mathrm{j}\dot{I}X_C \tag{4.31}$$

式中，$-\mathrm{j}X_C=-\mathrm{j}\dfrac{1}{\omega C}$称为复容抗。

相量图如图 4.11（c）所示。

电容电路的瞬时功率为

$$p_C=U_\mathrm{m}I_\mathrm{m}\sin\omega t\sin\left(\omega t+\frac{\pi}{2}\right)=U_\mathrm{m}I_\mathrm{m}\sin\omega t\cos\omega t=U_CI\sin 2\omega t \tag{4.32}$$

式（4.32）表明，电容电路的瞬时功率 $p_C$ 是以 $2\omega$ 为角频率随时间而交变的正弦量，其波形如图 4.11（b）所示。在第一个与第三个 1/4 周期内，电容器中电压在增大，电场在增强，电容器从电源取用电能充电，$p_C$ 为正；在第二个与第四个 1/4 周期内，电容器中电压在减小，电场在减弱，电容器放电，其中所储存的电场能归还给电源，$p_C$ 为负。为反映这种能量交换的规模，规定用瞬时功率 $p_C$ 的最大值来衡量，称为无功功率 $Q_C$，即

$$Q_C=U_CI=I^2X_C=\frac{U_C^2}{X_C} \tag{4.33}$$

但由图 4.11（b）可知，电容器也是不消耗能量的元件，电容电路的有功功率（平均功率）也为零，即

$$P=\frac{1}{T}\int_0^T p_C\mathrm{d}t=\frac{1}{T}\int_0^T p_L U_CI\sin 2\omega t\mathrm{d}t=0$$

【例 4.4】　一纯电容元件 $C=580\ \mu\mathrm{F}$，接于 50 Hz 和 50 kHz，$U=22$ mV 的交流信号源上，其容抗、电流与无功功率各是多少？

解　①当 $f=50$ Hz 时

$$X_C=\frac{1}{2\pi fC}=\frac{1}{314\times 580\times 10^{-6}}\ \Omega=5.5\ \Omega$$

$$I=\frac{U}{X_C}=\frac{22\times 10^{-3}}{5.5}\ \mathrm{A}=4\ \mathrm{mA}$$

$$Q_C=UI=22\times 10^{-3}\times 4\times 10^{-3}\ \mathrm{var}=88\times 10^{-6}\ \mathrm{var}$$

②当 $f=50$ kHz 时

$$X_C=\frac{1}{2\pi fC}=5.5\times 10^{-3}\ \Omega$$

$$I=\frac{U}{X_C}=\frac{22\times 10^{-3}}{5.5\times 10^{-3}}\ \mathrm{A}=4\ \mathrm{A}$$

$$Q_C=UI=22\times 10^{-3}\times 4\ \mathrm{var}=88\times 10^{-3}\ \mathrm{var}$$

计算表明，电容在低频时容抗大，在高频时容抗小，与感抗特性恰恰相反。

# 4.4 串联正弦交流电路

## 4.4.1 RLC 串联交流电路

电阻、电感、电容串联于正弦交流电源两端，便构成 *RLC* 串联交流电路，如图 4.12 所示。串联电路各元件上通过同一电流 $i=I_m\sin\omega t$，总电压与各元件上电压瞬时值的关系为 $u=u_R+u_L+u_C$。

各元件上电流与电压关系用对应的相量式表示，分别为

$$\dot{U}_R=\dot{I}R \quad \dot{U}_L=\mathrm{j}\dot{I}X_L \quad \dot{U}_C=-\mathrm{j}\dot{I}X_C$$

总电压相量 $\dot{U}$ 等于串联电路各元件上电压相量之和，即

$$\dot{U}=\dot{U}_R+\dot{U}_L+\dot{U}_C=\dot{I}R+\mathrm{j}\dot{I}X_L-\mathrm{j}\dot{I}X_C=\dot{I}[R+\mathrm{j}(X_L-X_C)]=\dot{I}(R+\mathrm{j}X)=\dot{I}Z \tag{4.34}$$

式中，$Z$ 称为串联电路的复阻抗。其表达式为

$$Z=R+\mathrm{j}X=R+\mathrm{j}(X_L-X_C)=|Z|\angle\varphi \tag{4.35}$$

复阻抗的模为

$$|Z|=\sqrt{R^2+X^2}=\sqrt{R^2+(X_L-X_C)^2}=\frac{U}{I} \tag{4.36}$$

称为串联电路的阻抗，其中 $X=X_L-X_C$，称为电抗，表明了电压与电流的量值关系。

辐角为

$$\varphi=\arctan\frac{X_L-X_C}{R}=\arctan\frac{\omega L-\dfrac{1}{\omega C}}{R} \tag{4.37}$$

表明了电压与电流的相位关系。

可见，采用 *RLC* 串联电路欧姆定律的相量表达式进行计算时，可同时算出电压与电流的数值和相位角，这是相量复数运算法的优点。

*RLC* 串联电路电压与电流的关系还可以用相量图法进行分析计算。因为串联电路各元件上通过的电流相同，所以常以电流作为参考相量。根据式（4.34）作出的相量图（见图 4.13）可以清楚地表示出串联电路电压与电流的关系。

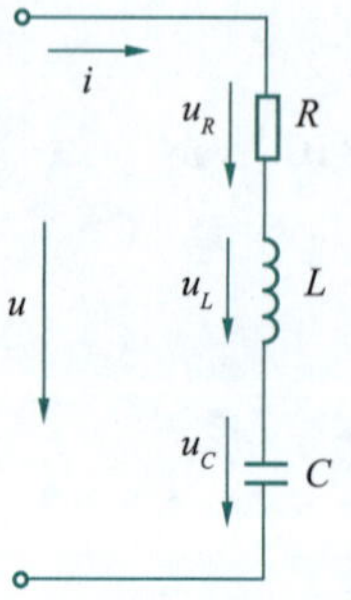


图 4.12 *RLC* 串联电路图

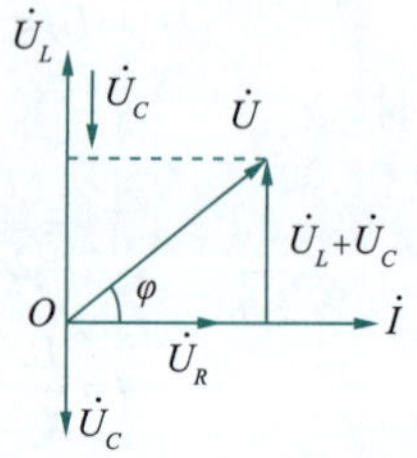


图 4.13 *RLC* 串联电路相量图

从图 4.13 中可以看出，*RLC* 串联电路总电压相量 $\dot{U}$ 与串联电路各元件上电压相量和 $\dot{U}_X=\dot{U}_L+\dot{U}_C$ 构成一直角三角形，称为电压三角形。$\dot{U}$、$\dot{U}_R$ 和 $\dot{U}_X$ 的量值关系为

$$U=\sqrt{U_R^2+U_X^2}=\sqrt{U_R^2+(U_L-U_C)^2}$$

$U$ 和 $I$ 的量值关系为

$$U=\sqrt{(IR)^2+(IX_L-IX_C)^2}=I\sqrt{R^2+(X_L-X_C)^2}=I\sqrt{R^2+X^2}=I|Z|$$

$\dot{U}_R$ 和 $\dot{U}_X$ 的相位关系为

$$\varphi=\arctan\frac{U_X}{U_R}=\arctan\frac{U_L-U_C}{U_R}=\arctan\frac{X_L-X_C}{R}=\arctan\frac{X}{R}$$

由式（4.36）和式（4.37），还可以清楚地看出，$|Z|$、$R$、$X$ 三者之间也构成一直角三角形称为阻抗三角形。而且，电压三角形中，电压与电流的相位差等于阻抗三角形中的阻抗角。由此可见，串联电路的电压与电流的关系完全决定于电路各元件参数。

图 4.13 所示的相量图是在假定 $X_L>X_C$ 的条件下画出的，此时电抗 $X=X_L-X_C>0$，为正值。总电压超前电流相位角 $\varphi=\varphi_u-\varphi_i>0$，这种电路称为电感性电路；反之，若电路参数 $X_L<X_C$，则电抗 $X=X_L-X_C<0$，为负值，总电压滞后电流相位角 $\varphi=\varphi_u-\varphi_i<0$，这种电路称为电容性电路；若 $X_L=X_C$，则 $X=0$，$\varphi=\varphi_u-\varphi_i=0$，总电压与电流同相，这种电路称为电阻性电路。

*RLC* 串联交流电路中同时有耗能元件 $R$ 和储能元件 $L$ 与 $C$，因此，从能量转换关系分析电源必须同时向电路提供两种类型的功率，一种是电阻元件 $R$ 上将电能转换成热能而消耗掉的功率，称为有功功率，用 $P$ 表示，单位是瓦［特］(W)；另一种是电感元件 $L$ 和电容元件 $C$ 用于建立磁场和电场所需的功率，称为无功功率，用 $Q$ 表示，其单位是乏（var），用来衡量电感元件 $L$ 和电容元件 $C$ 与电源的能量交换的规模。

由图 4.13 可知

$$U_R=U\cos\varphi=IR \tag{4.38}$$

于是

$$P=U_RI=UI\cos\varphi=I^2R=\frac{U_R^2}{R} \tag{4.39}$$

式（4.39）表明，电源提供的有功功率就是相应的电阻消耗的功率。

从图 4.13 还可知

$$U_X=U\sin\varphi \tag{4.40}$$

因此得

$$Q=U_XI=UI\sin\varphi=I^2X=\frac{U_X^2}{X} \tag{4.41}$$

又因为

$$U_X=U_L-U_C$$

可得

$$Q=U_XI=(U_L-U_C)I=U_LI-U_CI=Q_L-Q_C \tag{4.42}$$

式（4.42）表明，电源向 *RLC* 串联交流电路提供的无功功率为电感元件和电容元件所需的无功功率之差。

电压的有效值 $U$ 和电流的有效值 $I$ 的乘积称为视在功率，用 $S$ 表示，即

$$S=UI=I^2|Z|=\frac{U^2}{|Z|} \tag{4.43}$$

式中，$S$ 单位是伏［特］安［培］(V · A)。由此，得

$$P=S\cos\varphi\quad Q=S\sin\varphi\quad S=\sqrt{P^2+Q^2} \tag{4.44}$$

于是，$P$、$Q$、$S$ 三者又构成一个直角三角形，称为功率三角形。

显然，在同一个串联电路中，电压三角形、阻抗三角形和功率三角形是相似形，如图 4.14 所示。$\varphi$ 是阻抗角，又是串联电路中总电压与电流间的相位差，同时还是功率因数角。阻抗角 $\varphi$ 的大小由电路的参数决定，反映了电路的性质，决定了电路中电压、电流间的相位关系，并决定了电路功率因数的高低。

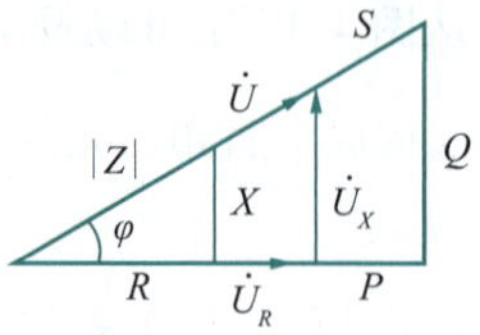


**图 4.14 *RLC* 串联电路功率、电压阻抗三角形**

视在功率是电力工程中的一个重要概念，变压器的容量就是用视在功率 $S$ 表示的。由式（4.44）可知，当 $\cos\varphi=1$ 时，$P=S$。因此，视在功率表明了该设备正常运行时所能提供的最大有功功率。

*RLC* 串联电路三个相似的直角三角形——阻抗三角形、电压三角形和功率三角形对电路的分析计算有极大的帮助，务必牢固掌握。

**【例 4.5】** 如图 4.12 所示电路中，$R=30\ \Omega$，$L=2.55\ \text{mH}$，$C=0.079\ 6\ \mu\text{F}$，电源电压 $U=5\ \text{V}$，$f=10\ \text{kHz}$，试求：①电路中的电流和各元件上的电压，并绘出相量图；②串联电路的 $P$、$Q$、$S$。

**解** ①先计算电路复阻抗：

电路感抗：$$X_L=\omega L=2\pi fL=2\pi\times10\times10^3\times2.55\times10^{-3}\ \Omega=160\ \Omega$$

电路容抗：$$X_C=\frac{1}{\omega C}=\frac{1}{2\pi fC}=\frac{1}{2\pi\times10\times10^3\times0.079\ 6\times10^{-6}}\ \Omega=200\ \Omega$$

电路电抗：$$X=X_L-X_C=(160-200)\ \Omega=-40\ \Omega$$

电路复阻抗：$$Z=R+\text{j}X=(30-\text{j}40)\ \Omega=50\angle-53.1^\circ\ \Omega$$

令电源电压为参考相量，即 $\dot{U}=5\angle0^\circ\ \text{V}$

则 $$\dot{I}=\frac{\dot{U}}{Z}=\frac{5\angle0^\circ}{50\angle-53.1^\circ}\ \text{A}=0.1\angle53.1^\circ\ \text{A}$$

电阻上电压相量为

$$\dot{U}_R=\dot{I}R=30\times0.1\angle53.1^\circ\ \text{V}=3\angle53.1^\circ\ \text{V}$$

电感上电压相量为

$$\dot{U}_L=\text{j}\dot{I}\omega L=\text{j}160\times0.1\angle53.1^\circ\ \text{V}=16\angle143.1^\circ\ \text{V}$$

电容上电压相量为

$$\dot{U}_C=-\text{j}\dot{I}\frac{1}{\omega C}=-\text{j}200\times0.1\angle53.1^\circ\ \text{V}=20\angle-36.9^\circ\ \text{V}$$

相量图如图 4.15（a）所示。

若令电流为参考相量，即 $\dot{I}=I\angle0^\circ=0.1\angle0^\circ\ \text{A}$

则 $$\dot{U}_R=\dot{I}R=30I\angle0^\circ=3\angle0^\circ\ \text{V}$$

$$\dot{U}_L=\text{j}\dot{I}\omega L=\text{j}160I\angle0^\circ=160I\angle90^\circ=16\angle90^\circ\ \text{V}$$

$$\dot{U}_C=-\text{j}\dot{I}\frac{1}{\omega C}=-\text{j}200I\angle0^\circ=200I\angle-90^\circ=20\angle-90^\circ\ \text{V}$$

$$\dot{U}=\dot{I}Z=I\angle0^\circ\times50\angle-53.1^\circ=5\angle-53.1^\circ\ \text{V}$$

相量图如图 4.15（b）所示。

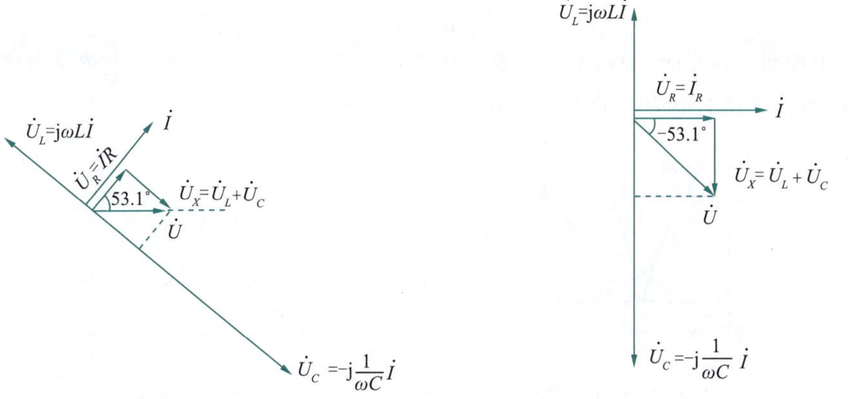


（a）以电压相量为参考相量的相量图　　　（b）以电流相量为参考相量的相量图

**图 4.15　例 4.5 图**

可见，改用电流作参考相量，只不过使各电压相量沿顺时针方向旋转了 53.1°，而对各有效值和相位差并无影响。

②计算串联电路的 $P$、$Q$、$S$：

$$P=UI\cos\varphi=5\times0.1\times\cos(-53.1°)\ \text{W}=0.3\ \text{W}$$
$$Q=UI\sin\varphi=0.5\times0.1\times\sin(-53.1°)\ \text{var}=-0.4\ \text{var}$$
$$Q_L=U_LI=16\times0.1\ \text{var}=1.6\ \text{var}$$
$$Q_C=U_CI=20\times0.1\ \text{var}=2\ \text{var}$$
$$Q=Q_L-Q_C=-0.4\ \text{var}$$
$$S=UI=5\times0.1\ \text{V}\cdot\text{A}=0.5\ \text{V}\cdot\text{A}$$

## 4.4.2　串联谐振电路

图 4.13 所示的相量图中，若电路参数使 $X_L=X_C$，则电抗 $X=X_L-X_C=0$，电压与电流同相，这种工作状态称为串联谐振。串联谐振时，各量加注下标“0”。

### 1. 谐振条件与谐振频率

因为串联谐振时，电抗 $X_0=X_{L0}-X_{C0}=0$，可知 $X_{L0}=X_{C0}$，即

$$\omega_0L=\frac{1}{\omega_0C}$$

则

$$\omega_0=\frac{1}{\sqrt{LC}}$$

谐振频率

$$f_0=\frac{\omega_0}{2\pi}=\frac{1}{2\pi\sqrt{LC}}$$

### 2. 串联谐振电路的特点

①谐振时电路的阻抗值最小。$RLC$ 串联电路的阻抗为

$$|Z|=\sqrt{R^2+X^2}=\sqrt{R^2+\left(\omega L-\frac{1}{\omega C}\right)^2}$$

由此作出 $RLC$ 串联电路阻抗随频率变化的曲线，如图 4.16（a）所示，称为阻抗的频率特性曲线。由图可知，$f=f_0$时

$$Z_0=R \tag{4.45}$$

整个电路呈电阻性；$f<f_0$ 时，$X_L<X_C$，电路呈电容性；当$f>f_0$ 时，$X_L>X_C$，电路呈电感性。

② 谐振时，电路的电流值最大，如图 4.16（b）所示 。

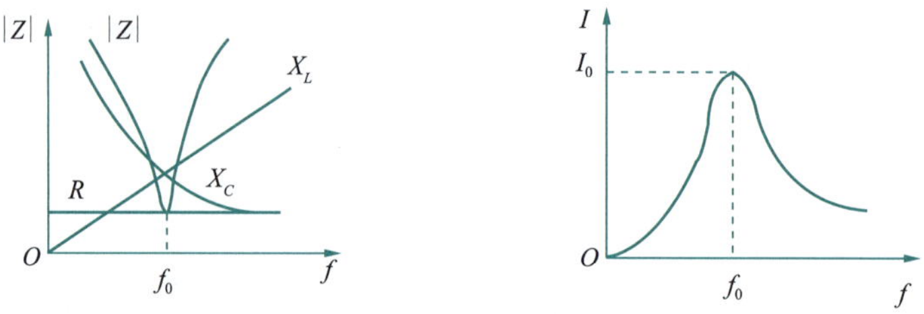


（a）|Z|=F(f) 曲线　　（b）I=F(f) 曲线

**图 4.16　串联谐振曲线**

$$I_0=\frac{U}{Z_0}=\frac{U}{R} \tag{4.46}$$

③谐振时，因 $X_{L0}=X_{C0}$，使 $\dot{U}_{L0}=-\dot{U}_{C0}$，即电感与电容上的电压等值反相。电路的端电压等于电阻上的电压，即 $\dot{U}=\dot{U}_R$。

串联谐振时，电感（或电容）上的电压与电阻上的电压的比值，通常用 $Q$ 表示，即

$$Q=\frac{U_{L0}}{U_R}=\frac{U_{C0}}{U_R}=\frac{\omega_0 L}{R}=\frac{1}{\omega_0 RC}$$

式中，$Q$ 称为电路的品质因数。一般 $Q$ 远大于 1，在高频电路中可达几百。因此，串联谐振时，电感（或电容）上的电压远大于电路的端电压（或电阻上的电压）。

$$U_{L0}=U_{C0}=QU \tag{4.47}$$

故串联谐振又称电压谐振。串联谐振在无线电中得到广泛应用。

④串联谐振时，电感与电容之间相互实现无功全补偿，无须同电源之间进行能量交换。

## 4.5　三相正弦交流电路

现代电力系统中，电能的生产、输送与分配几乎全都采用了三相正弦交流电。三相正弦交流电之所以得到如此广泛应用，是因为三相交流发电机与同功率的单相交流发电机比较，具有体积小、成本低的优点。许多需要大功率直流电源的用户，亦利用整流装置来获得直流电，因为三相交流电整流后波形较平直，接近理想直流。

但是，三相交流电压在传输过程中会因电流的变化引起周围磁场的变化，对周围通信线路产生干扰，且在输电线路上有较大的损耗，所以目前也采用高压直流电输送，即将发电机发出的三相交流电升压后，整流成高压直流电，经输电线路送到变电所后，再将高压直流电逆变成三相交流电，降压后供用户使用。

### 4.5.1　三相交流电及其表示方法

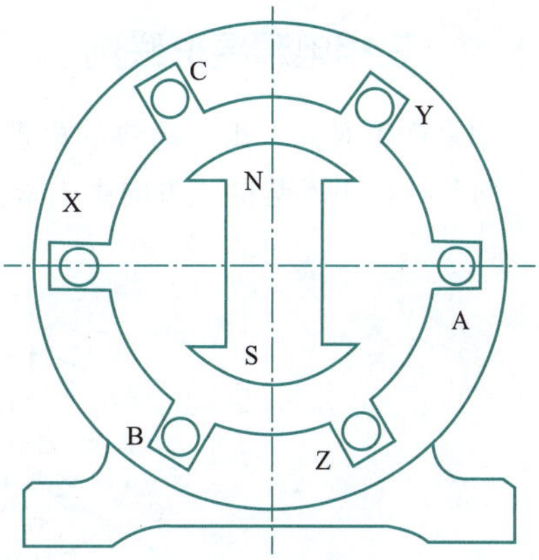


图 4.17　三相交流发电机的示意图

图 4.17 为三相交流发电机的示意图，其中定子上嵌有三个具有相同尺寸和匝数的绕组 A-X、B-Y、C-Z①。其中，A、B、C 分别为三个绕组的首端，X、Y、Z 分别为三个绕组的末端。绕组在空间的位置彼此相差 120°（两极发电机）。当转子磁场在空间按正弦规律分布，转子按恒定转速旋转时，三相绕组中将感应出三相正弦电动势 $e_A$、$e_B$、$e_C$。

通常，把三相电源及负载的三相交流电动势、电压和电流统称为三相交流电，而把大小相等、频率相同、相位上互差 120°的三相交流电动势、电压和电流统称为对称三相交流电。以对称三相交流电动势为例，三相交流电有如下几种表示方法：

①瞬时值表达式：

$$\left.\begin{aligned} e_A &= E_m \sin \omega t \\ e_B &= E_m \sin(\omega t - 120°) \\ e_C &= E_m \sin(\omega t - 240°) = E_m \sin(\omega t + 120°) \end{aligned}\right\} \tag{4.48}$$

②波形图表示如图 4.18（a）所示。

③相量图表示如图 4.18（b）所示。

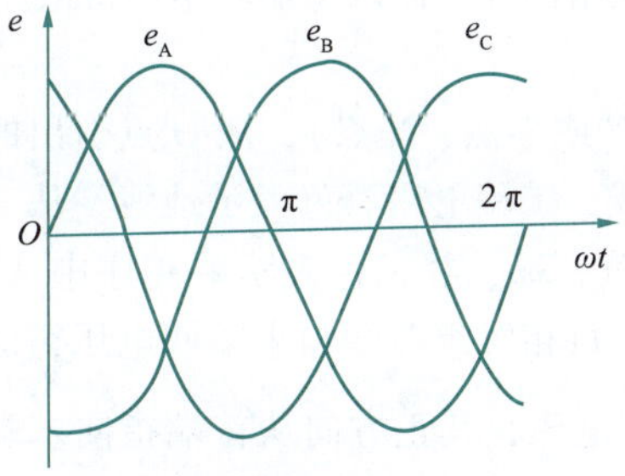


（a）波形图

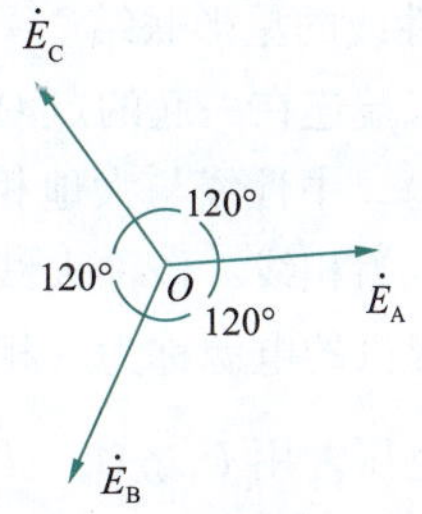


（b）相量图

图 4.18　三相电动势波形图和相量图

④相量表示：

$$\left.\begin{aligned} \dot{E}_A &= E\angle 0° = E \\ \dot{E}_B &= E\angle -120° = E\left(-\frac{1}{2} - j\frac{\sqrt{3}}{2}\right) \\ \dot{E}_C &= E\angle 120° = E\left(-\frac{1}{2} + j\frac{\sqrt{3}}{2}\right) \end{aligned}\right\} \tag{4.49}$$

①　三个绕组的首端也可用 $U_1$、$V_1$、$W_1$ 表示，末端分别用 $U_2$、$V_2$、$W_2$ 表示，$U_1$-$U_2$、$V_1$-$V_2$ 和 $W_1$-$W_2$ 分别称为 U 相、V 相和 W 相绕组。

从图 4.18 不难证明，对称三相电动势瞬时值代数和恒等于零，其相量和也恒等于零，即 $e_A+e_B+e_C=0$，$\dot{E}_A+\dot{E}_B+\dot{E}_C=0$。对称三相电压和电流具有相同的特性。

## 4.5.2 三相电源星形联结

用来产生对称三相电动势的电源称为对称三相电源。三相电源具有结构上对称的三相绕组，每相绕组电动势的正方向由末端指向首端，如图 4.19 所示。

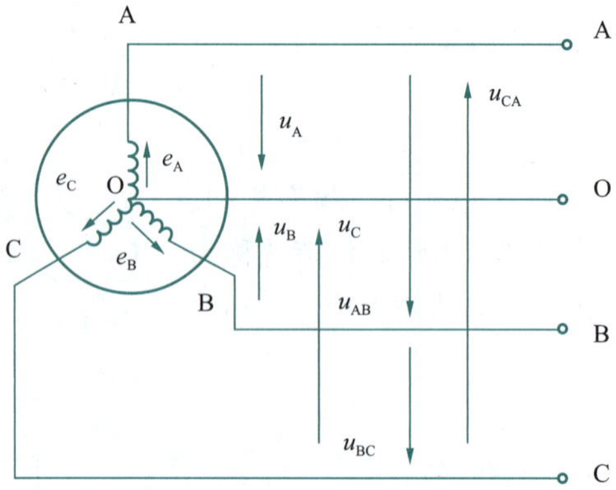


**图 4.19 发电机的星形连接**

三相交流电在相位上的先后次序称为相序。如上述三相电动势达到最大值的顺序依次为 A—B—C，则其相序为 A—B—C（俗称顺相序）。

三相电源的连接方法有星形联结和三角形联结两种，而以星形联结用得最广。

（1）有中性线的星形联结

三相绕组末端连在一起的点 O 称为中性点（或零点、N 点），从 O 点引出的导线称中性线（或零线、N 线）。中性线与大地相连就称为地线，工程上用黑色表示地线。从三相绕组首端引出的三根导线称为相线，俗称火线，工程上用黄、绿、红三色表示顺相序中 A、B、C 三相相线。由四根线提供的电源称为三相四线制电源。每相绕组首端与末端间电压，即相线与中性线间电压称为相电压。用 $\dot{U}_A$、$\dot{U}_B$、$\dot{U}_C$ 表示三相相电压，其正方向从首端指向末端。每相绕组首端与首端间电压，即相线与相线间电压称为线电压，用 $\dot{U}_{AB}$、$\dot{U}_{BA}$、$\dot{U}_{CA}$ 表示三相线电压。$\dot{U}_{AB}$ 正方向从 A 指向 B，$\dot{U}_{BC}$、$\dot{U}_{CA}$ 依次类推。A、B 两点间电压的瞬时值应等于 A 相电压和 B 相电压之差。

故有

$$u_{AB}=u_A-u_B$$

$$u_{BC}=u_B-u_C$$

$$u_{CA}=u_C-u_A$$

相量表示为

$$\dot{U}_{AB}=\dot{U}_A-\dot{U}_B$$

$$\dot{U}_{BC}=\dot{U}_B-\dot{U}_C$$

$$\dot{U}_{CA}=\dot{U}_C-\dot{U}_A$$

图 4.20 是它们的相量图。忽略电源绕组压降，相电压与对应的电动势基本相等，因此三个相电压也是对称的。由图可见，三个线电压也是对称的，而且线电压超前相应相电压 30°。例如 $\dot{U}_{AB}$超前 $\dot{U}_A$30°，且 $U_{AB}=2U_A\cos 30°=\sqrt{3}U_A$。

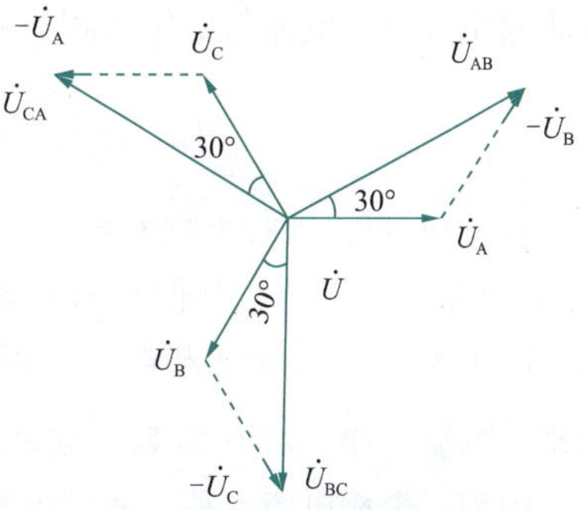


**图 4.20　发电机绕组星形联结时相电压和线电压的相量图**

相量表示为

$$\dot{U}_{AB}=\sqrt{3}\dot{U}_A\angle 30°$$

$$\dot{U}_{BC}=\sqrt{3}\dot{U}_B\angle 30°$$

$$\dot{U}_{CA}=\sqrt{3}\dot{U}_C\angle 30°$$

设线电压 $U_L=U_{AB}=U_{BC}=U_{CA}$，相电压 $U_P=U_A=U_B=U_C$，则有 $\dot{U}_L=\sqrt{3}\dot{U}_P\angle 30°$。

可见电源三相绕组星形联结时，线电压是相电压的$\sqrt{3}$倍，相位上较对应的相电压超前 30°。三相四线制电源可为负载提供两种电压。例如：相电压 $U_P$ 等于 220 V 时，线电压 $U_L$ 等于$\sqrt{3}\times 220$ V=380 V。能同时得到两种三相对称电压是三相四线制电源供电的优点之一。

（2）无中性线的星形联结

此接法是星形联结而不引出中性线，构成三相三线制电源，为负载提供一种电压，即三相对称的线电压。

## 4.5.3　负载星形联结的三相交流电路

三相电路中负载连接的方式也有两种：星形联结和三角形联结。

负载星形联结的三相四线制电路图如图 4.21 所示。三相负载 $Z_a$、$Z_b$、$Z_c$ 的末端连成一点 O′，称为负载中性点，接在电源中性线上；首端分别与三相相线相连。流过各相负载的电流称为相电流，如图 4.21 中 $\dot{I}_a$、$\dot{I}_b$、$\dot{I}_c$正方向与对应相电压正方向相同。流过相线的电流称为线电流，如图 4.21 中 $\dot{I}_A$、$\dot{I}_B$、$\dot{I}_C$正方向从电源指向负载。

负载对称是指三相负载的复阻抗相等，即 $Z_a=Z_b=Z_c=R+jX$。具体说是三相负载电阻相等（$R_a=R_b=R_c=R$），三相负载电抗也相等（$X_a=X_b=X_c=X$），并且性质相同（同为感抗或容抗）。

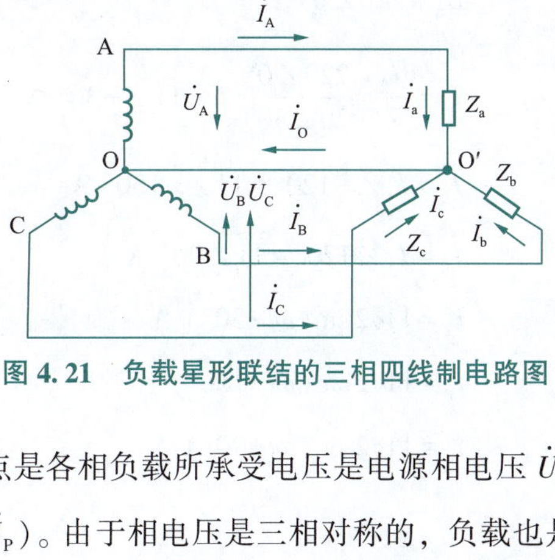


**图 4.21　负载星形联结的三相四线制电路图**

图 4.21 所示电路的特点是各相负载所承受电压是电源相电压 $\dot{U}_P=(1/\sqrt{3})\dot{U}_L\angle -30°$，而线电流 $\dot{I}_L$等于相电流 $\dot{I}_P$($\dot{I}_L=\dot{I}_P$)。由于相电压是三相对称的，负载也是三相对称的，所以每相电

流的大小及每相电流与电压的相位差是相等的，即

$$I_a=I_b=I_c=I_P=\frac{U_P}{\sqrt{R^2+X^2}}\quad \varphi_a=\varphi_b=\varphi_c=\varphi=\arctan\frac{X}{R}$$

在负载对称的三相电路中，三相电流也是对称的。显然，各相电流的计算可简化为一相（单相电路）的计算，其他两相电流可根据对称关系推出。相量图如图 4.22 所示。值得注意的是：图 4.22 中 $\varphi$ 表示各相电流与相应相电压间的相位差，而不表示每相电流的初相位。根据基尔霍夫电流定律，对 O′点列节点电流方程 $\dot{I}_O=\dot{I}_a+\dot{I}_b+\dot{I}_c=0$。

因为三个相电流对称，故中性线电流为零。中性线无电流流过则可省去中性线，成为星形联结的三相三线制电路，如图 4.23 所示。三相对称负载，只需采用三相三线制电路，可省去中性线。三个相电流便借助于各相线及各相负载互成回路。在任一瞬间，在负载中性点 O′上流进的相电流之和与流出的相电流之和是相等的。每相负载上所承受的电压是电源相电压。

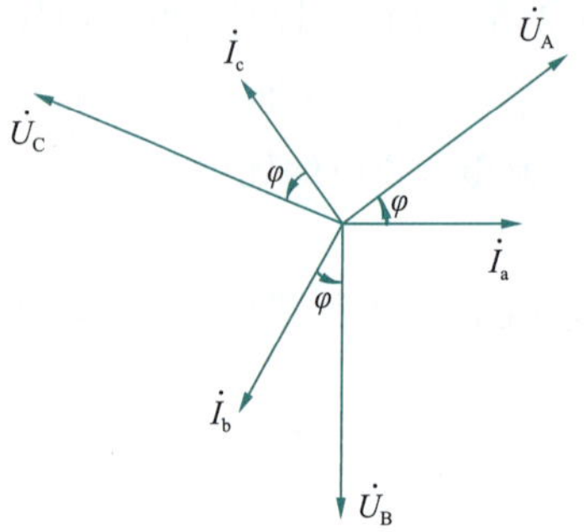


图 4.22 对称负载的相量图

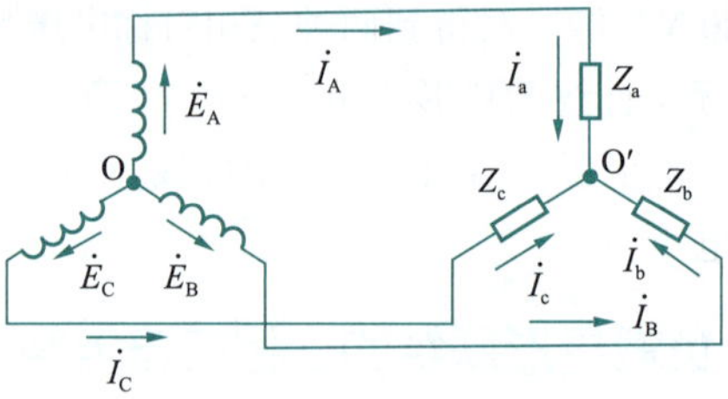


图 4.23 三相三线制电路

【例 4.6】 图 4.24 所示为星形接法对称三相负载，负载的复阻抗 $Z=20\angle30°\ \Omega$，电源线电压 $u_{AB}=380\sqrt{2}\sin(\omega t+30°)$ V，试求负载各相电流 $i_A$、$i_B$、$i_C$、$\dot{I}_A$、$\dot{I}_B$、$\dot{I}_C$并画出相量图。

**解** 因为三相负载对称星形联结，相电流等于线电流，负载每相电压等于电源相电压，在对称三相电路中，只需计算一相。

$$\dot{U}_{AB}=\sqrt{3}\dot{U}_A\angle30°=380\angle30°\ \text{V}$$

$$\dot{U}_A=220\angle0°\ \text{V}$$

$$\dot{I}_A=\frac{\dot{U}_A}{Z}=\frac{220\angle0°}{20\angle30°}\ \text{A}=11\angle-30°\ \text{A}$$

$$\dot{I}_B=\dot{I}_A\angle-120°=11\angle-150°\ \text{A}$$

$$\dot{I}_C=\dot{I}_A\angle120°=11\angle90°\ \text{A}$$

$$i_A=11\sqrt{2}\sin(\omega t-30°)\ \text{A}$$

$$i_B=11\sqrt{2}\sin(\omega t-150°)\ \text{A}$$

$$i_C=11\sqrt{2}\sin(\omega t+90°)\ \text{A}$$

相量图如图 4.25 所示。

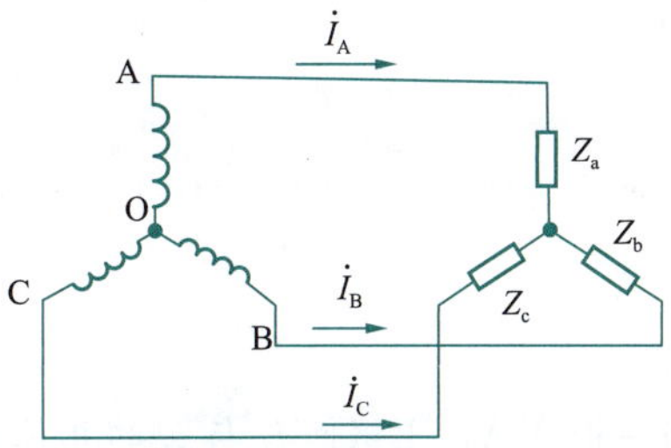


图 4.24　例 4.7 图

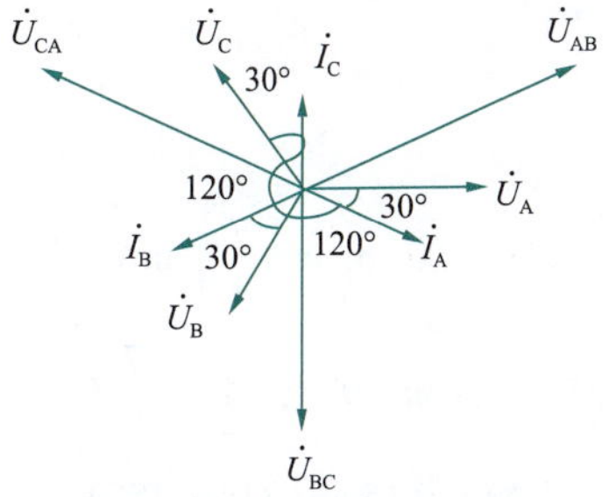


图 4.25　例 4.7 相量图

## 4.5.4　负载三角形联结的三相交流电路

将三相负载首、末端依次连成一个闭合电路，然后将三个连接点与三相电源的相线连接构成负载三角形联结的三相电路，如图 4.26 所示。不论负载对称与否，每相负载所承受的电压均为电源线电压。线电流、相电流的正方向如图 4.26 所示。负载三角形联结只能构成三相三线制电路。

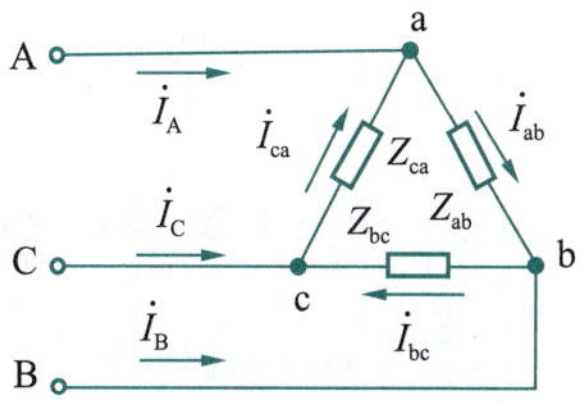


图 4.26　负载的三角形联结

因为三相负载对称，每相负载均承受电源线电压，构成对称三相交流电路。所以，相电流、线电流也均是三相对称的。

每相电流为

$$I_{ab}=I_{bc}=I_{ca}=I_P=\frac{U_L}{|Z|}$$

负载相电流与负载相（线）电压的相位差为

$$\varphi_{ab}=\varphi_{bc}=\varphi_{ca}=\varphi=\arctan\frac{X}{R}$$

相电流与线电流关系，由基尔霍夫电流定律求得

$$\dot{I}_A=\dot{I}_{ab}-\dot{I}_{ca}$$

$$\dot{I}_B=\dot{I}_{bc}-\dot{I}_{ab}$$

$$\dot{I}_C=\dot{I}_{ca}-\dot{I}_{bc}$$

# 小　　结

本章首先介绍了正弦交流电的三要素法，要掌握如何确定幅值、角频率、初相位三个要素；用复数来表示的正弦量称为相量，用相量作为工具计算交流电路的方法称为相量法；分析了电阻、电感、电容的单一参数交流电路的电压和电流关系，以及三种单一参数交流电路的有功功率、无功功率的计算方法；对于 *RLC* 串联交流电路要掌握其阻抗三角形、电压三角形、功率三角形的构成，了解 *RLC* 串联电路发生串联谐振的条件；最后对于三相正弦交流电路，要知道对称三相电压的条件，了解三相绕组构成星形接法和三角形接法时线电压和相电压的关系，三相负载构成两种不同接法时电压、电流间的关系。

# 习　题

**4.1**　设 $i=100\sin\left(\omega t-\frac{\pi}{4}\right)$ mA，试求在下列情况下电流的瞬时值：①$f=1\ 000$ Hz，$t=0.375$ ms；②$\omega t=1.25\pi$；③$\omega t=90°$；④$t=\frac{7}{8}T$。

**4.2**　已知 $i_1=15\sin(314t+45°)$ A，$i_2=10\sin(314t-30°)$ A，①试问 $i_1$ 与 $i_2$ 的相位差等于多少？②画 $i_1$ 和 $i_2$ 的波形图；③在相位上比较 $i_1$ 和 $i_2$，谁超前，谁滞后。

**4.3**　已知两正弦电流 $i_1=8\sin(\omega t+60°)$ A 和 $i_2=6\sin(\omega t-30°)$ A，试用复数计算电流 $i=i_1+i_2$，并画出相量图。

**4.4**　指出下列各式哪些是对的？哪些是错的？

①$\frac{u}{i}=X_L$；②$\frac{U}{I}=\mathrm{j}\omega L$；③$\frac{\dot{U}}{\dot{I}}=X_L$；④$\dot{I}=-\mathrm{j}\frac{\dot{U}}{\omega L}$。

**4.5**　如图 4.27 所示电路中，当电源频率升高或降低时，各个电流表的读数有何变动？

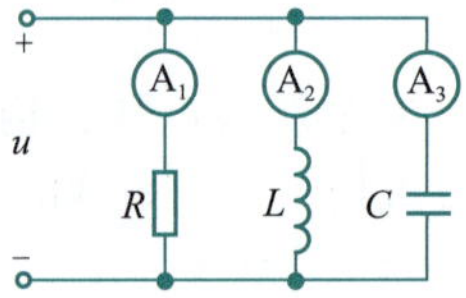


图 4.27　题 4.5 图

**4.6**　*RL* 串联电路的阻抗 $Z=(4+\mathrm{j}3)\ \Omega$，试问该电路的电阻和感抗各为多少？并求电路的功率因数和电压与电流的相位差。

**4.7**　有一个 *RLC* 串联的交流电路，已知 $R=X_L=X_C=10\ \Omega$，$I=1$ A，试求其两端的电压 $U$。

**4.8**　试说明当频率低于和高于谐振频率时，*RLC* 串联电路是电容性还是电感性？

**4.9**　有 220 V、100 W 的电灯 66 个，应如何接入线电压为 380 V 的三相四线制电路？求负载在对称情况下的线电流。

# 第5章 半导体器件

二极管和双极型三极管①是最常用的半导体器件。它们的基本结构、工作原理、特性和参数是学习电子技术和分析电子电路必不可少的基础，而PN结又是构成各种半导体器件的基础。因此，本章从讨论半导体的导电特性和PN结的单向导电性开始，然后介绍二极管和双极型三极管，为以后的学习打下基础。

## 5.1 半导体的导电特性

所谓半导体，顾名思义，就是它的导电能力介于导体和绝缘体之间。如硅、锗、硒以及大多数金属氧化物和硫化物都是半导体。

很多半导体的导电能力在不同条件下有很大的差别。例如有些半导体（如钴、锰、镍等的氧化物）对温度的反应特别灵敏，环境温度增高时，它们的导电能力要增强很多。利用这种特性就做成了各种热敏电阻。又如有些半导体（如镉、铅等的硫化物与硒化物）受到光照时，它们的导电能力变得很强；当无光照时，又变得像绝缘体那样不导电。利用这种特性就做成了各种光敏电阻。

更重要的是，如果在纯净的半导体中掺入微量的某种杂质后，它的导电能力就可增加几十万倍乃至几百万倍。例如，在纯硅中掺入百万分之一的硼后，硅的电阻率就从大约 $2\times10^3\ \Omega\cdot m$ 减小到 $4\times10^{-3}\ \Omega\cdot m$ 左右。利用这种特性就做成了各种不同用途的半导体器件，如二极管、双极型三极管、场效晶体管及晶闸管等。

半导体何以有如此悬殊的导电特性呢？根本原因在于事物内部的特殊性。下面简单介绍一下半导体物质的内部结构和导电机理。

### 5.1.1 本征半导体

用得最多的半导体是锗和硅。图5.1所示为锗和硅的原子结构图，它们各有四个价电子，都是四价元素。将锗或硅材料提纯（去掉无用杂质）并形成单晶体后，所有原子便基本上整齐排列，其立体结构图②与平面示意图分别如图5.2和图5.3所示。半导体一般都具有这种晶体结构，所以半导体也称为晶体，这就是晶体管名称的由来。

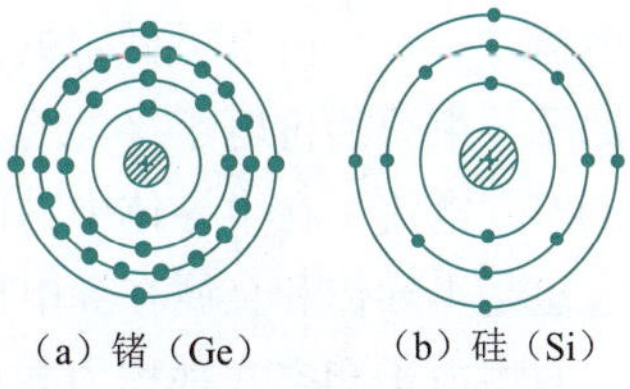


图5.1 锗和硅的原子结构图

① 两种不同极性的载流子（电子与空穴）同时参与导电，故称为双极型三极管（BJT）。BJT是英文bipolar junction transistor的缩写。

② 每个原子处于正四面体的中心，而有四个其他原子位于四面体的顶点。

本征半导体就是完全纯净的、晶格完整的半导体。

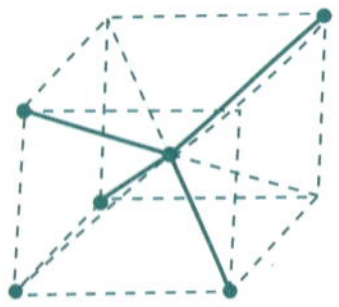

图 5.2　晶体中原子的排列方式

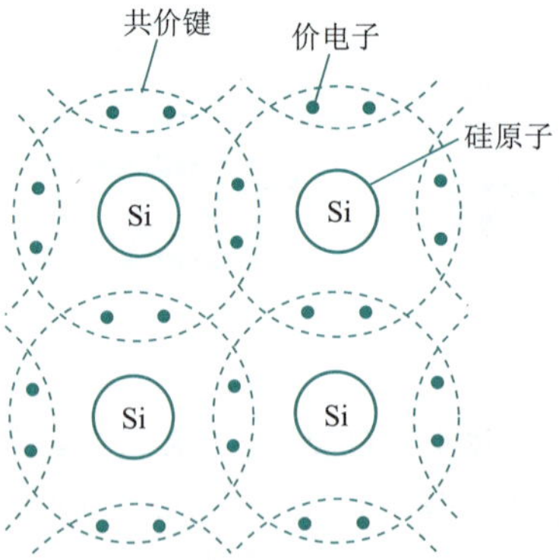


图 5.3　硅单晶中的共价键结构

在本征半导体的晶体结构中，每一个原子与相邻的四个原子结合。每一个原子的一个价电子与另一个原子的一个价电子组成一个电子对。这对价电子是每两个相邻原子共有的，它们把相邻的原子结合在一起，构成所谓共价键的结构。

在共价键结构中，原子最外层虽然具有八个电子而处于较为稳定的状态但是共价键中的电子还不像在绝缘体中的价电子被束缚得那样紧，在获得一定能量（温度增高或受光照）后，即可挣脱原子核的束缚（电子受到激发），成为自由电子。温度愈高，晶体中产生的自由电子便愈多。

在电子挣脱共价键的束缚成为自由电子后，共价键中就留下一个空位，称为空穴。在一般情况下，原子是电中性的。当电子挣脱共价键的束缚成为自由电子后，原子的电中性便被破坏，而显出带正电。

在外电场的作用下，有空穴的原子可以吸引相邻原子中的价电子，填补这个空穴。同时，在失去了一个价电子的相邻原子的共价键中出现另一个空穴，它也可以由相邻原子中的价电子来递补，而在该原子中又出现一个空穴，如图 5.4 所示。如此继续下去，就好像空穴在运动①。而空穴运动的方向与价电子运动的方向相反，因此空穴运动相当于正电荷的运动。

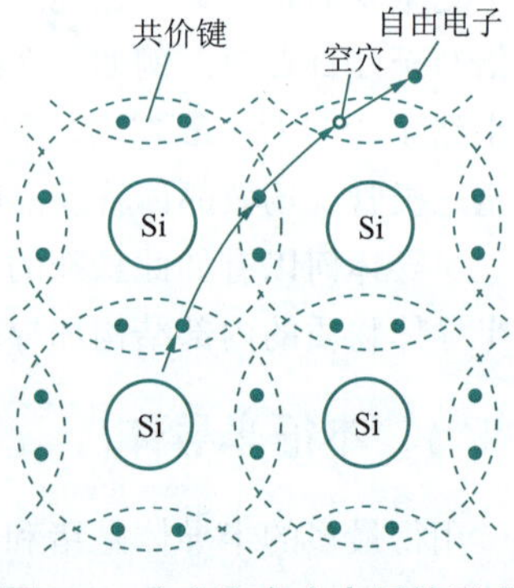


图 5.4　空穴和自由电子的形成

因此，当半导体两端加上外电压时，半导体中将出现两部分电流：一是自由电子做定向运动所形成的电子电流，二是仍被原子核束缚的价电子（注意，不是自由电子）递补空穴所形成的空穴电流。在半导体中，同时存在着电子导电和空穴导电，这是半导体导电方式的最大特点，也是半导体和金属在导电原理上的本质差别。

自由电子和空穴都称为载流子。

本征半导体中的自由电子和空穴总是成对出现的，同时又不断复合。在一定温度下，载

① 这种情况好比剧场中前座的观众走了出现了空位，后座的观众移前递补空位，这就好像空位在向后移动一样。

流子的产生和复合达到动态平衡，于是半导体中的载流子（自由电子和空穴）便维持一定数目。温度愈高，载流子数目愈多，导电性能也就愈好。所以，温度对半导体器件性能的影响很大。

## 5.1.2　N 型半导体和 P 型半导体

本征半导体虽然有自由电子和空穴两种载流子，但由于数量极少，导电能力仍然很弱。如果在其中掺入微量的杂质（某种元素），这将使掺杂后的半导体（杂质半导体）的导电性能大大增强。

由于掺入的杂质不同，杂质半导体可分为两大类。

一类是在硅或锗的晶体中掺入磷（或其他五价元素）。磷原子的最外层有五个价电子（见图 5.5）。由于掺入硅晶体的磷原子数比硅原子数少得多，因此整个晶体结构基本上不变，只是某些位置上的硅原子被磷原子取代。磷原子参加共价键结构只需四个价电子，多余的第五个价电子很容易挣脱磷原子核的束缚而成为自由电子（见图 5.6）①。于是半导体中的自由电子数目大量增加，自由电子导电成为这种半导体的主要导电方式，故称它为电子半导体或 N 型半导体。例如，在室温 27 ℃时，每立方厘米纯净的硅晶体中约有自由电子或空穴 $1.5\times10^{10}$个，掺杂后成为 N 型半导体，其自由电子数目可增加几十万倍。由于自由电子增多而增加了复合的机会，空穴数目便减少到每立方厘米 $2.3\times10^{5}$ 个以下。故在 N 型半导体中，自由电子是多数载流子，而空穴是少数载流子。

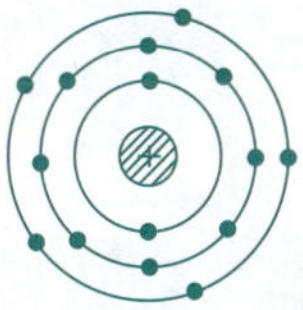

图 5.5　磷原子的结构

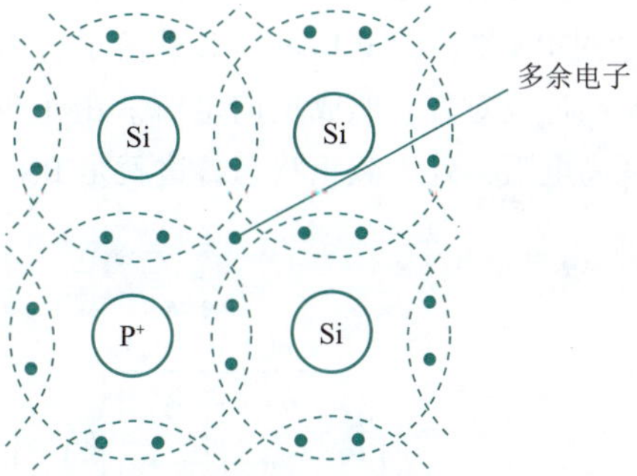


图 5.6　硅晶体中掺磷出现自由电子

另一类是在硅或锗晶体中掺入硼（或其他三价元素）。每个硼原子只有三个价电子（见图 5.7），故在构成共价键结构时，将因缺少一个电子而产生一个空位。当相邻原子中的价电子受到热的或其他的激发获得能量时，就有可能填补这个空位，而在该相邻原子中便出现一个空穴（见图 5.8）②。每一个硼原子都能提供一个空穴，于是在半导体中就形成了大量空穴。这种以空穴导电作为主要导电方式的半导体称为空穴半导体或 P 型半导体，其中空穴是多数载流子，自由电子是少数载流子。

**注意：** 不论是 N 型半导体还是 P 型半导体，虽然它们都有一种载流子占多数，但是整个晶体仍然是不带电的。

---

① 磷原子失去一个电子而成为正离子。

② 硼原子得到一个电子而成为负离子。

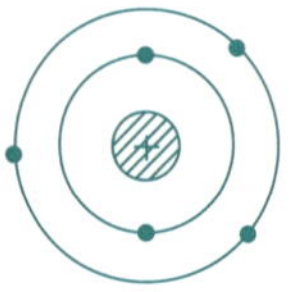

图 5.7　硼原子的结构

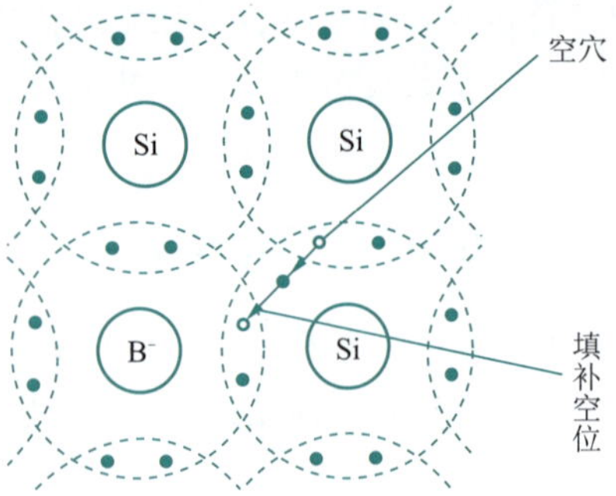


图 5.8　硅晶体中掺硼出现空穴

## 5.2　PN 结及其单向导电性

通常在一块 N 型（P 型）半导体的局部再掺入浓度较大的三价（五价）杂质，使其变为 P 型（N 型）半导体。在 P 型半导体和 N 型半导体的交界面就形成一个特殊的薄层，称为 PN 结。

当在 PN 结上加正向电压（或称正向偏置），即电源正极接 P 区，负极接 N 区时［见图5.9(a)］，P 区的多数载流子空穴和 N 区的多数载流子自由电子在电场作用下通过 PN 结进入对方，两者形成较大的正向电流。此时 PN 结呈现低电阻，处于导通状态。

当在 PN 结上加反向电压（或称反向偏置）时［见图5.9(b)］，P 区和 N 区的多数载流子受阻，难于通过 PN 结。但 P 区的少数载流子自由电子和 N 区的少数载流子空穴在电场作用下却能通过 PN 结进入对方，形成反向电流。由于少数载流子数量很少，因此反向电流极小。此时 PN 结呈现高电阻，处于截止状态。这就是 PN 结的单向导电性，PN 结是各种半导体器件的共同基础。

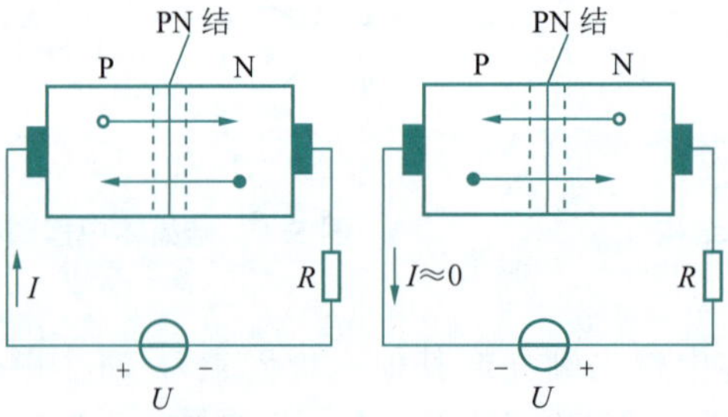


（a）加正向电压　　（b）加反向电压

图 5.9　PN 结的单向导电性

## 5.3　二极管结构与特性

### 5.3.1　二极管基本结构

将 PN 结加上相应的电极引线和管壳，就成为二极管。按结构分，二极管有点接触型、面接触型和平面型三类。点接触型二极管（一般为锗管）如图 5.10（a）所示。它的 PN 结结面积很小（结电容小①），因此不能通过较大电流，但其高频性能好，故一般适用于高频和小功率的工作，也用作数字电路中的开关元件。面接触型二极管（一般为硅管）如图 5.10（b）所示。它的 PN 结结面积大（结电容大），故可通过较大电流，但其工作频率较低，一般用作整流。平面型二极管如图 5.10（c）所示，可用作大功率整流管和数字电路中的开关管。图 5.10（d）所示为二极管的图形符号。

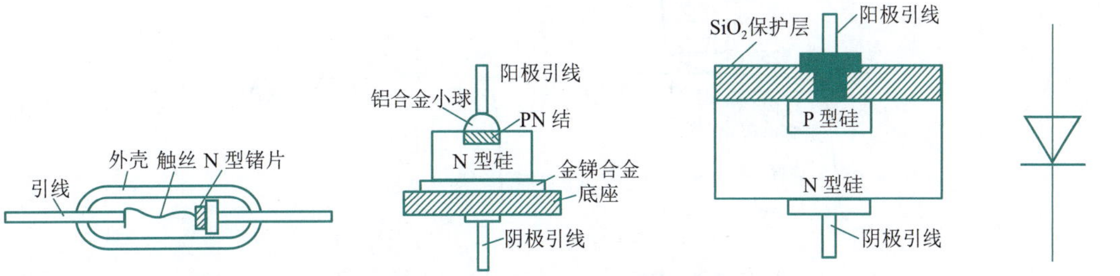


（a）点接触型　（b）面接触型　（c）平面型　（d）图形符号

**图 5.10　二极管剖面图和图形符号**

图 5.11 所示为常见二极管的外形图。

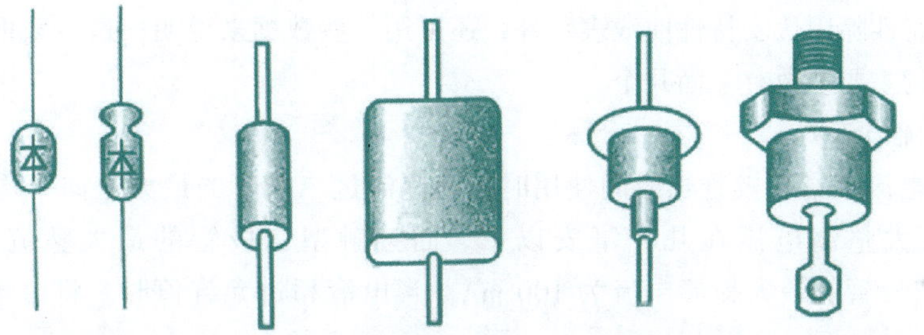

（a）玻璃封装　（b）塑料封装　（c）金属封装中、大功率二极管

**图 5.11　常见二极管的外形图**

## 5.3.2　二极管伏安特性

二极管既然是一个 PN 结，它当然具有单向导电性，其伏安特性曲线如图 5.12 所示。由图 5.12 可见，当外加正向电压很低时，正向电流很小，几乎为零。当正向电压超过一定数值后，电流增长很快。这个一定数值的正向电压称为死区电压或开启电压，其大小与材料及环境温度有关。通常，硅管的死区电压约为 0.5 V，锗管约为 0.1 V。导通时的正向压降，硅管为 0.6~0.8 V，锗管为 0.2~0.3 V。

在二极管上加反向电压时，形成很小的反向电流。反向电流有两个特点：一是它随温度的上升增长很快；二是在反向电压不超过某一范围时，反向电流的大小基本恒定，而与反向电压的高低无关，故通常称它为反向饱和电流。而当外加反向电压过高时，反向电流将突然增大，二极管失去单向导电性，这种现象称为击穿。二极管被击穿后，一般不能恢复原来的性能，便

① PN 结具有电容效应。

失效了。产生击穿时加在二极管上的反向电压称为反向击穿电压 $U_{BR}$。

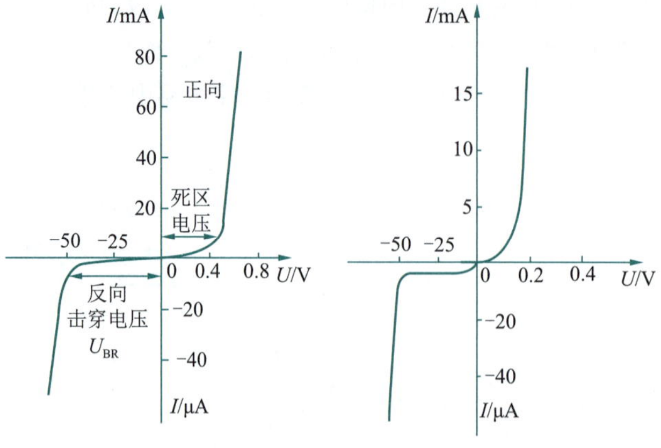


（a）2CZ52A 硅二极管　　（b）2AP2锗二极管

**图 5.12　二极管的伏安特性曲线**

## 5.3.3　二极管主要参数

二极管的特性除用伏安特性曲线表示外，还可用一些数据来说明，这些数据就是二极管的参数。二极管的主要参数有下面几个。

**1. 最大整流电流 $I_{OM}$**

最大整流电流是指二极管长时间使用时，允许流过二极管的最大正向平均电流。点接触型二极管的最大整流电流在几十毫安以下。面接触型二极管的最大整流电流较大，如 2CZ52A 型硅二极管的最大整流电流为 100 mA。当电流超过允许值时，将由于 PN 结过热而使管子损坏。

**2. 反向工作峰值电压 $U_{RWM}$**

它是保证二极管不被击穿而给出的反向峰值电压，一般是反向击穿电压的一半或三分之二。如 2CZ52A 型硅二极管的反向工作峰值电压为 25 V，而反向击穿电压约为 50 V［见图 5.12（a）］。点接触型二极管的反向工作峰值电压一般是数十伏，面接触型二极管可达数百伏。

**3. 反向峰值电流 $I_{RM}$**

它是指在二极管上加反向工作峰值电压时的反向电流值。反向电流大，说明二极管的单向导电性能差，并且受温度的影响大。硅管的反向电流较小，一般在几微安以下。锗管的反向电流较大，为硅管的几十到几百倍。

二极管的应用范围很广，主要都是利用它的单向导电性。它可用于整流、检波、限幅、元件保护以及在数字电路中作为开关元件等。

**【例 5.1】** 图 5.13（a）中的 $R$ 和 $C$ 构成一微分电路。当输入电压 $u_I$ 如图 5.13（b）所示时，试画出输出电压 $u_O$ 的波形。设 $u_C(0)=0$。

**解** 在 $0\sim t_1$ 期间，电容器很快被充电，其上电压为 $U$，极性如图 5.13（a）所示。这时 $u_O$ 为零，$u_R$ 为一正尖脉冲。

在 $t_1\sim t_2$ 期间，$u$ 在 $t_1$ 瞬间由 $U$ 下降到零，在 $t_2$ 瞬间又由零上升到 $U$。在 $t_1$ 瞬间，电容器经 $R$ 和 $R_L$ 分两路放电，二极管 VD 导通，$u_R$ 和 $u_O$ 均为负尖脉冲。在 $t_2$ 瞬间，$u_I$ 只经过 $R$ 对电容器充电，$u_R$ 为一正尖脉冲；这时二极管截止，$u_O$ 为零。输出电压 $u_O$ 的波形如图 5.13（b）所示。

在这里，二极管起检波作用，除去正尖脉冲。

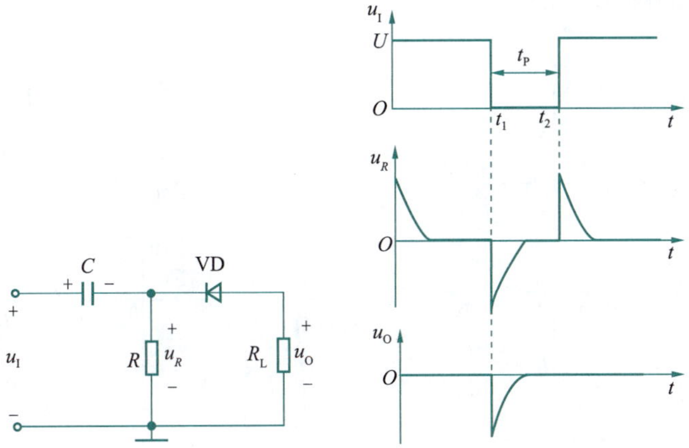

（a）　　　　　（b）

图 5.13　例 5.1 图

【例 5.2】　在图 5.14 中，输入端 A 的电位 $V_A = +3$ V，B 的电位 $V_B = 0$ V，求输出端 Y 的电位 $V_Y$。电阻 $R$ 接负电源 $-12$ V。

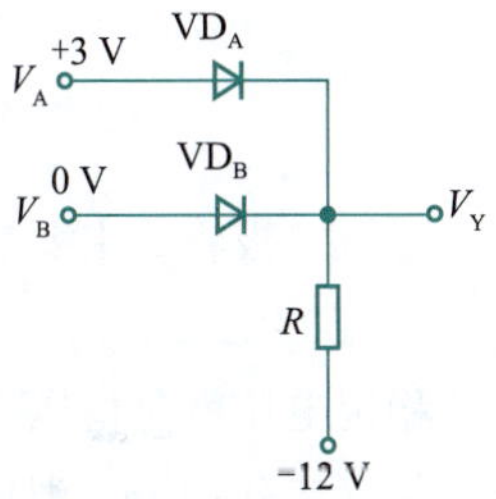

图 5.14　例 5.2 图

**解**　因为 A 端电位比 B 端电位高，所以 $VD_A$ 优先导通。如果二极管的正向压降是 0.3 V，则 $V_Y = +2.7$ V。当 $VD_A$ 导通后，$VD_B$ 上加的是反向电压，因而截止。在这里，$VD_A$ 起钳位作用，把 Y 端的电位钳位在 +2.7 V；$VD_B$ 起隔离作用，把输入端 B 和输出端 Y 隔离开来。

### 5.3.4　稳压二极管

稳压二极管是一种特殊的面接触型半导体二极管。由于它在电路中与适当数值的电阻配合后能起稳定电压的作用，故称为稳压二极管。其符号和外形图如图 5.15 所示。

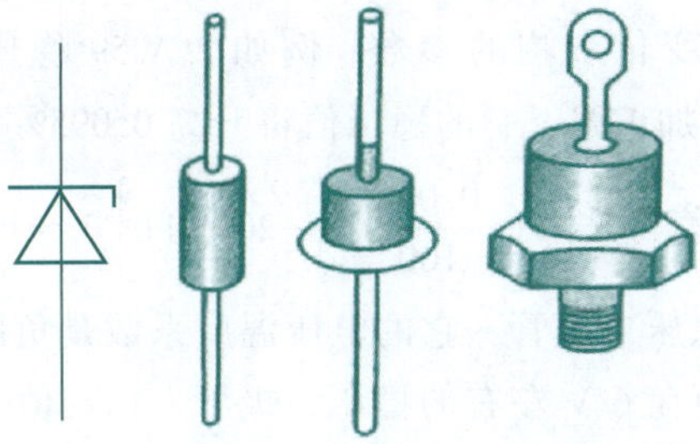

图 5.15　稳压二极管的符号和外形图

稳压二极管的伏安特性曲线与普通二极管的类似，如图 5.16 所示，其差异是稳压二极管的反向特性曲线比较陡。

稳压二极管工作于反向击穿区。从反向特性曲线上可以看出，反向电压在一定范围内变化时，反向电流很小。当反向电压增高到击穿电压时，反向电流突然剧增，稳压二极管反向击穿。此后，电流虽然在很大范围内变化，但稳压二极管两端的电压变化很小。利用这一特性，稳压二极管在电路中能起稳压作用。稳压二极管与一般二极管不一样，它的反向击穿是可逆的。当去掉反向电压之后，稳压二极管又恢复正常。但是，如果反向电流超过允许范围，稳压二极管将会发生热击穿而损坏。

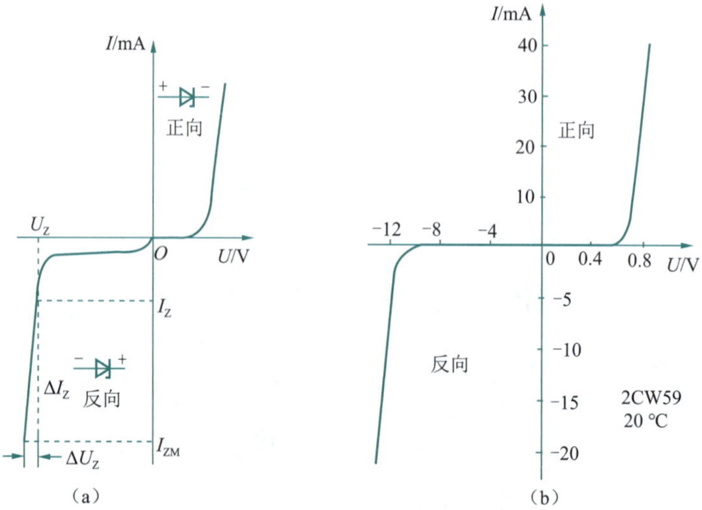


**图 5.16　稳压二极管的伏安特性曲线**

稳压二极管的主要参数有下面几个：

**1. 稳定电压 $U_Z$**

稳定电压就是稳压二极管在正常工作下管子两端的电压。相关数据手册中所列的都是在一定条件（工作电流、温度）下的数值，即使是同一型号的稳压二极管，由于工艺方面和其他原因，稳压值也有一定的分散性。例如 2CW59 稳压二极管的稳压值为 10~11.8 V。这就是说，如果把一个 2CW59 稳压二极管接到电路中，它可能稳压在 10.5 V；再换一个 2CW59 稳压二极管，则可能稳压在 11.8 V。

**2. 电压温度系数 $\alpha_U$**

这是说明稳压值受温度变化影响的参数。例如 2CW59 稳压二极管的电压温度系数是 0.095%/℃，就是说温度每增加 1 ℃，它的稳压值将升高 0.095%。假如在 20 ℃时的稳压值是 11 V，那么在 50 ℃时的稳压值将是 $\left[11+\frac{0.095}{100}(50-20)\times 11\right]$ V≈11.3 V。

一般来说，低于 6 V 的稳压二极管，它的电压温度系数是负的；高于 6 V 的稳压二极管，它的电压温度系数是正的；而在 6 V 左右的稳压二极管，稳压值受温度的影响比较小。因此，选用稳定电压为 6 V 左右的稳压二极管，可得到较好的温度稳定性。

**3. 动态电阻 $r_Z$**

动态电阻是指稳压二极管端电压的变化量与相应的电流变化量的比值，即

$$r_Z=\frac{\Delta U_Z}{\Delta I_Z} \tag{5.1}$$

稳压二极管的反向伏安特性曲线愈陡，则动态电阻愈小，稳压性能愈好。

**4. 稳定电流**

稳压二极管的稳定电流只是一个参考数值，设计选用时要根据具体情况（例如工作电流的变化范围）来考虑。但对每一种型号的稳压二极管，都规定有一个最大稳定电流 $I_{ZM}$。

**5. 最大允许耗散功率**

稳压二极管不致发生热击穿的最大功率损耗。

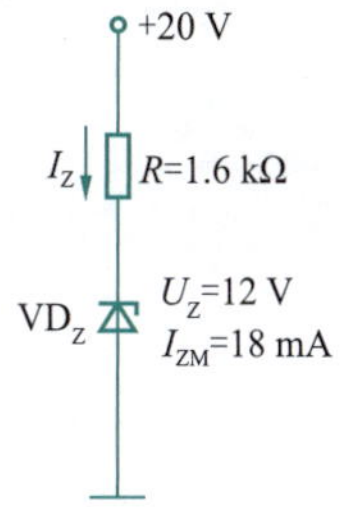


图 5.17　例 5.3 图

**【例 5.3】** 在图 5.17 中，通过稳压二极管的电流 $I_Z$ 等于多少？$R$ 是限流电阻，其值是否合适？

**解** $I_Z = \dfrac{20-12}{1.6\times10^3}$ A $=5\times10^{-3}$ A $=5$ mA，$I_Z<I_{ZM}$，电阻值合适。

## 5.4　三极管结构与特性

双极型三极管简称三极管，又称晶体管，它是最重要的一种半导体器件。它的放大作用和开关作用促使电子技术飞跃发展。三极管的特性是通过特性曲线和工作参数来分析研究的。但是为了更好地理解和熟悉三极管的外部特性，首先简单介绍三极管的内部结构和载流子的运动规律。

### 5.4.1　三极管基本结构

目前最常见的有平面型和合金型两类（见图 5.18）。硅管主要是平面型，锗管都是合金型。常见三极管的外形如图 5.19 所示。不论平面型或合金型，都分成 NPN 或 PNP 三层，因此又把三极管分为 NPN 型和 PNP 型两类，其结构示意图和符号如图 5.20 所示。当前国内生产的硅管多为 NPN 型（3D 系列），锗管多为 PNP 型（3A 系列）。

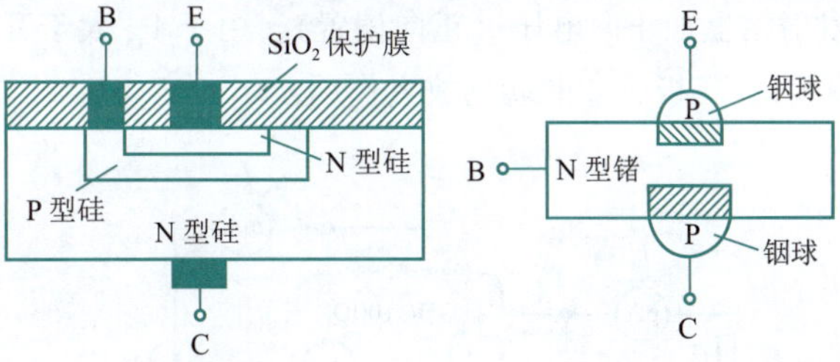


（a）平面型　　（b）合金型

图 5.18　晶体管的结构

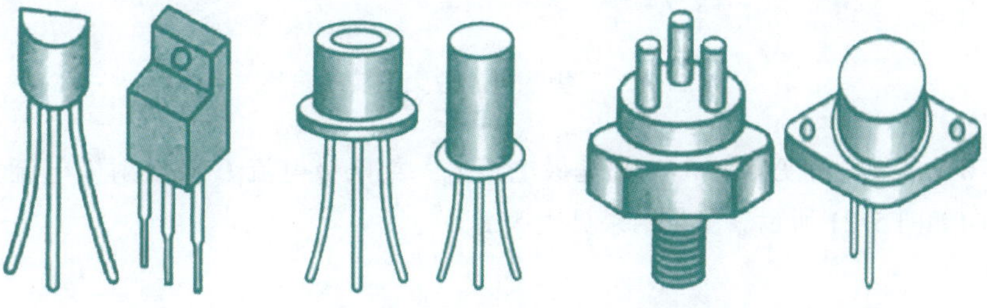

（a）硅酮塑料封装　　（b）金属封装小功率管　　（c）金属封装大功率管

图 5.19　常见三极管的外形

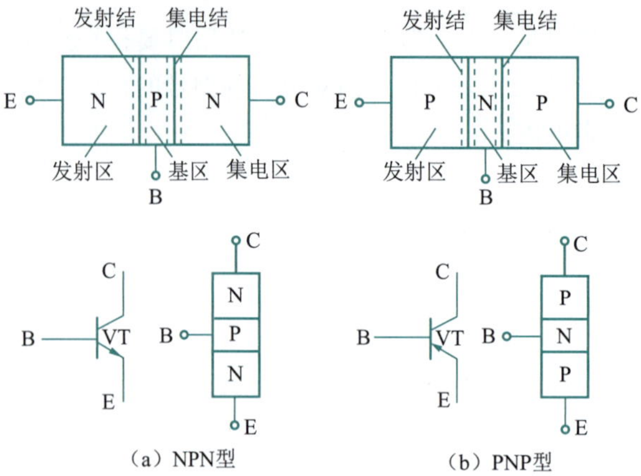


图 5.20　三极管的结构示意图和符号

每一类都分成基区、发射区和集电区①，分别引出基极（B）、发射极（E）和集电极（C）。每一类都有两个 PN 结。基区和发射区之间的结称为发射结，基区和集电区之间的结称为集电结。

NPN 型管和 PNP 型管的工作原理类似，仅在使用时电源极性连接不同而已。下面以 NPN 型管为例来分析讨论。

## 5.4.2　三极管电流分配和放大原理

为了了解三极管的放大原理和其中电流的分配，先做一个实验。实验电路如图 5.21 所示。把三极管接成两个电路：基极电路和集电极电路。发射极是公共端，因此这种接法称为三极管的共发射极接法。如果用的是 NPN 型硅管，基极和集电极电源电压 $V_{BB}$ 和 $V_{CC}$ 的极性必须按照图 5.21 所示连接，使发射结上加正向电压（正向偏置），由于 $V_{CC}$ 大于开启电压 $U_{on}$，集电结加的是反向电压（反向偏置），三极管才能起到放大作用。

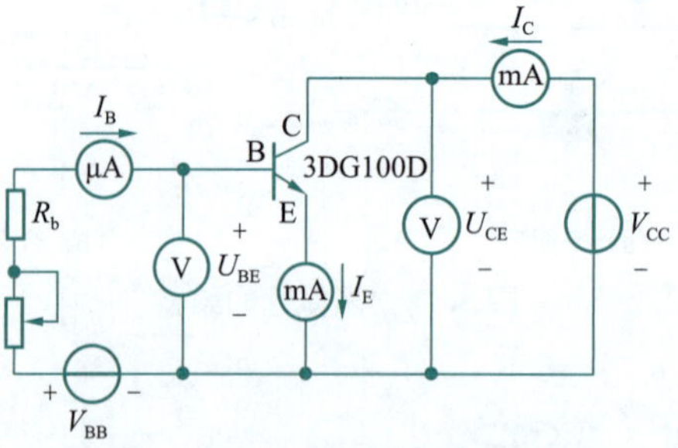


图 5.21　三极管电流放大的实验电路

设 $V_{CC}=6$ V，改变可变电阻 $R_b$，则基极电流 $I_B$、集电极电流 $I_C$ 和发射极电流 $I_E$ 都发生变化。电流方向如图 5.21 所示。测量结果见表 5.1。

---

① 掺入发射区的杂质比集电区要多，但集电区的尺寸比发射区要大，所以两者不能互换。

表 5.1　三极管电流测量结果

| $I_B$/mA | 0 | 0.02 | 0.04 | 0.06 | 0.08 | 0.10 |
|---|---|---|---|---|---|---|
| $I_C$/mA | <0.001 | 0.70 | 1.50 | 2.30 | 3.10 | 3.95 |
| $I_E$/mA | <0.001 | 0.72 | 1.54 | 2.36 | 3.18 | 4.05 |

由此实验及测量结果可得出如下结论。

①观察实验数据中的每一列，可得

$$I_E=I_B+I_C$$

此结果符合基尔霍夫电流定律。

②$I_C$ 和 $I_E$ 比 $I_B$ 大得多。从第三列和第四列的数据可知，$I_C$ 与 $I_B$ 的比值分别为

$$\bar{\beta}=\frac{I_C}{I_B}=\frac{1.50}{0.04}=37.5$$

$$\bar{\beta}=\frac{I_C}{I_B}=\frac{2.30}{0.06}=38.3$$

这就是三极管的电流放大作用。电流放大作用还体现在基极电流的少量变化 $\Delta I_B$ 可以引起集电极电流较大的变化 $\Delta I_C$。比较第三列和第四列的数据，可以得出

$$\beta=\frac{\Delta I_C}{\Delta I_B}=\frac{2.30-1.50}{0.06-0.04}=\frac{0.8}{0.02}=40$$

③当 $I_B=0$（将基极开路）时，$I_C=I_{CEO}$，由表 5.1 可知 $I_{CEO}<0.001\ \text{mA}=1\ \mu\text{A}$。

④要使三极管起放大作用，发射结必须正向偏置，而集电结必须反向偏置。

下面用载流子在三极管内部的运动规律来解释上述结论。

### 1. 发射区向基区扩散电子

对 NPN 型管而言，因为发射区自由电子（多数载流子）的浓度大，而基区自由电子（少数载流子）的浓度小，所以自由电子要从浓度大的发射区（N 型）向浓度小的基区（P 型）扩散。由于发射结处于正向偏置，发射区自由电子的扩散运动加强，不断扩散到基区，并不断从电源补充进电子，形成发射极电流 $I_E$。基区的多数载流子（空穴）也要向发射区扩散，但由于基区的空穴浓度比发射区的自由电子的浓度小得多，因此空穴电流很小，可以忽略不计（在图 5.22 中未画出）

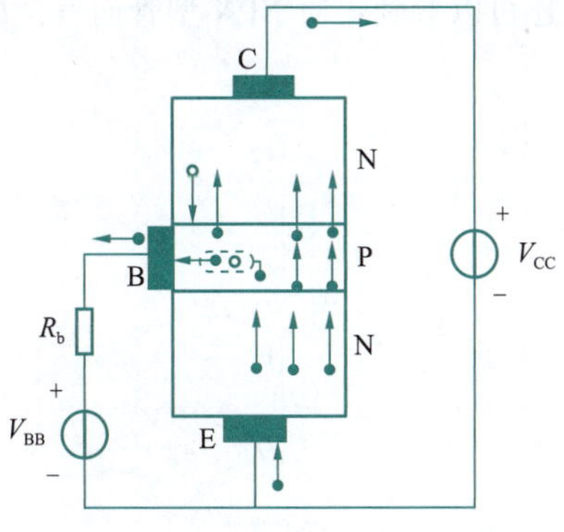


（a）载流子运动

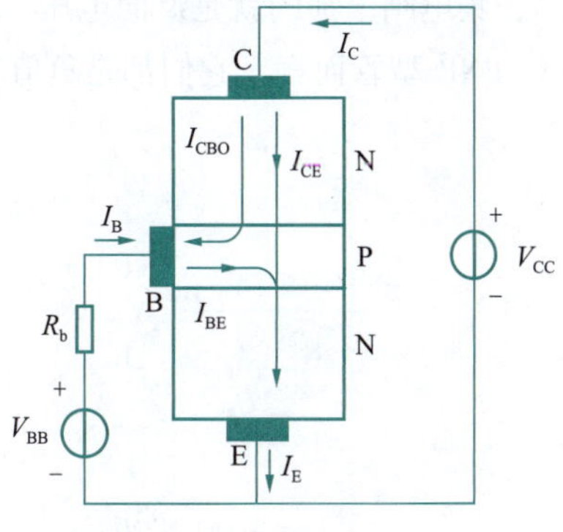


（b）电流分配

图 5.22　三极管中的电流

### 2. 电子在基区扩散和复合

从发射区扩散到基区的自由电子起初都聚集在发射结附近，靠近集电结的自由电子很少，形成了浓度上的差别，因而自由电子将向集电结方向继续扩散。在扩散过程中，自由电子不断与空穴（P 型基区中的多数载流子）相遇而复合。由于基区接电源 $V_{BB}$ 的正极，基区中受激发的价电子不断被电源拉走，这相当于不断补充基区中被复合掉的空穴，形成电流 $I_{BE}$［见图 5.22（b）］，它基本上等于基极电流 $I_B$。

在中途被复合掉的电子越多，扩散到集电结的电子就越少，这不利于三极管的放大作用。为此，基区就要做得很薄，基区掺杂浓度要很小（这是放大的内部条件），这样才可以大大减少电子与基区空穴复合的机会，使绝大部分自由电子都能扩散到集电结边缘。

### 3. 集电区收集从发射区扩散过来的电子

由于集电结反向偏置，它阻挡集电区（N 型）的自由电子向基区扩散，但可将从发射区扩散到基区并到达集电区边缘的自由电子拉入集电区，从而形成电流 $I_{CE}$，它基本上等于集电极电流 $I_C$。

除此以外，由于集电结反向偏置，集电区的少数载流子（空穴）和基区的少数载流子（电子）将向对方运动，形成电流 $I_{CBO}$。这个电流数值很小，它构成集电极电流 $I_C$ 和基极电流 $I_B$ 的一小部分，但受温度影响很大，并与外加电压的大小关系不大。

如上所述，从发射区扩散到基区的电子中只有很小一部分在基区复合，大部分到达集电区。也就是构成发射极电流 $I_E$ 的两部分中，$I_{BE}$ 是很小的，而 $I_{CE}$ 所占的百分比是大的。这个比值用 $\bar{\beta}$ 表示，即

$$\bar{\beta}=\frac{I_{CE}}{I_{BE}}=\frac{I_C-I_{CBO}}{I_B+I_{CBO}}\approx\frac{I_C}{I_B} \tag{5.2}$$

从前面的电流放大实验还知道，在三极管中，不仅 $I_C$ 比 $I_B$ 大得多，而且当调节可变电阻 $R_L$ 使 $I_B$ 有一个微小的变化时，将会引起 $I_C$ 大得多的变化。

此外，从三极管内部载流子的运动规律，也就理解了要使三极管起电流放大作用，为什么发射结必须正向偏置，集电结必须反向偏置（这是放大的外部条件）。图 5.23 所示的是起放大作用时 NPN 型管和 PNP 型管中电流的实际方向和发射结与集电结的实际极性（图 5.22 中如换用 PNP 型管，则电源 $V_{CC}$ 和 $V_{BB}$ 要反接）。发射结上加的是正向电压，要使三极管起放大作用时，$|U_{CE}|>|U_{BE}|$，集电结上加的就是反向电压。此外还可以看到：对 NPN 型管而言，$U_{CE}$ 和 $U_{BE}$ 都是正值；而对 PNP 型管而言，它们都是负值。

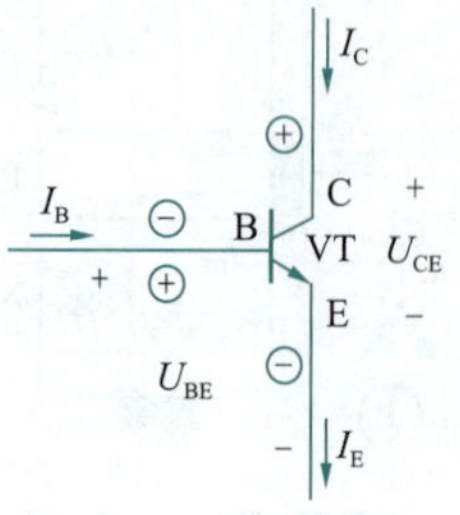


（a）NPN型管

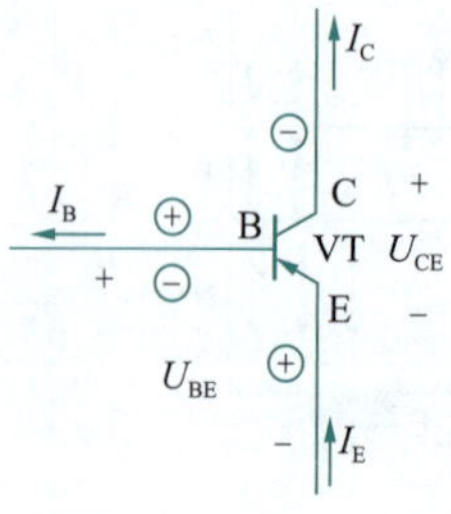


（b）PNP型管

图 5.23　电流方向和发射结与集电结的极性

有两个三极管分别接在放大电路中，如图 5.21 所示，今测得它们三个引脚的电位（对“地”），并由此判别：①三极管的三个电极（B，E，C）；②是 NPN 型还是 PNP 型；③是硅管还是锗管。判别结果见表 5.2、表 5.3。

**表 5.2　三极管 Ⅰ**

| 引　脚 | 1 | 2 | 3 |
|---|---|---|---|
| 电位/V | 4 | 3.4 | 9 |
| 电　极 | B | E | C |
| 类　型 | NPN 型 | | |
| 材　料 | 硅管 | | |

**表 5.3　三极管 Ⅱ**

| 引　脚 | 1 | 2 | 3 |
|---|---|---|---|
| 电位/V | −6 | −2.3 | −2 |
| 电　极 | C | B | E |
| 类　型 | PNP 型 | | |
| 材　料 | 锗管 | | |

由表 5.2 和表 5.3 可得：

NPN 型：集电极电位最高，发射极电位最低；PNP 型：发射极电位最高，集电极电位最低。

NPN 型硅管：基极电位比发射极电位高 0.6~0.7 V；PNP 型锗管：发射极电位比基极电位高 0.2~0.3 V。试问 NPN 型锗管和 PNP 型硅管又如何？

## 5.4.3　三极管特性曲线

三极管的特性曲线是用来表示该三极管各极电压和电流之间相互关系的，它反映三极管的性能，是分析放大电路的重要依据。最常用的是共发射极接法时的输入特性曲线和输出特性曲线。这些特性曲线可用晶体管特性图示仪直观地显示出来，也可以通过图 5.21 所示的实验电路进行测绘。实验电路中用的是 NPN 型硅管 3DG100D。

### 1. 输入特性曲线

输入特性曲线是指当集-射极电压 $U_{CE}$ 为常数时，输入电路（基极电路）中基极电流 $I_B$ 与基-射极电压 $U_{BE}$ 之间的关系曲线 $I_B=f(U_{BE})$，如图 5.24 所示。

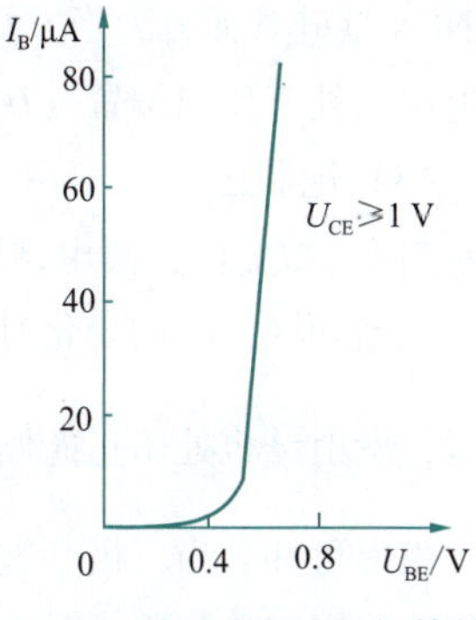

**图 5.24　3DG100D 三极管的输入特性曲线**

对硅管而言，当 $U_{CE}\geq 1$ V 时，集电结已反向偏置，而基区又很薄，可以把从发射区扩散到基区的电子中的绝大部分拉入集电区。此后，$U_{CE}$ 对 $I_B$ 就不再有明显的影响。就是说 $U_{CE}>1$ V 后的输入特性曲线基本上是重合的。所以，通常只画出 $U_{CE}\geq 1$ V 的一条输入特性曲线。

由图 5.24 可见，和二极管的伏安特性一样，三极管输入特性也有一段死区。只有在发射结外加电压大于死区电压时，三极

管才会出现 $I_B$。硅管的死区电压约为 0.5 V，锗管的死区电压约为 0.1 V 。在正常工作情况下，NPN 型硅管的发射结电压 $U_{BE}=0.6\sim0.7$ V，PNP 型锗管的 $U_{BE}=-0.3\sim-0.2$ V。

### 2. 输出特性曲线

输出特性曲线是指当基极电流 $I_B$ 为常数时，输出电路（集电极电路）中集电极电流 $I_C$ 与集-射极电压 $U_{CE}$之间的关系曲线 $I_C=f(U_{CE})$。在不同的 $I_B$ 下，可得出不同的曲线，所以三极管的输出特性曲线是一族曲线，如图 5.25 所示。

通常把三极管的输出特性曲线族分为三个工作区（见图 5.25），就是三极管有三种工作状态。结合图 5.26 所示电路来分析（集电极电路中接有电阻 $R_C$）。

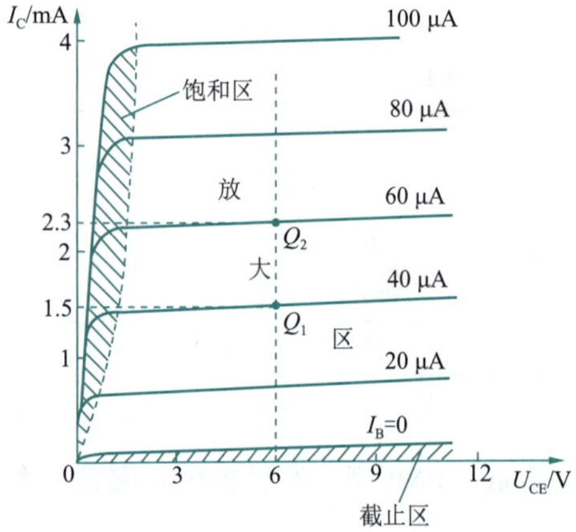


图 5.25　3DG100D 三极管的输出特性曲线

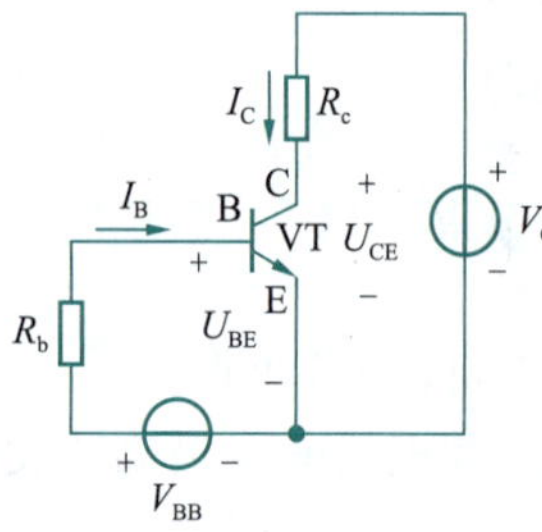


图 5.26　共发射极电路

（1）放大区

输出特性曲线的近于水平部分是放大区。在放大区，$I_C=\bar{\beta}I_B$。放大区也称为线性区，因为 $I_C$ 和 $I_B$ 成正比的关系。如前所述，三极管工作于放大状态时，发射结处于正向偏置，集电结处于反向偏置，即对 NPN 型管而言，应使 $U_{BE}>0$，$U_{BC}<0$。此时，$U_{CE}>U_{BE}$。

（2）截止区

$I_B=0$ 的曲线以下的区域称为截止区。$I_B=0$ 时，$I_C=I_{CEO}$（在表 5.1 中，$I_{CEO}<0.001$ mA）。对 NPN 型硅管而言，当 $U_{BE}<0.5$ V 时即已开始截止，但是为了截止可靠，常使 $U_{BE}\leqslant0$。截止时集电结也处于反向偏置（$U_{BC}<0$）。此时，$I_C\approx0$，$U_{CE}\approx V_{CC}$。

（3）饱和区

当 $U_{CE}<U_{BE}$时，集电结处于正向偏置（$U_{BC}>0$），三极管工作于饱和状态。

在饱和区，$I_B$ 的变化对 $I_C$ 的影响较小，两者不成正比，放大区的 $\beta$ 不能适用于饱和区。饱和时，发射结也处于正向偏置。此时，$U_{CE}=0$ V，$I_C=\dfrac{V_{CC}}{R_c}$。

由上可知，当三极管饱和时，$U_{CE}\approx0$，发射极与集电极之间如同一个开关的接通，其间电阻很小；当三极管截止时，$I_C\approx0$，发射极与集电极之间如同一个开关的断开，其间电阻很大。可见，三极管除了有放大作用外，还有开关作用。

图 5.27 所示的就是三极管三种工作状态的电压和电流。

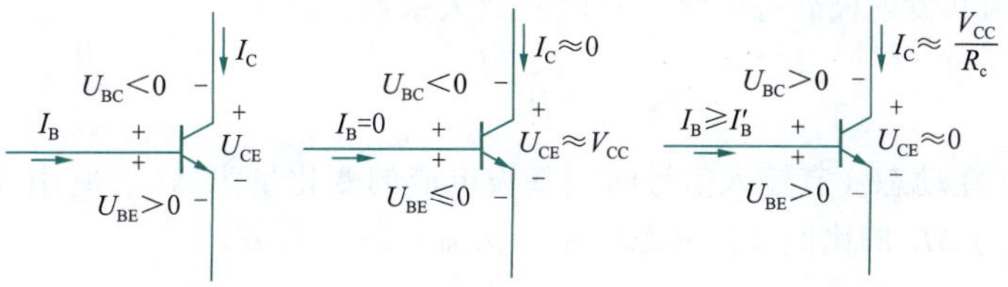


（a）放大　　（b）截止　　（c）饱和

**图 5.27　三极管三种工作状态的电压和电流**

表 5.4 为三极管三种工作状态结电压的典型数据。

**表 5.4　三极管三种工作状态结电压的典型数据**

| 管　型 | 工作状态 | | | | |
|---|---|---|---|---|---|
| | 饱　和 | | 放　大 | 截　止 | |
| | $U_{BE}$/V | $U_{CE}$/V | $U_{BE}$/V | $U_{BE}$/V | |
| | | | | 开始截止 | 可靠截止 |
| 硅管（NPN） | 0.7 | 0.3 | 0.6~0.7 | 0.5 | ≤0 |
| 锗管（PNP） | -0.3 | -0.1 | -0.3~-0.2 | -0.1 | 0.1 |

**【例 5.4】**　在图 5.28 所示电路中，$V_{CC}=12$ V，$R_c=3$ kΩ，$R_b=20$ kΩ，$\bar{\beta}=100$，当输入电压 $U_I$ 分别为 3 V、1 V 和 −1 V 时，试问三极管处于何种工作状态？

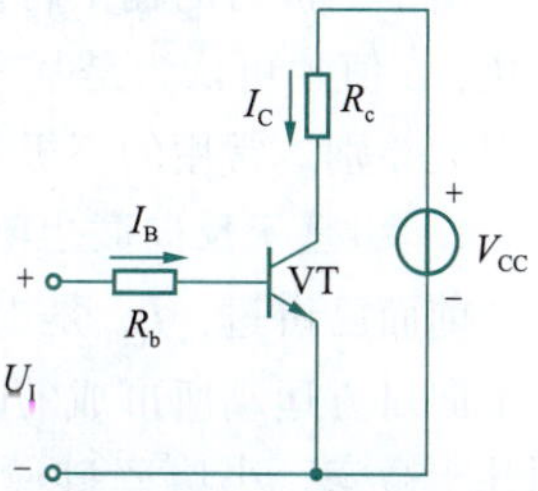


**图 5.28　例 5.4 图**

**解**　由图 5.27（c）可知，三极管饱和时集电极电流近似为

$$I_C\approx\frac{V_{CC}}{R_c}=\frac{12}{3\times10^3}\text{ A}=4\times10^{-3}\text{ A}=4\text{ mA}$$

三极管刚饱和时的基极电流为

$$I'_B=\frac{I_C}{\bar{\beta}}=\frac{4}{100}\text{ mA}=0.04\text{ mA}=40\ \mu\text{A}$$

①当 $U_I=3$ V 时，$I_B=\frac{U_I-U_{BE}}{R_b}=\frac{3-0.7}{20\times10^3}\text{ A}=115\times10^{-6}\text{ A}=115\ \mu\text{A}>I'_B$ 三极管已处于深度饱和状态。

②当 $U_I=1$ V 时，$I_B=\frac{U_I-U_{BE}}{R_b}=\frac{1-0.7}{20\times10^3}\text{ A}=15\times10^{-6}\text{ A}=15\ \mu\text{A}<I'_B$ 三极管处于放大状态。

③当 $U_I=-1$ V 时，三极管可靠截止。

## 5.4.4　三极管主要参数

三极管的特性除用特性曲线表示外，还可用一些数据来说明，这些数据就是三极管的参数。三极管的参数也是设计电路、选用三极管的依据。主要参数有下面几个。

### 1. 电流放大系数 $\bar{\beta}$、$\beta$

如上所述，当三极管接成共发射极电路时，在静态（无输入信号）时集电极电流 $I_C$ 与基极

电流 $I_B$ 的比值称为共发射极静态电流（直流）放大系数，即

$$\bar{\beta}=\frac{I_C}{I_B}$$

当三极管工作在动态（有输入信号时，基极电流的变化量为 $\Delta I_B$，它引起集电极电流的变化量为 $\Delta I_C$）$\Delta I_C$ 与 $\Delta I_B$ 的比值称为动态电流（交流）放大系数，即

$$\beta=\frac{\Delta I_C}{\Delta I_B}$$

【例 5.5】 从图 5.25 所给出 3DG100D 三极管的输出特性曲线上，①计算 $Q_1$ 点处的 $\bar{\beta}$；②由 $Q_1$ 和 $Q_2$ 两点，计算 $\beta$。

**解** ①在 $Q_1$ 点处，$U_{CE}=6$ V，$I_B=40$ μA $=0.04$ mA，$I_C=1.5$ mA，故

$$\bar{\beta}=\frac{I_C}{I_B}=\frac{1.5}{0.04}=37.5$$

②由 $Q_1$ 和 $Q_2$ 两点（$U_{CE}=6$ V）得

$$\beta=\frac{\Delta I_C}{\Delta I_B}=\frac{2.3-1.5}{0.06-0.04}=\frac{0.8}{0.02}=40$$

由上述可见，$\bar{\beta}$ 和 $\beta$ 的含义是不同的，但在输出特性曲线近于平行等距并且 $I_{CEO}$ 较小的情况下，两者数值较为接近。今后在估算时，常用 $\bar{\beta}=\beta$① 这个近似关系。

由于三极管的输出特性曲线是非线性的，只有在特性曲线的近于水平部分，$I_C$ 随 $I_B$ 成正比变化，$\beta$ 值才可认为是基本恒定的。由于制造工艺的分散性，即使同一型号的三极管，$\beta$ 值也有很大差别。常用的三极管的 $\beta$ 值为几十到几百。

### 2. 集-基极反向截止电流 $I_{CBO}$

前面已讲过，$I_{CBO}$ 是当发射极开路时由于集电结处于反向偏置，集电区和基区中的少数载流子向对方运动所形成的电流。$I_{CBO}$ 受温度的影响大。在室温下，小功率锗管的 $I_{CBO}$ 约为几微安到几十微安，小功率硅管在 1 μA 以下。$I_{CBO}$ 越小越好。硅管在温度稳定性方面胜于锗管。图 5.29 所示为测量 $I_{CBO}$ 的电路。

### 3. 集-射极反向截止电流 $I_{CEO}$

$I_{CEO}$ 是当 $I_B=0$（将基极开路）、集电结处于反向偏置和发射结处于正向偏置时的集电极电流。又因为它好像是从集电极直接穿透三极管而到达发射极的，所以又称穿透电流。图 5.30 所示为测量 $I_{CEO}$ 的电路。硅管的 $I_{CEO}$ 为几微安，锗管的 $I_{CEO}$ 为几十微安，其值越小越好。

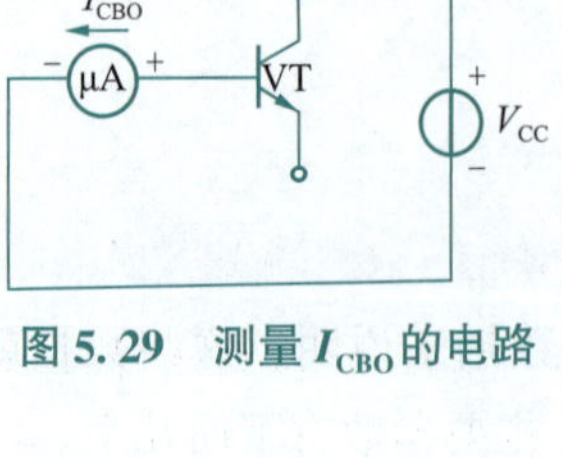


图 5.29 测量 $I_{CBO}$ 的电路

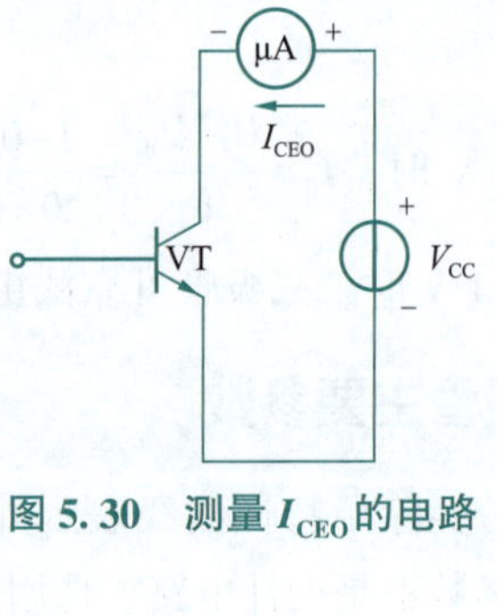


图 5.30 测量 $I_{CEO}$ 的电路

① 在相关数据手册中一般用 $h_{FE}$ 代表 $\beta$，用 $h_{fe}$ 代表 $\bar{\beta}$。

由式（5.2）可得

$$I_C=\overline{\beta}I_B+(1+\overline{\beta})I_{CBO}=\overline{\beta}I_B+I_{CEO}$$

$$I_{CEO}=(1+\beta)I_{CBO}$$

在一般情况下，$\overline{\beta}I_B \gg I_{CEO}$，故

$$I_C \approx \overline{\beta}I_B$$

$$I_E=I_C+I_B \approx (1+\overline{\beta})I_B$$

**4. 集电极最大允许电流 $I_{CM}$**

集电极电流 $I_C$ 超过一定值时，三极管的 $\beta$ 值要下降。当 $\beta$ 值下降到正常数值的三分之二时的集电极电流，称为集电极最大允许电流 $I_{CM}$。因此，在使用三极管时，$I_C$ 超过 $I_{CM}$ 并不一定会使三极管损坏，但以降低 $\beta$ 值为代价。

**5. 集-射极反向击穿电压 $U_{(BR)CEO}$**

基极开路时，加在集电极和发射极之间的最大允许电压，称为集-射极反向击穿电压 $U_{(BR)CEO}$。当三极管的集-射极电压 $U_{CE}$ 大于 $U_{(BR)CEO}$ 时，$I_{CEO}$ 突然大幅度上升，说明三极管已被击穿。相关数据手册中给出的 $U_{(BR)CEO}$ 一般是常温（25 ℃）时的值，三极管在高温下，其 $U_{(BR)CEO}$ 值将要降低，使用时应特别注意。为了电路工作可靠，应取集电极电源电压 $V_{CC} \leqslant \left(\frac{1}{2}\sim\frac{2}{3}\right)U_{(BR)CEO}$。

**6. 集电极最大允许耗散功率 $P_{CM}$**

由于集电极电流在流经集电结时将产生热量，使结温升高，从而会引起三极管参数变化。当三极管因受热而引起的参数变化不超过允许值时，集电极所消耗的最大功率称为集电极最大允许耗散功率 $P_{CM}$。$P_{CM}$ 主要受结温 $T$ 的限制，一般来说，锗管允许结温为 70~90 ℃，硅管约为 150 ℃。

根据三极管的 $P_{CM}$ 值，由 $P_{CM}=I_C U_{CE}$，可在三极管的输出特性曲线上作出 $P_{CM}$ 曲线，它是一条双曲线。

由 $I_{CM}$、$U_{(BR)CEO}$、$P_{CM}$ 三者共同确定三极管的安全工作区，如图 5.31 所示。

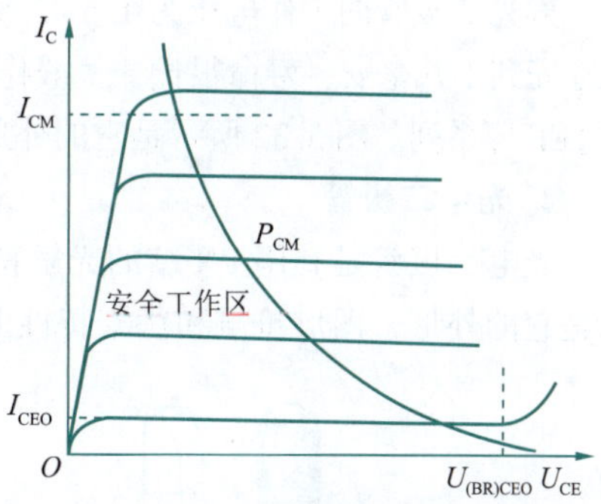


**图 5.31　三极管的安全工作区**

以上所讨论的几个参数，其中 $\beta$ 和 $I_{CBO}(I_{CEO})$ 是表明三极管优劣的主要指标；$I_{CM}$、$U_{(BR)CEO}$ 和 $P_{CM}$ 都是极限参数，用来说明三极管的使用限制。

**【例 5.6】** 在图 5.26 所示的三极管电路中，选用的是 3DG100D 型三极管，其极限参数为 $U_{(BR)CEO}=30$ V，$I_{CM}=20$ mA，$P_{CM}=100$ mW。试问：

①集电极电源电压 $V_{CC}$ 最大可选多少伏？②集电极电阻 $R_c$ 最小可选多少千欧？③集电极耗散功率 $P_C$ 为多少？

**解**　①选 $V_{CC} \leqslant \frac{2}{3}U_{(BR)CEO}=\frac{2}{3}\times 30\text{ V}=20\text{ V}$，即最大可选 20 V。

②三极管饱和时集电极电流最大可达到

$$I_C \approx \frac{V_{CC}}{R_c}$$

按照 $I_C$ 小于 $I_{CM}$的要求，选集电极电阻

$$R_c > \frac{V_{CC}}{I_{CM}} = \frac{20}{20}\ \text{k}\Omega = 1\ \text{k}\Omega，选\ 2\ \text{k}\Omega$$

③集电极耗散功率为

$$P_C = U_{CE} I_C = (V_{CC} - R_c I_C) I_C$$

出现最大集电极耗散功率时的集电极电流 $I_C$ 可由$\frac{dP_C}{dI_C}=0$ 求得，即

$$I_C = \frac{V_{CC}}{2R_c} = \frac{20}{2\times 2}\ \text{mA} = 5\ \text{mA}$$

这时

$$P_C = (V_{CC} - R_c I_C) I_C = (20 - 2\times 5)\times 5\ \text{mW} = 50\ \text{mW} < P_{CM}$$

工作于安全区。

## 5.5 光电器件

在不少场合应用下列几种光电器件进行显示、报警、耦合和控制，本书仅对它们作简要介绍。

### 1. 发光二极管（LED）

当在发光二极管（LED）上加正向电压并有足够大的正向电流时，就能发出清晰的光。这是由于电子与空穴复合而释放能量的结果。光的颜色视做成 PN 结的材料和发光的波长而定，而波长与材料的浓度有关。如采用磷砷化镓，则发出红光或黄光；采用磷化镓，则发出绿光。

发光二极管的工作电压为 1.5~2.5 V，工作电流为几毫安到十几毫安，寿命很长，一般作显示用。常用的有 2EF 等系列。图 5.32 所示是它的外形和图形符号。

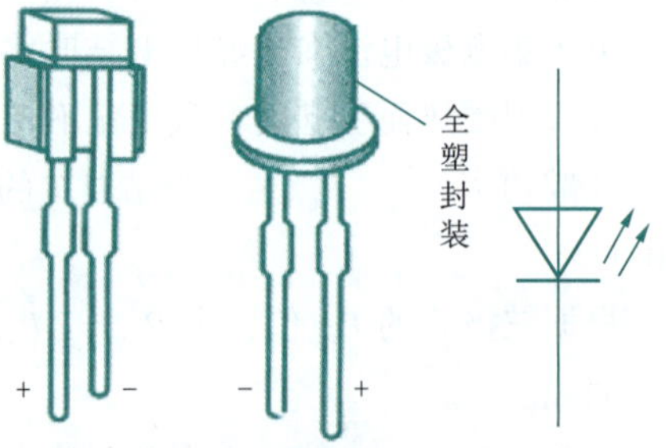

（a）方形　（b）圆形　（b）图形符号

图 5.32　发光二极管的外形和图形符号

### 2. 光电二极管

光电二极管是利用 PN 结的光敏特性，将接收到的光的变化转换为电流的变化。图 5.33 所示是它的外形、图形符号和伏安特性曲线。

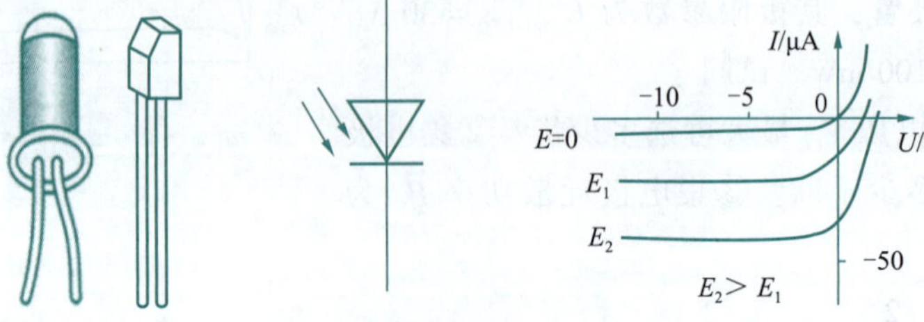

(a) 外形　(b) 图形符号　(c) 伏安特性曲线

图 5.33　光电二极管图

光电二极管是在反向电压作用下工作的。当无光照时，和普通二极管一样，其反向电流很小（通常小于 0.2 μA），称为暗电流。当有光照时，产生的反向电流称为光电流。照度 $E$ 愈强，光电流愈大，如图 5.32（c）所示。常用的光电二极管有 2AU、2CU 等系列。

光电流很小，一般只有几十微安，应用时必须进行放大。

### 3. 光电晶体管

普通晶体管是用基极电流 $I_B$ 的大小来控制集电极电流，而光电晶体管是用入射光照度 $E$ 的强弱来控制集电极电流的。因此两者的输出特性曲线相似，只是用 $E$ 来代替 $I_B$。当无光照时，集电极电流 $I_{CEO}$ 很小，称为暗电流。有光照时的集电极电流称为光电流，一般为零点几毫安到几毫安。常用的光电晶体管有 3AU、3DU 等系列。图 5.34 所示是它的外形、图形符号和输出特性曲线。

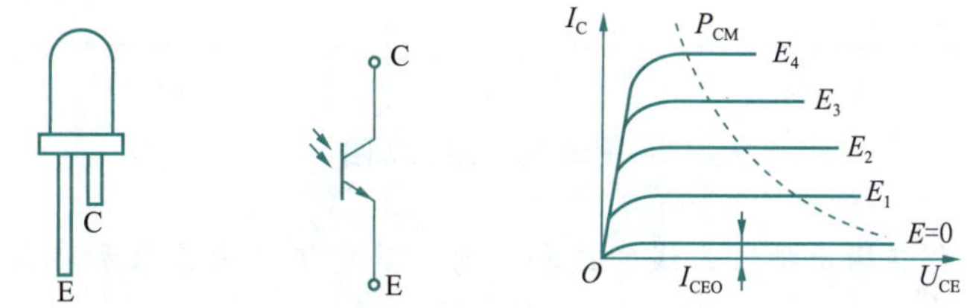


（a）外形　　（b）图形符号　　（c）输出特性曲线

**图 5.34　光电晶体管**

图 5.35 所示是光电耦合放大电路，可作为光电开关用。图中，LED 是发光二极管，VT 是光电三极管，两者光电耦合；$VT_1$ 是输出三极管。当有光照时，VT 饱和导通，$u_O \approx 0$ V；当光被某物体遮住时，$VT_1$ 截止，$u_O \approx +5$ V。由此对某些电路起到控制（开关）作用。

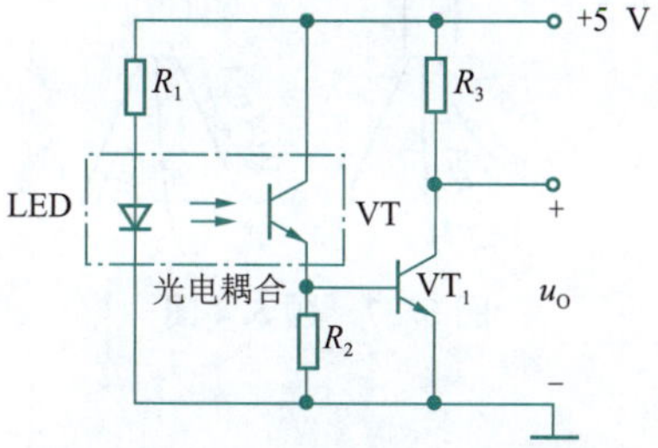


**图 5.35　光电耦合放大电路**

发光二极管和光电二极管也可以耦合。

## 小　结

本章介绍了 P 型半导体和 N 半导体的形成以及 PN 结的构成；二极管的基本结构、图形符号、伏安特性曲线及主要参数。双极性三极管（晶体管）的基本结构、图形符号、电流分配和放大原理以及三极管的输入特性曲线和输出特性曲线。最后介绍了基于二极管构成的不同形式的光电器件。

# 习　题

**5.1**　如何用万用表判断二极管的正极和负极？又如何判断二极管是否是好的？

**5.2**　在图 5.36 所示的两个电路中，已知直流电压 $U_1 = 3\ V$，$R = 1\ k\Omega$，二极管的正向压降为 0.7 V，试求 $U_0$ 的数值。

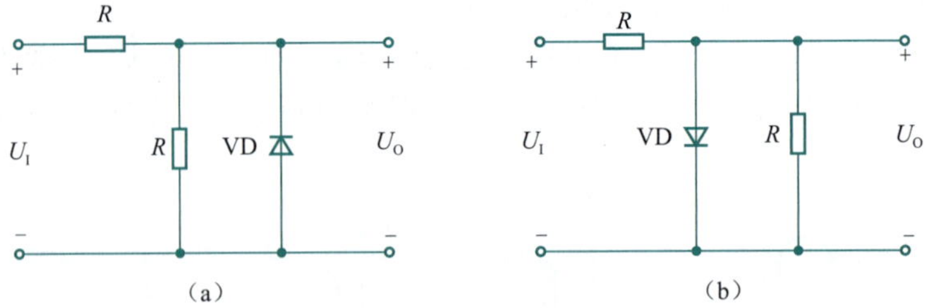


**图 5.36　题 5.2 图**

**5.3**　三极管工作在输出特性曲线的饱和区时，其电流放大系数和在放大区工作时是否一样大？

**5.4**　若测得工作在放大电路中的两个三极管的两个电极电流如图 5.37 所示。

①分别求另一个电极电流，并在图中标出它的实际方向；

②判别它们各是 NPN 型还是 PNP 型，并标出 E、B、C 电极；

③估算它们的静态电流放大系数。

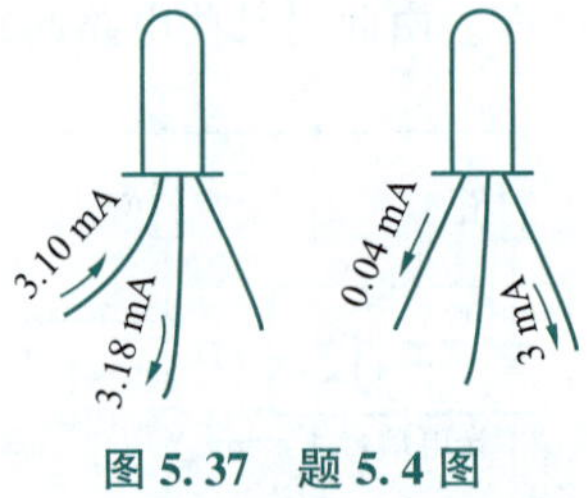


**图 5.37　题 5.4 图**

# 第 6 章 直流稳压电源

在电子仪器设备中，内部电子电路通常都是由电压稳定的直流电源供电的，电压的稳定性决定了用电设备是否能长期稳定运行。本章首先介绍了直流电源的结构和工作过程，接着讲解了整流、滤波和稳压电路，最后介绍了三端集成稳压器。

## 6.1 直流电源的结构

直流稳压电源是电子电路能够正常稳定工作的前提和保障。

### 1. 直流稳压电源的组成

在工农业生产和日常生活中主要采用交流电，而交流电也是最容易获得的，但在电子线路和自动控制装置等许多方面还需要电压稳定的直流电源供电。为了获得直流电，除了用电池和直流发电机之外，目前广泛采用半导体直流电源。最简单的小功率直流稳压电源的组成原理框图如图 6.1 所示，它表示把交流电转换成直流电的过程。

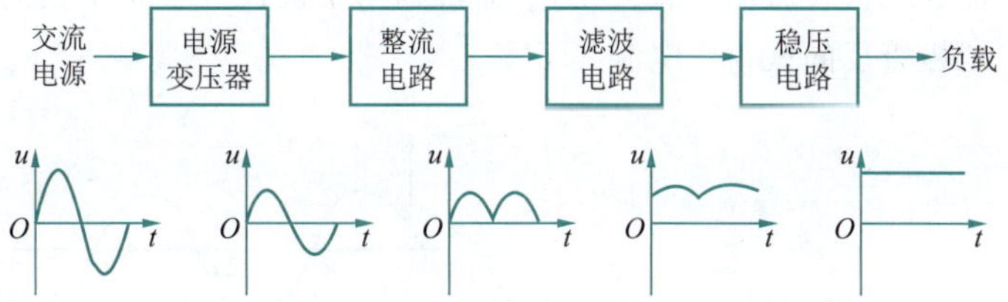


图 6.1 小功率直流稳压电源的组成原理框图

直流稳压电源各部分作用如下：

①整流电路是将工频交流电转换为具有直流电成分的脉动直流电。

②滤波电路是将脉动直流中的交流成分滤除，减少交流成分，增加直流成分。

③稳压电路是对整流后的直流电压采用负反馈技术进一步稳定直流电压。在对直流电压的稳定程度要求较低的电路中，稳压电路也可以不要。

### 2. 直流稳压电源的工作过程

直流稳压电源的工作过程一般为：首先由电源变压器将 220 V 的交流电压变换为所需要的交流电压值；然后利用整流元件（二极管、晶闸管）的单向导电性将交流电压整流为单向脉动的直流电压；最后通过电容或电感储能元件组成的滤波电路减小其脉动成分，从而得到比较平滑的直流电压。经过整流、滤波后得到的直流电压是易受电网波动（一般有±10%）及负载变化的影响。因而在整流、滤波电路之后，还需稳压电路；当电网电压波动、负载和温度变化时，维持输出直流电压的稳定。

# 6.2 二极管整流电路

整流电路的任务是将交流电变换成直流电。完成这一任务主要靠二极管的单向导电作用，因此二极管是构成整流电路的关键元件（常称之为整流管）。常见的整流电路有单相半波、全波、桥式整流电路。

## 6.2.1 单相半波整流电路

图 6.2 所示为一个简单的单相半波整流电路。图中 T 为电源变压器，它将 220 V 的电网电压变换为合适的交流电压，VD 为整流二极管，电阻 $R_L$ 代表需要用直流电源的负载。

### 1. 工作原理

设 $u_2=\sqrt{2}U_2\sin\omega t$ V，其中 $u_2$ 为变压器二次电压有效值。在 0~π 时间内，即在变压器二次电压 $u_2$ 的正半周内，其极性是上端为正、下端为负，二极管 VD 承受正向电压而导通时有电流流过负载，并且与二极管上流过的电流相等，即 $i_O=i_{VD}$。忽略二极管上的压降，负载上输出电压 $u_O=u_2$，输出波形与 $u_2$ 相同。

在 π~2π 时间内，即在 $u_2$ 负半周时，变压器二次电压上端为负，下端为正，二极管 VD 承受反向电压。此时二极管和负载上无电流流过，输出电压 $u_O=0$，此时 $u_2$ 全部在二极管 VD 上。其电路波形图如图 6.3 所示。

综上所述，单相半波整流电路的工作原理为：在变压器二次电压 $u_2$ 为正的半个周期内，二极管正向导通，电流经二极管流向负载，在 $R_L$ 上得到一个极性为上正下负的电压；而在 $u_2$ 为负的半个周期内，二极管反向截止，电流等于零。

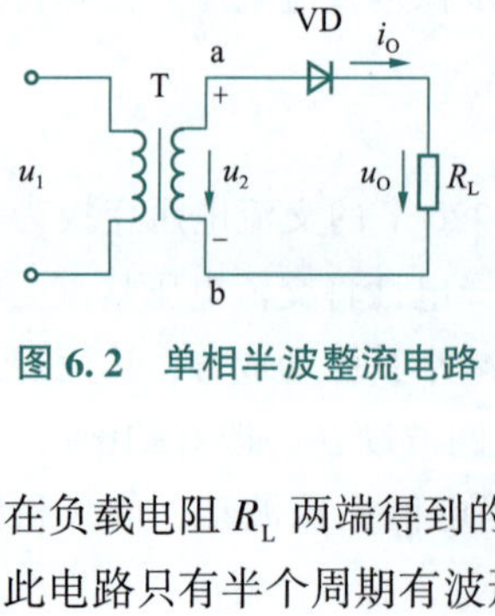


图 6.2 单相半波整流电路

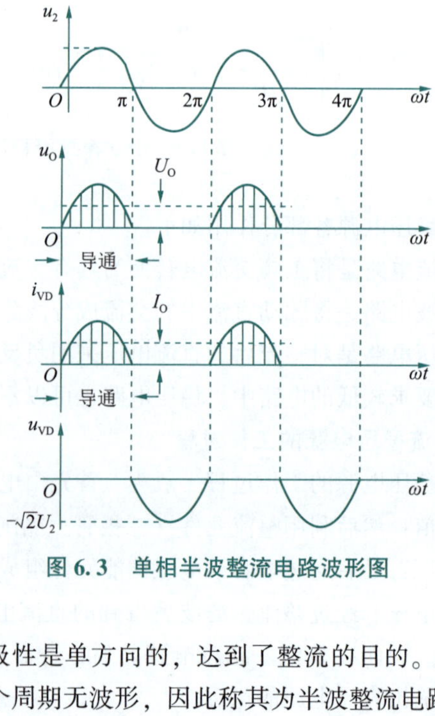


图 6.3 单相半波整流电路波形图

所以在负载电阻 $R_L$ 两端得到的电压 $u_O$ 的极性是单方向的，达到了整流的目的。从上述分析可知，此电路只有半个周期有波形，另外半个周期无波形，因此称其为半波整流电路。

**2. 单相半波整流电路的指标**

单相半波整流电路不断重复上述过程，则整流输出电压为

$$u_O=\begin{cases}\sqrt{2}U_2\sin\omega t\ \text{V} & 0\leqslant\omega t\leqslant\pi\\ 0 & \pi\leqslant\omega t\leqslant 2\pi\end{cases}$$

负载上输出平均电压（$U_O$）即单相半波整流电压的平均值为

$$U_O=\frac{1}{2\pi}\int_0^{2\pi}u_O\mathrm{d}(\omega t)=\frac{1}{2\pi}\int_0^{2\pi}\sqrt{2}U_2\sin\omega t\mathrm{d}(\omega t)=\frac{\sqrt{2}}{\pi}U_2=0.45U_2 \tag{6.1}$$

为了选用合适的二极管，还须计算出流过二极管的正向平均电流 $I_{VD}$ 和二极管承受的最大反向电压 $U_{RM}$。

流经二极管的电流等于负载电流

$$I_{VD}=I_O=\frac{U_O}{R_L}=0.45\frac{U_2}{R_L} \tag{6.2}$$

二极管承受的最大反向电压为变压器二次电压的峰值，即

$$U_{RM}=\sqrt{2}U_2 \tag{6.3}$$

单相半波整流电路比较简单，使用的整流元件少；但由于只利用了交流电压的半个周期，因此变压器利用率和整流效率低，输出电压脉动大，仅适用于负载电流小（几十毫安以下）且对电源要求不高的场合。

## 6.2.2　单相全波整流电路

图 6.4 所示为全波整流电路。它实际上是由两个半波整流电路组成的。变压器二次绕组具有中心抽头，使二次侧的两个感应电压大小相等，但对地的电位正好相反。

**1. 工作原理**

在 $u_2$ 的正半周内，变压器二次电压是上端为正、下端为负，二极管 $VD_1$ 承受正向电压而导通，电流 $iVD_1$ 经负载 $R_L$ 回到变压器二次侧中心抽头；此时二极管 $VD_2$ 因承受反向电压作用而截止，因此 $VD_2$ 支路中没有电流流过。

在 $u_2$ 的负半周内，变压器二次电压是上端为负、下端为正，二极管 $VD_1$ 因承受反向电压作用而截止，因此 $VD_1$ 支路中没有电流流过；此时二极管 $VD_2$ 承受正向电压而导通，电流 $iVD_2$ 经负载 $R_L$ 回到变压器二次侧中心抽头。

由此可见，在变压器二次电压 $u_2$ 的整个周期内，两个二极管 $VD_1$、$VD_2$ 轮流导通，使负载上均有电流流过，且流过负载的电流 $i_O$ 是单一方向的全波脉动电流，故这种整流电路称为全波整流电路，其电路波形图如图 6.5 所示。

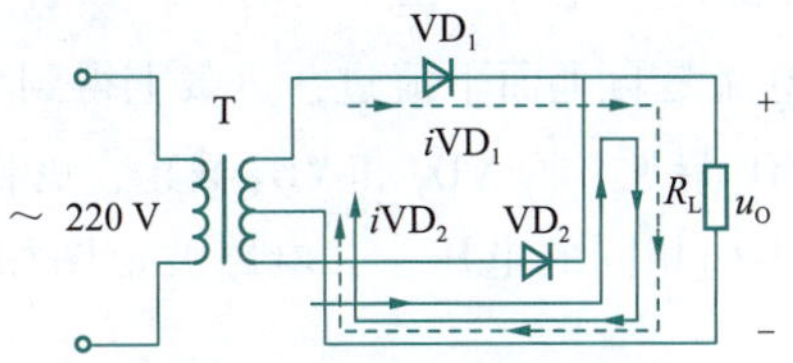


图 6.4　全波整流电路

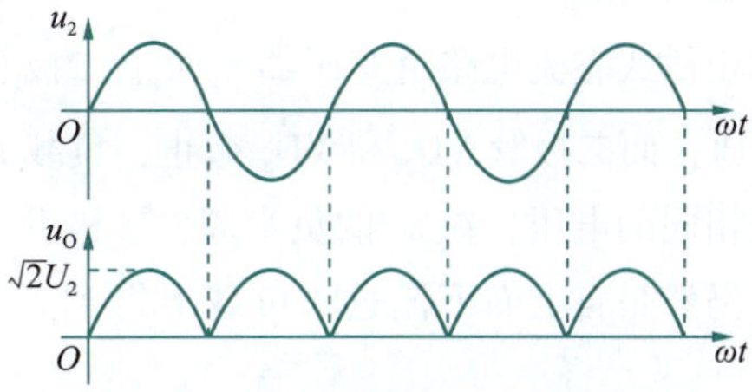


图 6.5　全波整流电路波形图

**2. 单相全波整流电路的指标**

(1) 输出电压、电流的平均值

$$U_O = 0.9U_2 \tag{6.4}$$

$$I_O = 0.9U_2/R_1 \tag{6.5}$$

(2) 整流二极管的平均电流

$$I_{VD} = \frac{1}{2}I_O = 0.45\frac{U_2}{R_L} \tag{6.6}$$

这个数值与单相半波整流相同，虽然是全波整流，但由于是两个二极管轮流导通，对于单个二极管仍然是半个周期导通，半个周期截止，所以在一个周期内流过每个二极管的平均电流只有负载电流的一半。

(3) 整流二极管承受的最大反向电压

$$U_{RM} = 2\sqrt{2}U_2 \tag{6.7}$$

这是因为当二极管 $VD_1$ 导通时，在略去二极管 $VD_1$ 的正向压降情况下，此时反向截止二极管 $VD_2$上的反向电压等于变压器整个二次侧的全部电压，其最大值为 $2\sqrt{2}U_2$。同理，当 $VD_2$ 导通时，作用在 $VD_1$ 上的反向电压也是如此。

单相全波整流电路的整流效率高、输出电压高且波动较小，但变压器必须有中心抽头，且二极管承受的反向电压高，电路对变压器和二极管的要求较高。

## 6.2.3 单相桥式整流电路

单相半波、全波整流电路有明显的不足之处，针对这些不足，在实践中又产生了桥式整流电路，如图 6.6 所示。四个二极管组成一个桥式整流电路，这个电路可以简化成图 6.6 (b) 所示形式。

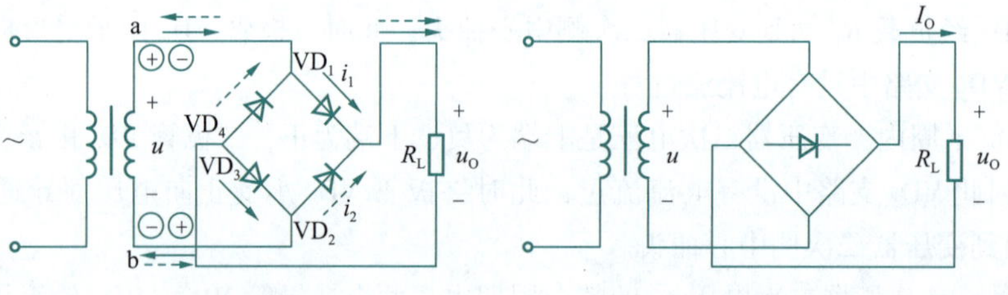


(a) 单相桥式整流电路　　(b) 简化图

**图 6.6　单相桥式整流电路及其简化图**

**1. 工作原理**

单相桥式整流电路由变压器、四个二极管和负载组成。当 $u_2$ 为正半周时，二极管 $VD_1$ 和 $VD_3$ 导通，而二极管 $VD_2$ 和 $VD_4$ 截止，负载 $R_L$ 上的电流是自上而下流过，负载上得到了与 $u_2$ 正半周相同的电压；在 $u_2$ 的负半周，二极管 $VD_2$ 和 $VD_4$ 导通，而 $VD_1$ 和 $VD_3$ 截止，负载 $R_L$ 上的电流仍然是自上而下流过，负载上得到了与 $u_2$ 负半周相同的电压。其电路波形图如图 6.7 所示。

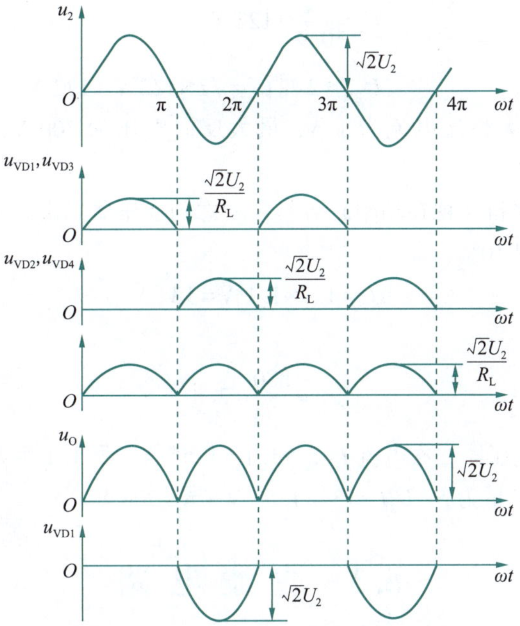


**图 6.7　单相桥式整流电路波形图**

## 2. 单相桥式整流电路的指标

（1）输出电压、电流的平均值

$$U_O = 0.9U_2 \tag{6.8}$$

$$I_O = 0.9U_2/R_L \tag{6.9}$$

（2）整流二极管的平均电流

$$I_{VD} = \frac{1}{2}I_O = 0.45\frac{U_2}{R_L} \tag{6.10}$$

这个数值与单相半波整流相同，虽然单相桥式整流完成的是全波整流，但由于是两组二极管轮流导通，对单个二极管仍然是半个周期导通，半个周期截止，所以在一个周期内流过每个二极管的平均电流只有负载电流的一半。

（3）整流二极管承受的最大反向电压

$$U_{RM} = \sqrt{2}U_2 \tag{6.11}$$

综上所述，单相桥式整流电路比单相半波整流电路只是增加了整流二极管的个数，结果使负载上的电压与电流都比单相半波整流电路提高一倍，而其他参数没有变化。因此，单相桥式整流电路得到了广泛应用。

**【例 6.1】** 有一单相桥式整流电路，输出电压 $U_O$ 为 110 V，$R_L = 80\ \Omega$，交流电压为 380 V，求：①如何选用合适的二极管？②求整流变压器变比和（视在功率）容量。

**解**　①选用合适的二极管：

$$I_O = \frac{U_O}{R_L} = \frac{110}{80}\ \text{A} = 1.4\ \text{A}$$

$$I_{VD} = \frac{1}{2}I_O = 0.7\ \text{A}$$

$$U_2 = \frac{U_O}{0.9} = 122\ \text{V}$$

$$U_{RM} = 2\sqrt{2}U_2 = \sqrt{2}\times 122\ \text{V} = 172\ \text{V}$$

2CZ12C 二极管的最大整流电流为 1 A，最大反向电压为 300 V，因此可选择 2CZ12C 二极管。

②求整流变压器变比和（视在功率）容量。考虑到变压器二次绕组及二极管上的压降，变压器二次电压大约要高出 10%，即

$$U_2 = 122\times 1.1\ \text{V} = 134\ \text{V}$$

则变压器变比为

$$n = \frac{380}{134} = 2.8$$

再求变压器容量：变压器二次电流 $I = I_O\times 1.1 = 1.55$ A，乘 1.1 主要是考虑变压损耗。故整流变压器（视在功率）容量为 $S = U_2 I = 134\times 1.55\ \text{V}\cdot\text{A} = 208\ \text{V}\cdot\text{A}$。

## 6.3 滤波电路

经过整流后，输出电压在方向上没有变化，但输出电压起伏较大，这样的直流电源如作为电子设备的电源会产生不良的影响，甚至不能正常工作。为了改善输出电压的脉动性，必须采用滤波电路。常用的滤波电路有电容滤波、电感滤波、$LC$ 滤波和 π 型滤波。

### 6.3.1 电容滤波

最简单的电容滤波电路是在整流电路的负载 $R_L$ 两端并联一只较大容量的电解电容器，如图 6.8（a）所示。

当负载开路时，设电容无能量储存，输出电压从零开始增大，电容器开始充电。充电时间常数 $\tau = R_{in}C$（其中 $R_{in}$ 为变压器二次绕组和二极管的正向电阻），由于变压器二次绕组和二极管的正向电阻小，电容器充电很快达到 $u_2$ 的最大值 $\sqrt{2}U_2$。此后 $u_2$ 下降，由于 $u_2 < u_C$ 四个二极管处于反向偏置而截止，电容无放电回路。所以 $u_O$ 从最大值下降时，电容器可通过负载 $R_L$ 放电，放电时间常数为 $\tau = R_L C$，在 $R_L$ 较大时，放电时间常数比充电时间常数大，$u_O$ 按指数规律下降。$u_O$ 的值再增大后，电容器再继续充电，同时向负载提供电流，电容器上的电压仍然很快地上升。达到 $u_2$ 的最大值后，电容器又通过负载 $R_L$ 放电。这样不断地进行充电和放电，在负载上得到比较平滑的为电压波形，如图 6.8（b）所示。

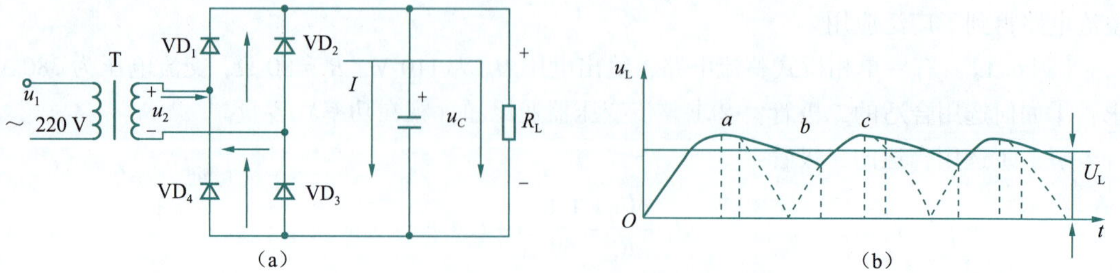


图 6.8　桥式整流电容滤波电路和工作波形

在实际应用中，为了保证输出电压的平滑，使脉动变化减小，电容器 $C$ 的容量选择应满足 $R_L C \geq (3\sim5)T/2$，其中 $T$ 为交流电的周期。在单相桥式整流电容滤波时的直流电压一般为

$$U_O \approx 1.2U_2 \tag{6.12}$$

电容滤波电路简单，但负载电流不能过大，否则会影响滤波效果；所以，电容滤波适用于负载变动不大、电流较小的场合。

## 6.3.2 电感滤波

在整流电路和负载之间，串联一个电感量较大的铁芯线圈就构成了一个简单的电感滤波电路，如图 6.9 所示。

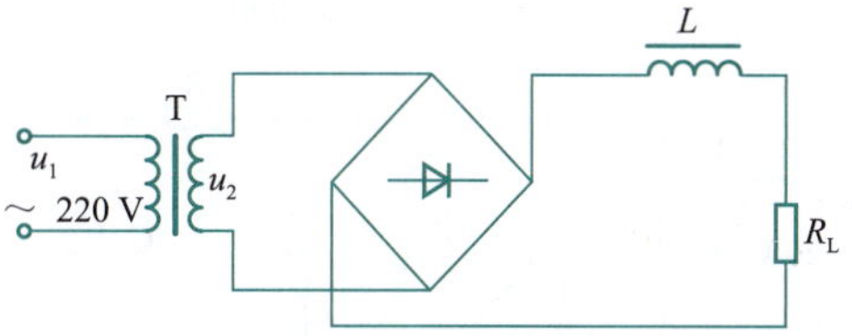


图 6.9 电感滤波电路

根据电感的特点，流过电感线圈的电流发生变化时，线圈中产生自感电动势的方向与电流方向相反，自感电动势阻碍电流的增加，同时将能量储存起来，使电流增加缓慢；反之，当电流减小时，自感电流减小缓慢。因而使负载电流和负载电压脉动大为减小。电感滤波电路外特性较好，带负载能力较强，但是体积大，比较笨重，电阻也较大，因而其上有一定的直流压降，造成输出电压的降低。单相桥式整流电感滤波时的直流电压一般为

$$U_O \approx 0.9U_2 \tag{6.13}$$

## 6.3.3 复式滤波

### 1. *LC* 滤波电路

采用单一的电容或电感滤波时，电路虽然简单，但滤波效果欠佳，大多数场合要求滤波效果更好。可把两种滤波方式结合起来，组成 *LC* 滤波电路，如图 6.10 所示。

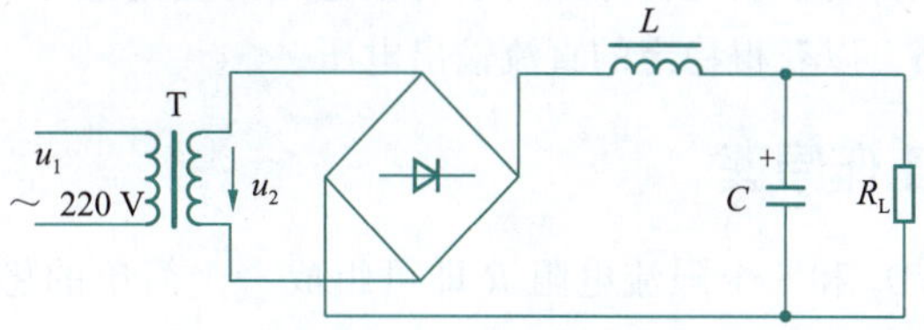


图 6.10 *LC* 滤波电路

与电容滤波电路比较，*LC* 滤波电路的优点是：外特性比较好，负载对输出电压影响小，电感元件限制了电流的脉动峰值，减小了对整流二极管的冲击。它主要适用于电流较大，要求电压脉动较小的场合。*LC* 滤波电路的直流输出电压平均值和电感滤波电路一样，即

$$U_O \approx 0.9U_2 \tag{6.14}$$

### 2. π 型滤波电路

为了进一步减小输出的脉动成分，可在 *LC* 滤波电路的输入端再增加一个滤波电容就组成

了 $LC$-π 型滤波电路，如图 6.11（a）所示。这种滤波电路的输出电流波形更加平滑，适当选择电路参数，输出电压同样可以达到 $U_0 \approx 1.2U_2$。

当负载电阻 $R_L$ 较大，负载电流较小时，可用电阻代替电感，组成 $RC$-π 型滤波电路，如图 6.11（b）所示。这种滤波电路体积小、质量小，所以得到广泛应用。

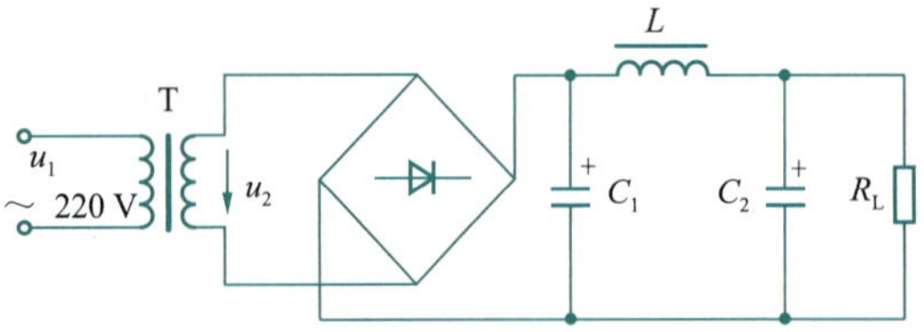


（a）$LC$-π型滤波电路

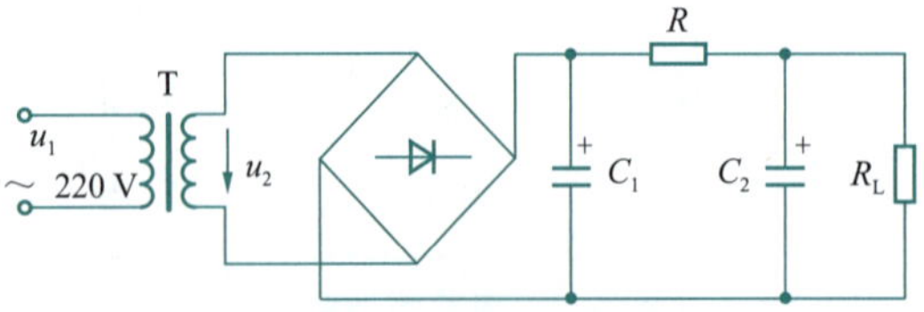


（b）$RC$-π型滤波电路

**图 6.11　π型滤波电路**

# 6.4　稳 压 电 路

整流、滤波后得到的直流输出电压往往会随交流电压的波动和负载的变化而变化。造成这种直流输出电压不稳定的因素有两个：一是当负载改变时，负载电流将随着改变。由于电源变压器和整流二极管、滤波电容都有一定的等效电阻，因此当负载电流变化时，等效电阻上的压降也变化，即使交流电网电压不变，直流输出电压也会改变。二是电网电压常有一些变化，在正常情况下变化±10%是常见的。当电网电压变化时，即使负载未变，直流输出电压也会改变。当用一个不稳定的电压对负载进行供电时，会引起负载的工作不稳定，甚至不能工作。特别是一些精密仪器、计算机、自动控制设备等都要求有很稳定的直流电源。因此在整流滤波电路后面需要再加一级稳压电路，以获得稳定的直流输出电压。

## 6.4.1　稳压电路的工作原理

利用一个硅稳压管 $VD_Z$ 和一个限流电阻 $R$ 即可组成一个简单的稳压电路。电路如图 6.12 所示。图中稳压管 $VD_Z$ 与负载电阻 $R_L$ 并联，在并联后与整流滤波电路连接时，要串上一个限流电阻 $R$，由于 $VD_Z$ 与 $R_L$ 并联，所以也称并联型稳压电路。

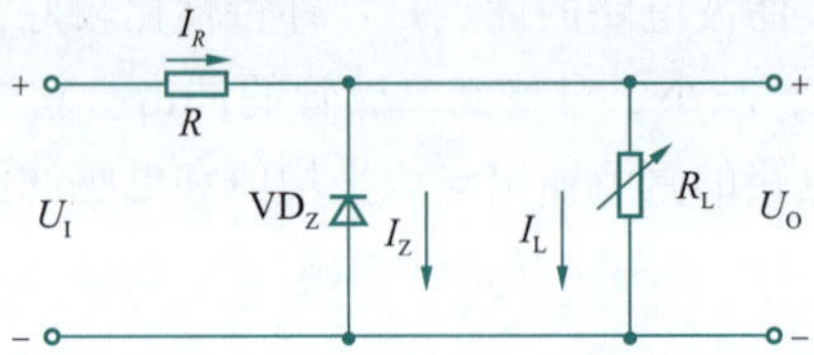


**图 6.12　硅稳压管稳压电路**

这里要指出的是：硅稳压管的极性不可接反，一定要使它处于反向工作状态，如果接错，硅稳压管正向导通而造成短路，输出电压 $U_O$ 也将趋近于零。

下面来讨论稳压电路工作原理。

①如果输入电压 $U_I$ 不变而负载电阻 $R_L$ 减小，这时负载上电流 $I_L$ 要增加，电阻 $R$ 上的电流 $I_R=I_L+I_Z$ 也有增大的趋势，则 $U_R=I_RR$ 也趋于增大，这将引起输出电压 $U_O=U_Z$ 的下降。稳压管的反向伏安特性已经表明，如果 $I_R$ 基本不变，这样输出电压 $U_O=U_I-I_RR$ 也就基本稳定下来。当负载电阻 $R_L$ 增大时，$I_L$ 减小，$I_Z$ 增加，保证了 $I_R$ 基本不变，同样稳定了输出电压 $U_O$。稳压过程可表示如下：

$$U_L\downarrow\rightarrow I_L\uparrow\rightarrow I_R\uparrow\rightarrow U_R\uparrow\rightarrow U_O(U_Z)\downarrow\rightarrow I_Z\downarrow\rightarrow I_R\downarrow\rightarrow U_R\downarrow\rightarrow U_O\uparrow$$

$$\text{或 } R_L\uparrow\rightarrow I_L\downarrow\rightarrow I_R\downarrow\rightarrow U_R\downarrow\rightarrow U_O\uparrow$$

②如果负载电阻 $R_L$ 保持不变，而电网电压的波动引起输入电压 $U_I$ 升高时，电路的传输作用使输出电压也就是稳压管两端电压趋于上升。由稳压管反向伏安特性可知，稳压管电流 $I_Z$ 将显著增加，于是电流 $I_R=I_L+I_Z$ 增大，所以电压 $U_R=I_RR$ 升高，即输入电压的增加量基本降落在电阻 $R$ 上，从而使输出电压 $U_O$ 基本上没有变化，达到了稳定输出电压的目的；同理，电压 $U_I$ 降低时，也通过类似过程来稳定输出电压 $U_O$。稳定过程可表示如下：

$$U_I\uparrow\rightarrow U_Z\uparrow\rightarrow I_Z\uparrow\rightarrow I_R\uparrow\rightarrow U_R\uparrow\rightarrow U_O\downarrow$$

$$\text{或 } U_I\downarrow\rightarrow U_Z\downarrow\rightarrow I_Z\downarrow\rightarrow I_R\downarrow\rightarrow U_R\downarrow\rightarrow U_O\uparrow$$

由此可见，稳压管稳压电路是依靠稳压管的反向特性，即反向击穿电压有微小的变化引起电流较大的变化，通过限流电阻的电压调整来达到稳压的目的。

## 6.4.2　硅稳压管稳压电路参数的选择

**1. 硅稳压管的选择**

可根据下列条件初选硅稳压管：

$$\left.\begin{array}{l} U_Z=U_O \\ I_{Zmax}\geqslant(2\sim3)I_{Lmax} \end{array}\right\}$$

当 $U_I$ 增加时，会使硅稳压管的 $I_Z$ 增加，所以电流选择应适当大一些。

**2. 输入电压 $U_I$ 的确定**

$U_I$ 高，$R$ 大，稳定性能好，但损耗大。一般 $U_I=(2\sim3)U_O$。

**3. 限流电阻 $R$ 的选择**

限流电阻 $R$ 的选择，主要是确定其阻值和功率。

（1）阻值的确定

在 $U_I$ 最小和 $I_L$ 最大时，流过稳压管的电流最小，此时电流不能低于稳压管最小稳定电流，即

$$I_Z=\frac{U_{Imin}-U_Z}{R}-I_{Lmax}\geqslant I_{Zmin} \tag{6.15}$$

在 $U_I$ 最高和 $I_L$ 最小时，流过稳压管的电流最大，此时应保证电流 $I_Z$ 不大于稳压管最大稳定电流值，即

$$I_Z=\frac{U_{Imax}-U_Z}{R}-I_{Lmin}\leqslant I_{Zmax}$$

即
$$R\leqslant\frac{U_{\mathrm{Imin}}-U_{\mathrm{Z}}}{I_{\mathrm{Zmin}}+I_{\mathrm{Lmax}}}\qquad R\geqslant\frac{U_{\mathrm{Imax}}-U_{\mathrm{Z}}}{I_{\mathrm{Zmax}}+I_{\mathrm{Lmin}}}\tag{6.16}$$

限流电阻 $R$ 的阻值应同时满足以上两式

（2）功率的确定

$$P_{R}=(2\sim3)\frac{U_{\mathrm{RM}}^{2}}{R}=(2\sim3)\frac{(U_{\mathrm{Imax}}-U_{\mathrm{Z}})^{2}}{R}\tag{6.17}$$

$P_R$ 应适当选择大一些。

**【例 6.2】** 选择图 6.12 稳压电路元件参数。要求：$U_{\mathrm{O}}=10\ \mathrm{V}$，$I_{\mathrm{L}}=0\sim10\ \mathrm{mA}$，$U_{\mathrm{I}}$ 波动范围为±10%。

**解** ①选择稳压管：

$$U_{\mathrm{Z}}=U_{\mathrm{O}}=10\ \mathrm{V}$$

$$I_{\mathrm{Z}}=2I_{\mathrm{Lmax}}=2\times10\times10^{-3}\ \mathrm{A}=20\ \mathrm{mA}$$

查数据手册得出 2CW7 参数为

$$U_{\mathrm{Z}}=9\sim10.5\ \mathrm{V},\ I_{\mathrm{Zmax}}=23\ \mathrm{mA},\ I_{\mathrm{Zmin}}=5\ \mathrm{mA},\ P_{\mathrm{RM}}=0.25\ \mathrm{W}$$

符合要求，故选 2CW7。

②确定 $U_{\mathrm{I}}$：

$$U_{\mathrm{I}}=(2\sim3)U_{\mathrm{O}}=2.5\times10\ \mathrm{V}=25\ \mathrm{V}$$

③选择 $R$：

$$U_{\mathrm{Imax}}=1.1\qquad U_{\mathrm{I}}=27.5\ \mathrm{V}$$

$$U_{\mathrm{Imin}}=0.9\qquad U_{\mathrm{I}}=22.5\ \mathrm{V}$$

$$\frac{U_{\mathrm{Imax}}-U_{\mathrm{Z}}}{I_{\mathrm{Zmax}}+I_{\mathrm{Lmax}}}\leqslant R\leqslant\frac{U_{\mathrm{Imin}}-U_{\mathrm{Z}}}{I_{\mathrm{Zmin}}+I_{\mathrm{Lmax}}}$$

$$\frac{27.5-10}{23+0}\leqslant R\leqslant\frac{22.5-10}{5+10}$$

$$761\ \Omega\leqslant R\leqslant833\ \Omega$$

取 $R=820\ \Omega$。

电阻功率

$$P_{R}=2.5\times\frac{(U_{\mathrm{Imax}}-U_{\mathrm{Z}})^{2}}{R}=2.5\times\frac{(27.5-10)^{2}}{820}\ \mathrm{W}=0.93\ \mathrm{W}$$

取 $P_R=1\ \mathrm{W}$。

## 6.5 集成稳压器

随着集成工艺的发展，稳压电路也制成了集成器件。它将调节管、比较放大单元、启动单元和保护环节等元件都集成在一块芯片上，具有体积小、质量小、使用调整方便、运行可靠和价格低等一系列优点，因而得到了广泛的应用。集成稳压器的规格种类繁多，具体电路结构也有差异。按内部工作方式分为串联型（调整电路与负载相串联）、并联型（调整电路与负载相并联）和开关型（调整电路工作在开关状态）。按引出端子分类，有三端固定式、三端可调式和多端可调式稳压器等。实际应用中最简便的是三端集成稳压器，这种稳压器有三个引线端：

不稳定电压输入端（一般与整流滤波电路输出相连）、稳定电压输出端（与负载相连）和公共接地端。

## 6.5.1　固定式三端集成稳压器

### 1. 正电压输出稳压器

常用的三端固定正电压输出稳压器有 7800 系列，型号中的 00 两位数表示输出电压的稳定值，分别为 5 V、6 V、9 V、12 V、15 V、18 V、24 V。例如，7812 的输出电压为 12 V，7805 的输出电压是 5 V。

按输出电流大小不同，又分为 CW7800 系列，最大输出电流为 1～1.5 A；CW78M00 系列，最大输出电流为 0.5 A；CW78L00 系列，最大输出电流为 100 mA 左右。

7800 系列三端集成稳压器的外部引脚如图 6.13（a）所示，1 引脚为输入端，2 引脚为输出端，3 引脚为公共接地端。

### 2. 负电压输出稳压器

常用的负电压输出稳压器有 7900 系列，型号中的 00 两位表示输出电压的稳定值，和 7800 系列相对应，分别为−5 V、−6 V、−9 V、−12 V、−15 V、−18 V、−24 V。

按输出电流大小不同，和 7800 系列一样，也分为 CW7900 系列、CW79M00 系列和 CW79L00 系列。外部引脚如图 6.13（b）所示，1 引脚为公共端，2 引脚为输出端，3 引脚为输入端。

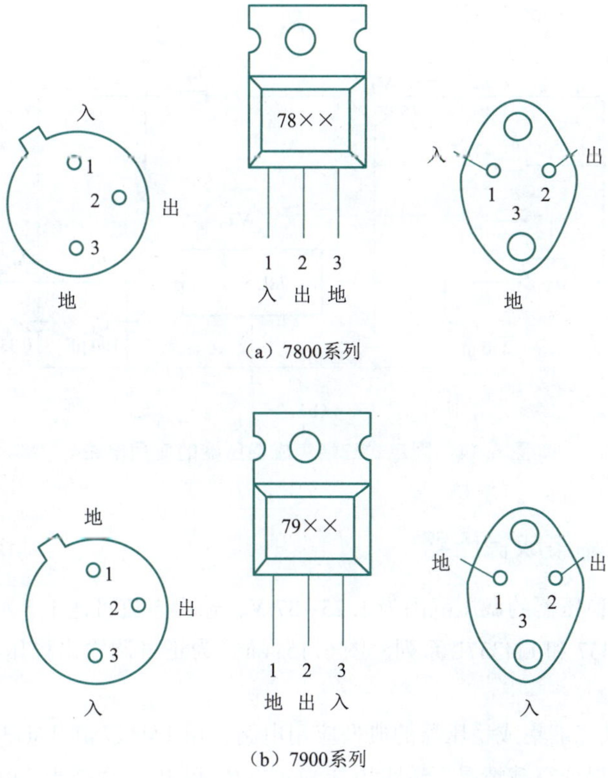


（a）7800系列

（b）7900系列

图 6.13　三端集成稳压器外形和引线端排列

**3. 固定式三端集成稳压器应用举例**

图 6.14（a）为输出固定电压 $U_O$ 的典型电路图。正常工作时，输入、输出电压差应为 2~3 V。电路中接入电容 $C_1$、$C_2$是用来实现频率补偿的，可防止稳压器产生高频自激振荡并抑制电路引入的高频干扰。$C_3$ 是电解电容，以减小稳压电源输出端由输入电源引入的低频干扰。VD 是保护二极管，当输入端意外短路时，给输出电容器 $C_3$ 一个放电通路，防止 $C_3$ 两端电压作用于调整管的发射结，造成调整管发射结击穿而损坏。

图 6.14（b）是扩大 78L××输出电流的电路，并具有过电流保护功能。电路中加入了功率三极管 $VT_1$，向输出端提供额外的电流 $I_{O1}$，使输出电流 $I_O$ 增加为 $I_O=I_{O1}+I_{O2}$。其工作原理为：正常工作时，$VT_2$、$VT_3$ 截止，电阻 $R_1$ 上的电流产生压降使 $VT_1$ 导通，使输出电流增加。若 $I_O$ 过电流（即超过某个限额），则 $I_{O1}$也增加，电流检测电阻 $R_3$ 上压降增加使 $VT_3$ 上压降增大，从而 $VT_3$ 导通，导致 $VT_2$ 趋于饱和，使 $VT_1$ 基-射极间电压 $U_{BE1}$降低，限制了功率三极管 $VT_1$ 的电流 $I_{C1}$，保护功率三极管不致因过电流而损坏。

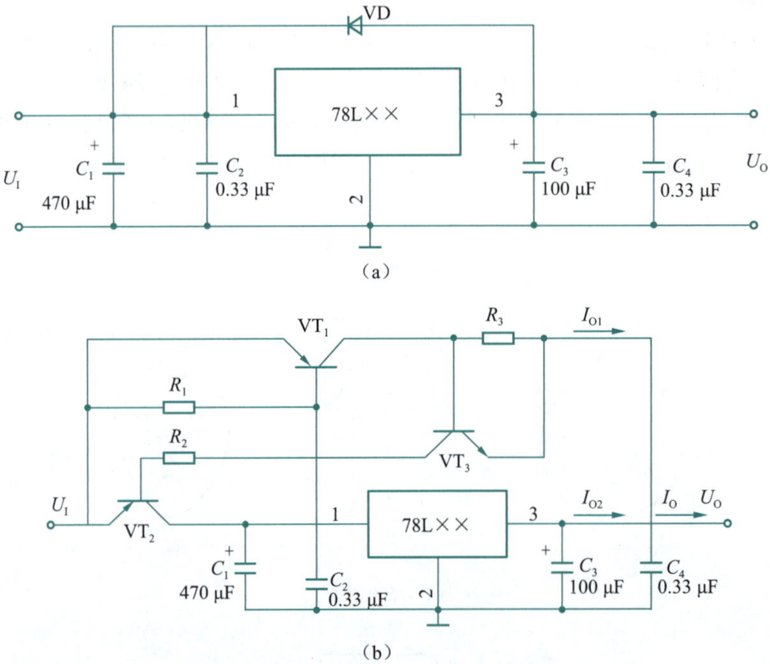


**图 6.14　固定式三端集成稳压器的应用电路**

## 6.5.2　可调式三端集成稳压器

可调式三端集成稳压器的调压范围为 1.25~37 V，输出电流可达 1.5 A 。常用的有 LM117、LM217、LM317、LM337 和 LM337L 系列。图 6.15（a）为正可调输出稳压器，图 6.15（b）为负可调输出稳压器。

图 6.16 为可调式三端集成稳压器的典型应用电路，由 LM117 和 LM137 组成正、负输出电压可调的稳压器。为保证空载情况下输出电压稳定，$R_1$ 和 $R_1'$不宜高于 240 Ω，典型值为 120~240 Ω。$R_2$ 和 $R_2'$的大小根据输出电压调节范围确定。该电路输入电压 $U_I$ 分别为±25 V，则输出电压可调范围为±(1.2~20) V。

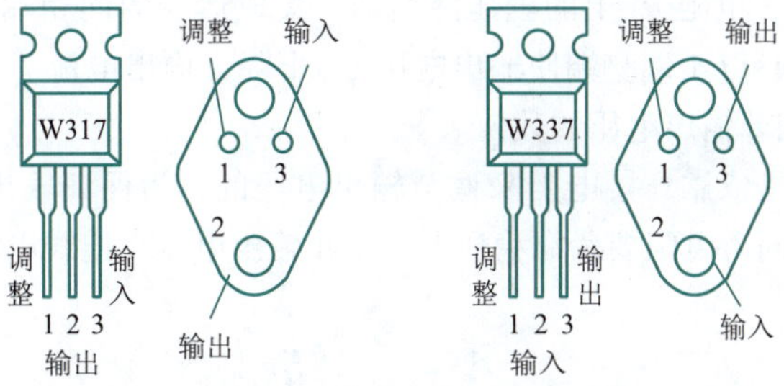


（a）正可调输出稳压器　　（b）负可调输出稳压器

**图 6.15　可调式三端集成稳压器外形及引脚排列**

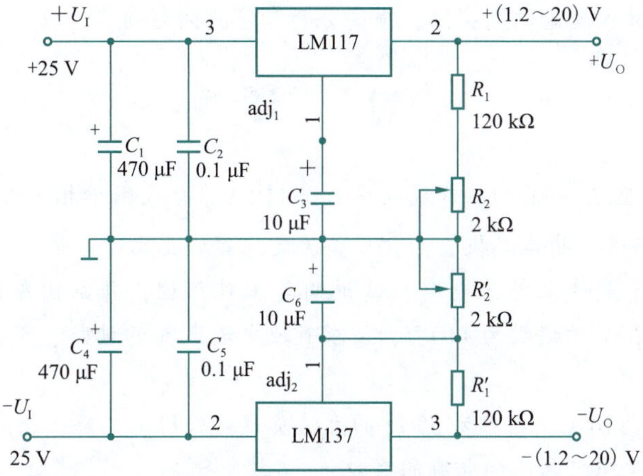


**图 6.16　可调式三端集成稳压器的典型应用电路**

图 6.17 为并联扩流的稳压电路，它是用两个可调式稳压器 LM317 组成的。

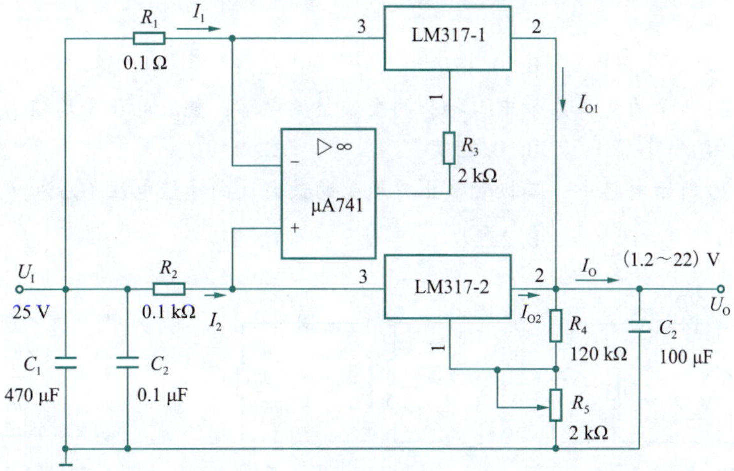


**图 6.17　并联扩流的稳压电路**

输入电压 $U_I=25$ V，输出电流 $I_O=I_{O1}+I_{O2}=3$ A，输出电压可调节范围为±(1.2~22) V。电路中的集成运放 μA741 是用来平衡两稳压器的输出电流的。例如，LM317-1 输出电流 $I_{O1}$ 大于

LM317-2 输出电流 $I_{O2}$时，电阻 $R_1$ 上的电压降增加，集成运放的同相端电位降低，集成运放输出端电压降低；通过 LM317-1 调整端使输出电压 $U_O$ 下降，输出电流 $I_{O1}$减小，恢复平衡；反之亦然。改变电阻 $R_4$ 可调节输出电压的数值。

**注意：**这类稳压器是依靠外接电阻来调节输出电压的，为保证输出电压的精度和稳定性，要选择精度高的电阻；同时电阻要紧靠稳压器，防止输出电流在连线电阻上产生误差电压。

## 小　　结

本章主要介绍了半导体直流稳压电源的相关知识，帮助读者了解直流电源的结构及各部分的作用，并介绍了滤波电路和稳压电路的基本内容。希望读者通过本章的学习，掌握稳压电路的工作原理和相关参数，理论联系实际，提高分析和解决问题的能力。

## 习　　题

**6.1**　已知负载电阻 $R_L = 80\ \Omega$，负载电压 $U_O = 110$ V。今采用单相桥式整流电路，交流电源电压为 380 V。①如何选用晶体二极管？②求整流变压器的变比及容量。

**6.2**　图 6.18 所示是什么整流电路？试说明其工作原理，并画出整流电压的波形。已知 $R_L = 80\ \Omega$，直流电压表 V 的读数为 110 V，试求直流电流表 A 的读数、交流电压表 $V_1$ 的读数和整流电流的最大值。

**6.3**　有一电压为 110 V，电阻为 55 Ω 的直流负载，采用单相桥式整流电路（不带滤波器）供电，试求变压器二次绕组电压和电流的有效值。

**6.4**　今要求负载电压 $U_O = 30$ V，负载电流 $I_O = 150$ mA。采用单相桥式整流电路，带电容滤波器。已知交流电源频率为 50 Hz，试选择滤波电容器。

**6.5**　在图 6.19 所示半波整流电路中，变压器二次电压 $u$ 的有效值为 $U$，则整流电压平均值 $U_O$ 为（　　）。

A. $0.9U$　　B. $0.45U$　　C. $U$

**6.6**　图 6.20 所示为变压器带中心抽头的全波整流电路，整流电压平均值 $U_O$ 为（　　）。

A. $0.9U$　　B. $0.45U$　　C. $1.8U$

**6.7**　图 6.20 所示电路中，二极管截止时承受的最大反向峰值电压 $U_{RM}$ 为（　　）。

A. $\sqrt{2}U$　　B. $2\sqrt{2}U$　　C. $2U$

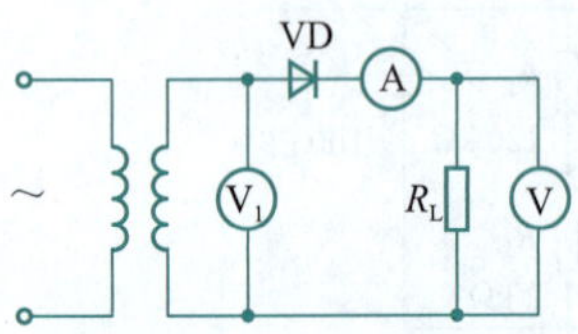


图 6.18　题 6.2 图

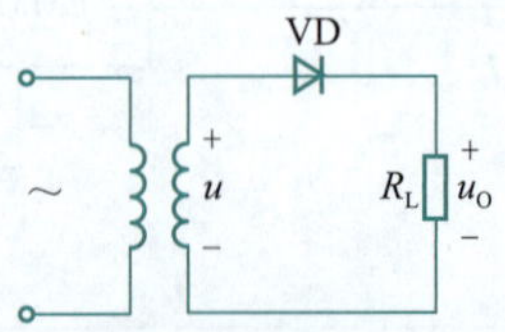


图 6.19　题 6.5 图

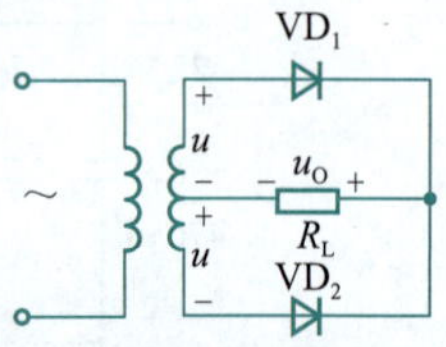


图 6.20　题 6.6、题 6.7 图

# 第7章 三极管放大电路及分析

放大电路又称放大器，它是使用最为广泛的电子电路之一，也是构成其他电子电路的基本单元电路。所谓“放大”，就是将输入的微弱信号（变化的电压、电流等）放大到所需要的幅度值并与原输入信号变化规律一致，即进行不失真的放大。放大电路的本质是能量的控制和转换。

本章主要介绍放大的概念，放大电路的主要性能指标，放大电路的组成原则及各种放大电路的工作原理、特点和分析方法。

## 7.1 基本共射放大电路

放大现象存在于各种场合。例如，利用放大镜放大微小物体，这是光学中的放大；利用杠杆原理用小力移动物体，这是力学中的放大；利用变压器将低电压变换为高电压，这是电学中的放大。它们的共同点是：一是都将“原物”形状或大小按一定比例放大了；二是放大前后能量守恒。例如，杠杆原理中前后端做功相同，理想变压器的一、二次侧功率相同等。

利用扩音机放大声音，是电子学中的放大。传声器（俗称“话筒”）将微弱的声音转换成电信号，经放大电路放大成足够强的电信号后，驱动扬声器，使其发出较原来强得多的声音。这种放大与上述放大的相同之处是放大的对象均为变化量，不同之处在于扬声器所获得的能量远大于传声器送出的能量。可见，放大电路放大的本质是能量的控制和转换，是在输入信号作用下，通过放大电路将直流电源的能量转换成负载所获得的能量，而负载从电源获得的能量大于信号源所提供的能量。因此，电子电路放大的基本特征是功率放大，即负载上总是获得比输入信号大得多的电压或电流，有时兼而有之。这样，在放大电路中必须存在能够控制能量的器件，即有源器件，如晶体管和场效应管等。

放大的前提是不失真，即只有在不失真的情况下放大才有意义。三极管和场效应管是放大电路的核心器件，只有它们工作在合适的区域（三极管工作在放大区。场效应管工作在恒流区），才能使输出量与输入量始终保持线性关系，即电路不会产生失真。

### 7.1.1 放大电路的主要性能指标

放大电路的主要性能指标有：放大倍数、输入电阻、输出电阻、最大输出幅值、通频带、最大输出功率、效率和非线性失真系数等，下面主要介绍前三种性能指标。

**1. 放大倍数**

放大倍数是衡量放大电路放大能力的重要性能指标，常用 $A$ 表示。放大倍数可分为电压放大倍数、电流放大倍数和功率放大倍数等。放大电路框图如图 7.1 所示。

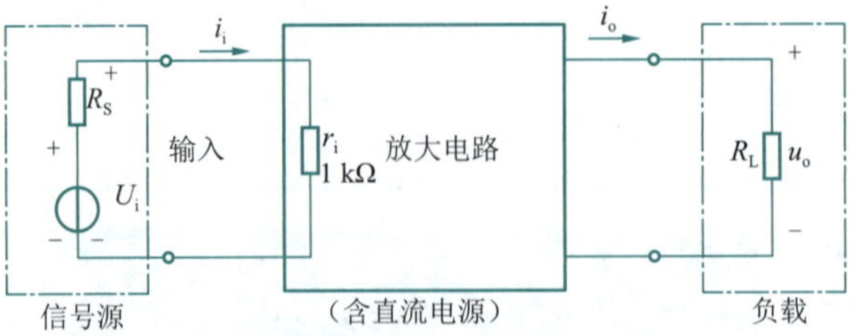


**图 7.1　放大电路框图**

放大电路输出电压的变化量与输入电压的变化量之比，称为电压放大倍数，用 $A_u$ 表示。

$$A_u=\frac{\Delta u_o}{\Delta u_i} \tag{7.1}$$

**2. 输入电阻**

输入电阻就是从放大电路输入端看进去的交流等效电阻，用 $r_i$ 表示。在数值上等于输入电压 $u_i$ 与输入电流 $i_i$ 之比，即

$$r_i=\frac{u_i}{i_i} \tag{7.2}$$

$r_i$ 相当于信号源的负载，$r_i$ 越大，信号源的电压更多地传输到放大电路的输入端。在电压放大电路中，希望 $r_i$ 大一些。

**3. 输出电阻**

输出电阻就是从放大电路输出端（不包括 $R_L$）看进去的交流等效电阻，用 $r_o$ 表示。$r_o$ 的求法如图 7.2 所示，即先将信号源 $U_S$ 短路，保留内阻 $R_S$ 将 $R_L$ 开路，在输出端加一交电压 $u_o$，产生电流 $i_o$，输出电阻等于 $u_o$ 与 $i_o$ 之比，即

$$r_o=\frac{u_o}{i_o}\bigg|_{U_S=0,R_L\to\infty} \tag{7.3}$$

$r_o$ 越小，则电压放大电路带负载能力越强，且负载变化时，对放大电路影响也小，所以 $r_o$ 越小越好。

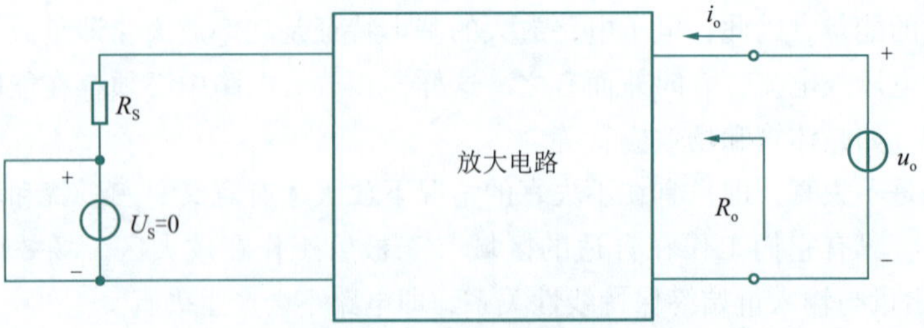


**图 7.2　输出电阻的求法**

## 7.1.2　直流通路与交流通路

对放大电路的分析包括静态分析和动态分析。静态分析的对象是直流量，用来确定三极管的静态工作点；动态分析的对象是交流量，用来分析放大电路的性能指标。对于小信号线性放大器，为了分析方便，常将放大电路分别画出直流通路和交流通路，把直流静态量和交流动态

量分开来研究。

下面以图 7.3（a）所示的共射放大电路为例说明其画法。在图 7.3 中，$u_S$ 为信号源，$R_S$ 为信号源内阻，$R_L$ 为放大电路的负载电阻。

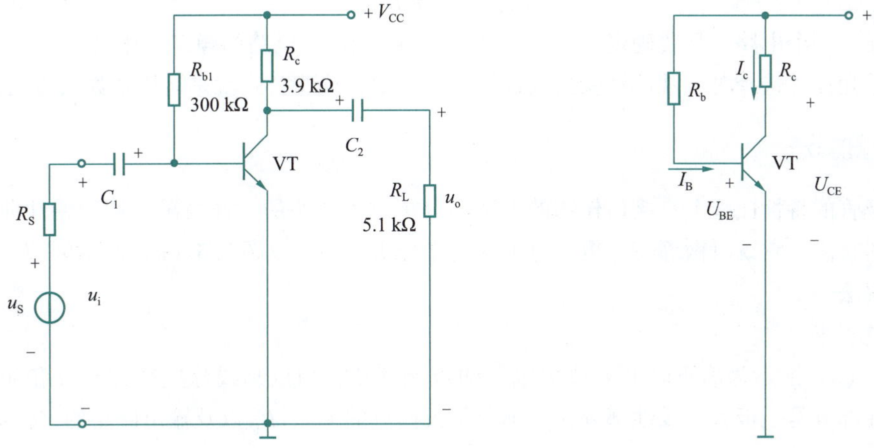


（a）共射放大电路　　（b）直流通路

**图 7.3　基本共射放大电路及其直流通路**

### 1. 直流通路的画法

电路在输入信号为零时所形成的电流通路称为直流通路。画直流通路时，将电容视为开路，电感视为短路，其他元器件不变。画出图 7.3（a）所示电路的直流通路，如图 7.3（b）所示。

### 2. 交流通路的画法

电路只考虑交流信号作用时所形成的电流通路称为交流通路。它的画法是，信号频率较高时，将容量较大的电容视为短路，将电感视为开路，将直流电源（设内阻为零）视为短路，其他元器件不变。画出图 7.3（a）所示电路的交流通路，如图 7.4 所示。

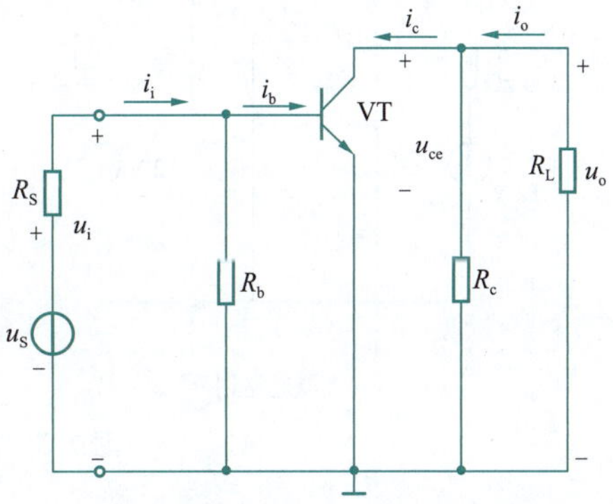


**图 7.4　基本共射放大电路的交流通路**

## 7.2　放大电路的分析方法

一般情况下，在放大电路中直流量和交流信号总是共存的。对放大电路的分析一般包括两方面的内容：静态工作情况的分析和动态工作情况的分析。前者主要确定静态工作点（直流值），后者主要研究放大电路的动态性能指标。

### 7.2.1　估算法

工程估算法也称近似估算法，是在静态直流分析时，列出回路中的电压或电流方程用来近似估算工作点的方法，例如图 7.3（b）所示电路，在 $V_{CC}>U_{BE}$ 条件下，由基极回路得

$$I_B=\frac{V_{CC}-U_{BE}}{R_b} \tag{7.4}$$

如果三极管工作在放大区，则

$$I_C = \beta I_B \tag{7.5}$$

由图 7.3 的输出回路，有

$$U_{CE} = V_{CC} - I_C R_c \tag{7.6}$$

对于任何一个电路，只要确定了 $I_B$、$I_C$ 和 $U_{CE}$，即确定了电路的静态工作点。

在电子元器件选择时，常用经验公式计算一些参数，这些公式就是运用估算法得出的。

## 7.2.2 图解法

在三极管的特性曲线上直接用作图的方法来分析放大电路的工作情况，称为特性曲线图解法，简称图解法。它既可做静态分析，也可做动态分析。下面以图 7.5（a）所示的放大电路为例介绍图解法。

**1. 静态分析**

图 7.5（a）所示为静态时共射放大电路的直流通路，用点画线分成线性部分和非线性部分，非线性部分是三极管，线性部分为有确定基极偏流的 $V_{CC}$、$R_b$ 以及输出回路的 $V_{CC}$ 和 $R_L$。

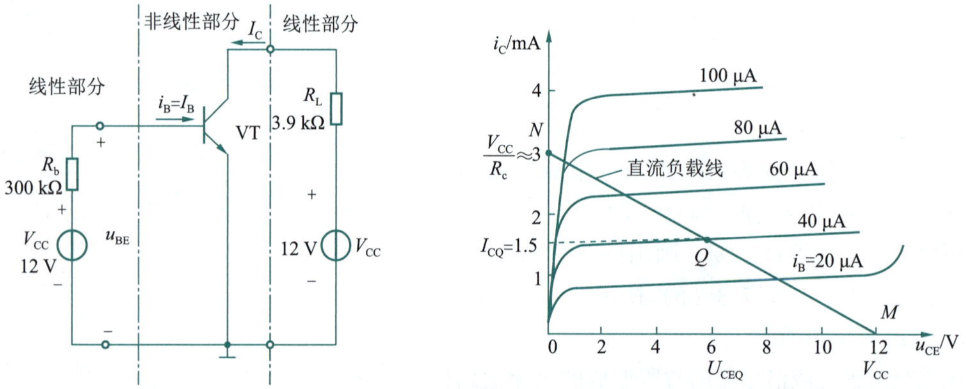


（a）直流通路划分　　（b）图解分析法

**图 7.5　放大电路的静态工作图**

图 7.5（a）所示电路中三极管的偏流 $I_B$ 可由下式求得

$$I_B = \frac{V_{CC} - U_{BE}}{R_b} \approx \frac{V_{CC}}{R_b} = 40\ \mu A \tag{7.7}$$

非线性部分用三极管的输出特性曲线来表征。它的伏安特性对应的是 $i_B = 40\ \mu A$ 的那一条输出特性曲线，如图 7.5（b）所示，即

$$i_B = 40\ \mu A \tag{7.8}$$

根据 KVL 可列出输出回路方程，亦即输出回路的直流负载线方程。即

$$V_{CC} = i_C R_c + u_{CE} \tag{7.9}$$

设 $i_C = 0$，则 $u_{CE} = V_{CC}$，在横坐标轴上得截点 $M(V_{CC}, 0)$；设 $u_{CE} = 0$，则 $i_c = V_{CC}/R_c$，在纵坐标轴上得截点 $N(0, V_{CC}/R_c)$。代入电路参数，$V_{CC} = 12$ V，$V_{CC}/R_c \approx 3$ mA，在图 7.5（b）中得 $M(12,0)$ 和 $N(0,3)$ 两点。连接 $M$、$N$ 得到直线 $MN$，这就是输出回路的直流负载。

静态时，电路中的电压和电流必须同时满足非线性部分和线性部分的伏安特性，因此，直流负载线 $MN$ 与 $i_B = I_B = 40\ \mu A$ 的那一条输出特性曲线的交点 $Q$ 就是静态工作点。$Q$ 点所对应的电流、电压值就是静态工作点的 $I_C$、$U_{CE}$值。从图 7.5（b）可知 $U_{CE}=6$ V，$I_C=1.5$ mA。

**2. 动态分析**

如图 7.4 所示，从输入端看，$R_b$ 与发射极并联；从集电极看，$R_c$ 和 $R_L$ 并联。此时的交流负载为 $R_L'=R_c//R_L$，显然 $R_L'<R_c$，且在交流信号过零点时，其值在 $Q$ 点，所以交流负载线是一条通过 $Q$ 点的直线，其斜率为

$$k=\tan\alpha=\frac{-1}{R_L'} \tag{7.10}$$

所以，过 $Q$ 点作一斜率为（$-1/R_L'$）的直线，就是由交流通路得到的负载线，称为交流负载线。显然，交流负载线是动态工作点的集合，为动态工作点移动的轨迹。

**3. 静态工作点对输出波形的影响**

输出信号波形与输入信号波形存在差异称为失真，这是放大电路应该尽量避免的。静态工作点设置不当，输入信号幅度又较大时，将使放大电路的工作范围超出三极管特性曲线的线性区域而产生失真，这种由于三极管特性的非线性造成的失真称为非线性失真。

（1）截止失真

在图 7.6（a）中，静态工作点 $Q$ 偏低，而信号的幅度又较大，在信号负半周的部分时间内，使动态工作点进入截止区，$i_B$ 的负半周被削去一部分。因此 $i_c$ 的负半周和 $u_{ce}$的正半周也被削去相应的部分，产生了严重的失真。这种由于三极管在部分时间内截止而引起的失真，称为截止失真。

（2）饱和失真

在图 7.6（b）中，静态工作点 $Q$ 偏高，而信号的幅度又较大，在信号正半周的部分时间内，使动态工作点进入饱和区，结果 $i_c$ 的正半周和 $u_{ce}$的负半周被削去一部分，产生严重的失真。这种由于三极管在部分时间内饱和而引起的失真，称为饱和失真。为了减小或避免非线性失真，必须合理选择静态工作点位置。一般选在交流负载线的中点附近，同时限制输入信号的幅度。一般通过改变 $R_b$ 来调整静态工作点。

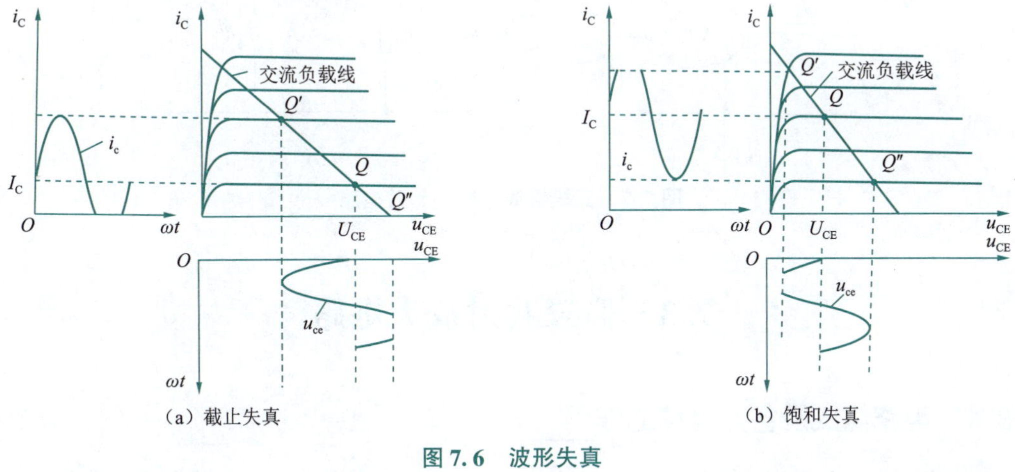


**图 7.6　波形失真**

**4. 图解法的适用范围**

图解法的优点是能直观形象地反映三极管的工作情况，但必须实测所用三极管的特性曲线，且用它进行定量分析时误差较大；此外图解法仅能反映信号频率较低时的电压、电流关

系。因此，图解法一般适用于输出幅值较大而频率不高时的电路分析。在实际应用中，多用于分析 $Q$ 点位置、最大不失真输出电压、失真情况及低频功放电路等。

### 7.2.3 微变等效电路

所谓“微变”，是指微小变化的信号，即小信号。在低频小信号条件下，工作在放大状态的三极管在放大区的特性可近似看成线性的。这时，具有非线性的三极管可用一线性电路来等效，称为微变等效模型。

**1. 三极管基极与发射极之间等效交流电阻 $r_{be}$**

当三极管工作在放大状态时，微小变化的信号使三极管基极电压的变化量 $\Delta u_{BE}$ 只是输入特性曲线中很小的一段，这样 $\Delta i_B$ 与 $\Delta u_{BE}$ 可近似看作线性关系，可用一等效电阻 $r_{be}$ 来表示，即

$$r_{be}=\frac{\Delta u_{BE}}{\Delta i_B} \tag{7.11}$$

式中，$r_{be}$ 为三极管的共射输入电阻，通常用下式估算

$$r_{be}=r_{bb'}+(1+\beta)\frac{26(\mathrm{mV})}{I_E(\mathrm{mA})}\approx 300\ \Omega+(1+\beta)\frac{26(\mathrm{mV})}{I_E(\mathrm{mA})} \tag{7.12}$$

式中，$r_{bb'}$ 是基区体电阻；$r_{be}$ 是动态电阻，只能用于计算交流量。

**2. 三极管集电极与发射极之间等效为受控电流源**

工作在放大状态的三极管，其输出特性可近似看作一组与横轴平行的直线，即电压 $u_{CE}$ 变化时，电流 $i_C$ 几乎不变，呈恒流特性。只有基极电流 $i_B$ 变 化，$i_C$ 才变化，并且 $i_C=\beta i_B$，因此，三极管集电极与发射极之间可用一受控电流源 $\beta i_B$ 来等效，其大小受基极电流 $i_B$ 的控制，反映了三极管的电流控制作用。

由此得出图 7.7 所示的三极管简化微变等效电路。

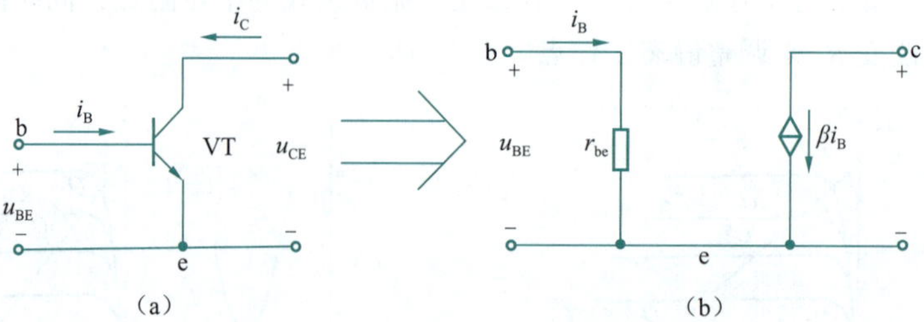


图 7.7 三极管简化微变等效电路

## 7.3 偏置共射放大电路

### 7.3.1 电路组成及各元器件的作用

放大电路组成的原则是必须有直流电源，而且电源的设置应保证三极管（或场效应管）工作在线性放大状态；元器件的安排要能保证信号有传输通路，即保证信号能够从放大电路的输入端输入，经过放大电路放大后从输出端输出；元器件参数的选择要保证信号能不失真地放大，并满足放大电路的性能指标要求。

**1. 电路组成**

图 7.8 为根据上述要求由 NPN 型管组成的最基本的放大单元电路。许多放大电路就是以它为基础，经过适当改造组合而成的。因此，掌握它的工作原理及分析方法是分析其他放大电路的基础。

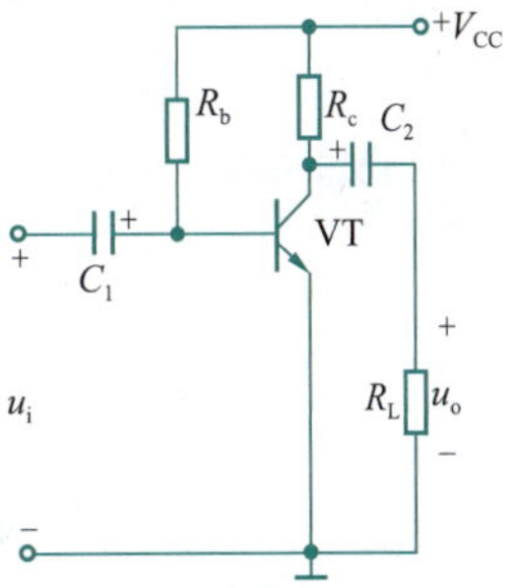


图 7.8　共射放大电路

**2. 各元器件的作用**

三极管 VT：图 7.8 中的 VT 是放大电路中的放大元件。利用它的电流放大作用，在集电极获得放大的电流，该电流受输入信号的控制。从能量的观点来看，输入信号的能量是较小的，而输出信号的能量是较大的，但不是说放大电路把输入的能量放大了。能量是守恒的，不能放大，输出的较大能量来自直流电源 $V_{CC}$。即能量较小的输入信号通过三极管的控制作用，去控制电源 $V_{CC}$ 所供给的能量，以便在输出端获得一个能量较大的信号。这种小能量对大能量的控制作用，就是放大作用的实质，所以三极管也可以说是一个控制器件。

集电极电源 $V_{CC}$：它除了为输出信号提供能量外，还为集电结和发射结提供偏置，以使三极管起到放大作用。$V_{CC}$ 一般为几伏到几十伏。

集电极负载电阻 $R_c$：它的主要作用是将已经放大的集电极电流的变化转换为电压的变化，以实现电压放大。$R_c$ 阻值一般为几千欧到几十千欧。

基极偏置电阻 $R_b$：它的主要作用是使发射结处于正向偏置。串联 $R_b$ 是为了控制基极电流 $i_B$ 的大小，使放大电路获得较合适的工作点。$R_b$ 阻值一般为几十千欧。

耦合电容 $C_1$ 和 $C_2$：它们分别接在放大电路的输入端和输出端。利用电容器“通交隔直”这一特性，一方面隔断放大电路的输入端与信号源、输出端与负载之间的直流通路，保证放大电路的静态工作点不因输出、输入的连接而发生变化；另一方面又要保证交流信号畅通无阻地经过放大电路，沟通信号源、放大电路和负载三者之间的交流通路。通常要求 $C_1$、$C_2$ 上的交流压降小到可以忽略不计，即对交流信号可视作短路。所以，电容值要求取值较大，对交流信号其容抗近似为零。一般采用 5~50 μF 的极性电容器，因此连接时一定要注意其极性。$R_L$ 是外接负载电阻。故在 $C_1$ 与 $C_2$ 之间为直流与交流信号叠加，而在 $C_1$ 与 $C_2$ 外侧只有交流信号。

## 7.3.2　偏置共射放大电路的分析

**1. 偏置共射放大电路的静态工作点**

无输入信号（$u_i=0$）时电路的状态称为静态，只有直流电源 $V_{CC}$ 加在电路上，三极管各极电流和各极之间的电压都是直流量，分别用 $I_B$、$I_C$、$U_{BE}$、$U_{CE}$ 表示，它们对应着三极管输入输出特性曲线上的一个固定点，习惯上称它们为静态工作点，简称 $Q$ 点。

静态值既然是直流，故可用放大电路的直流通路来分析计算。

在图 7.9（b）所示共射放大电路的直流通路中，由 $+V_{CC}$—$R_b$—b 极—e 极—地可得

$$I_{BQ}\approx\frac{V_{CC}-U_{BE}}{R_b} \tag{7.13}$$

当 $U_{BE}\ll V_{CC}$ 时，

$$I_{BQ}\approx\frac{V_{CC}}{R_b}$$

当 $V_{CC}$ 和 $R_b$ 选定后，偏流 $I_B$ 即为固定值，所以基本共射放大电路又称固定偏流电路。

如果三极管工作在放大区，且忽略 $I_{CEO}$，则

$$I_{CQ} \approx \beta I_{BQ} \tag{7.14}$$

由 $+V_{CC}$—$R_c$—c 极—e 极—地可得

$$U_{CE} = V_{CC} - I_C R_c \tag{7.15}$$

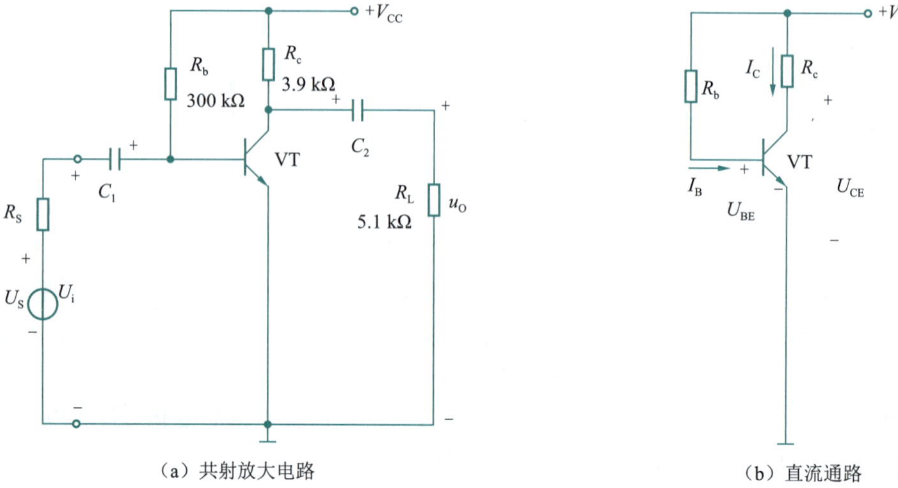


图 7.9 共射放大电路及其直流通路

【例 7.1】 在图 7.9（a）所示电路中，$V_{CC}=12$ V，$R_c=3.9$ kΩ，$R_b=300$ kΩ，三极管为 3DG100，$\beta=40$，试求：①放大电路的静态工作点；②如果偏置电阻 $R_b$ 由 300 kΩ 改为 100 kΩ。三极管工作状态有何变化？求静态工作点。

**解** ①$I_B=(U_{CE}-U_{BE})/R_b \approx V_{CC}/R_b=40$ μA

$I_C=\beta I_B=1.6$ mA

$U_{CE}=V_{CC}-I_C R_c=5.76$ V

②$I_B \approx V_{CC}/R_b=12/100$ mA$=0.12$ mA$=120$ μA

$I_C \approx \beta I_B=4\ 800$ μA$=4.8$ mA

$U_{ce}=V_{CC}-I_C R_c=(12-4.8\times3.9)$ V$=-6.72$ V

表明三极管工作在饱和区，根据三极管工作特性求得 $I_C$。

$$I_C=I_{CS} \approx V_{CC}/R_c=12/3.9\text{ mA} \approx 3\text{ mA}$$

**2. 偏置共射放大电路的动态分析**

画出图 7.9（a）所示基本共射放大电路的微变等效电路，如图 7.10 所示。从图 7.10 中可以看出，输入电阻 $R_i$ 为 $R_b$ 与 $r_{be}$ 的并联值，即

$$R_i = R_b // r_{be} \tag{7.16}$$

当 $u_S$ 被短路时，$i_B=0$，$i_C=0$，从输出端看进去，只有电阻 $R_c$，所以输出电阻为

$$R_o = R_c \tag{7.17}$$

从图 7.10 输入回路中可以看出

$$\dot{U}_i = \dot{I}_b r_{be} \tag{7.18}$$

令 $R'_L = R_c // R_L$，则其输出电压为

$$\dot{U}_o = -\dot{I}_c R'_L = -\beta \dot{I}_b R'_L \tag{7.19}$$

因此，电压放大倍数为

$$\dot{A}_u=\frac{\dot{U}_o}{\dot{U}_i}=-\frac{\beta R'_L}{r_{be}} \tag{7.20}$$

式（7.20）中，负号表示 $\dot{U}_o$ 和 $\dot{U}_i$ 相位相反。

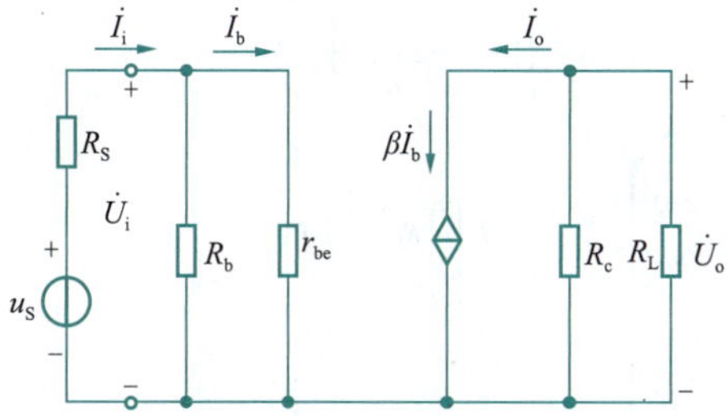


图 7.10　基本共射放大电路的微变等效电路

# 7.4　分压式偏置共射放大电路

静态工作点不但决定了电路的工作状态，而且还影响着电压放大倍数、输入电阻等动态参数。实际上，电源电压的波动、元件的老化以及因温度变化所引起三极管参数的变化，都会造成静态工作点的不稳定，从而使动态参数不稳定，有时电路甚至无法正常工作。在引起 $Q$ 点不稳定的诸多因素中，温度对三极管参数的影响是较为主要的。

## 7.4.1　温度对静态工作点的影响

半导体三极管的温度特性较差，温度变化会使三极管的参数发生变化。

**1. 温度升高使反向饱和电流 $I_{CBO}$ 增大**

$I_{CBO}$是集电区和基区的少子在集电结反向电压的作用下形成的电流，对温度十分敏感，温度每升高 10 ℃时，$I_{CBO}$约增大一倍。

由于穿透电流 $I_{CEO}=(1+\beta)I_{CBO}$，故 $I_{CEO}$上升更显著。$I_{CEO}$的增加，表现为共射输出特性曲线向上平移。

**2. 温度升高使电流放大系数 $\beta$ 增大**

温度升高会使 $\beta$ 增大。实验表明，温度每升高 1 ℃，$\beta$ 增大 0.5%～2.0%。$\beta$ 的增大反映在输出特性曲线上，各条曲线的间隔相应变化。

**3. 温度升高使发射结电压 $U_{BE}$ 减小**

当温度升高时，发射结导通电压将减小。温度每升高 1 ℃，$U_{BE}$ 约减小 2.5 mV。对于共射放大电路，其基极电流 $I_B=(V_{CC}-U_{BE})/R_b$ 将增大。当温度升高时，三极管的集电极电流 $I_C$ 将迅速增大，工作点向上移动。当环境温度发生变化时，共射放大电路的工作点将发生变化，严重时会使电路不能正常工作。

## 7.4.2　分压式偏置共射放大电路的组成

为了稳定静态工作点，常采用分压式偏置共射放大电路，如图 7.11 所示。在图 7.11 中，

$R_{b1}$为上偏置电阻，$R_{b2}$为下偏置电阻，$R_e$ 为发射极电阻，$C_e$ 为射极旁路电容，它的作用是使电路的交流信号放大能力不因 $R_e$ 存在而降低。

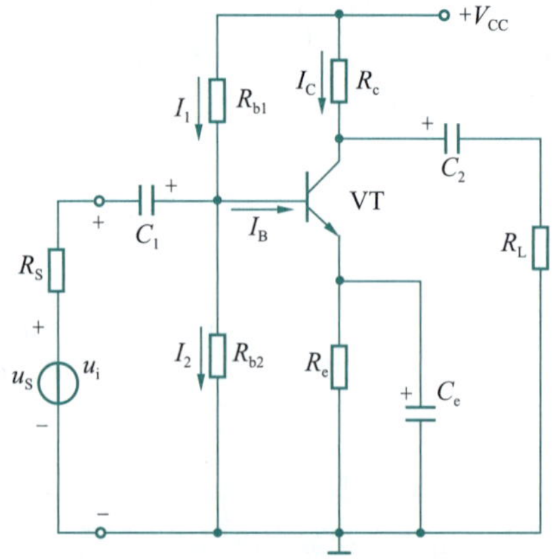


图 7.11　分压式偏置共射放大电路

## 7.4.3　分压式偏置共射放大电路工作原理

由图 7.11 可知，当 $R_{b1}$、$R_{b2}$选择适当，使流过 $R_{b1}$的电流 $I_1>I_B$，流过 $R_{b2}$的电流 $I_2=I_1-I_B\approx I_1$，则 $U_B=R_{b2}V_{CC}/(R_{b1}+R_{b2})$。

若图 7.11 所示电路满足 $I_1\geqslant(5\sim10)U_E$ 时，则可知 $U_B$ 由 $R_{b1}$、$R_{b2}$分压而定，与温度变化基本无关。如果温度升高使 $I_C$ 增大，则 $I_E$ 增大，发射极电位 $U_E=I_ER_E$ 升高，结果使 $U_{BE}=U_B-U_E$ 减小，$I_B$ 相应减小，从而限制了 $I_C$ 的增大，使 $I_C$ 基本保持不变。上述稳定工作点的过程可表示为

$$T(\text{温度})\uparrow\rightarrow I_C\uparrow\rightarrow I_E\uparrow\rightarrow U_E(U_B\text{ 基本不变})\rightarrow U_{BE}\downarrow\rightarrow I_B\downarrow\rightarrow I_C\downarrow$$

要提高工作点的热稳定性，应要求 $I_1>I_B$ 和 $U_B>U_{BE}$。今后如不特别说明，可以认为电路都满足上述条件。

实际上，如果 $U_B>U_{BE}$，则 $I_C\approx I_E=(U_B-U_{BE})/R_e\approx U_B/R_e$。此 $I_C$ 也稳定，$I_C$ 基本与三极管参数无关。

应当指出，分压式偏置共射放大电路的工作点稳定只能使工作点基本不变。实际上，当温度变化时，由于$\beta$变化，$I_C$ 也会有变化。在温度变化的过程中，$\beta$受到的影响最大，利用 $R_e$ 可减小$\beta$对 $Q$ 点的影响，也可采用温度补偿的方法减小温度变化的影响。

**【例 7.2】**　在图 7.11 所示电路中，若 $R_{b1}=75\ \text{k}\Omega$，$R_{b2}=18\ \text{k}\Omega$，$R_c=3.9\ \text{k}\Omega$，$R_e=1\ \text{k}\Omega$，$V_{CC}=9\ \text{V}$。三极管的 $U_{BE}=0.7\ \text{V}$，$\beta=50$。试求：①静点工作点 $Q$；②若更换三极管，使$\beta$变为 100，其他参数不变，确定此时 $Q$ 点。

**解**　①$U_B\approx R_{b2}V_{CC}/(R_{b1}+R_{b2})=18/(75+18)\times9\ \text{V}\approx1.7\ \text{V}$

$I_C\approx(U_B-U_{BE})/R_e=(1.7-0.7)/1\ \text{mA}=1\ \text{mA}$

$U_{CE}\approx V_{CC}-I_C(R_c+R_e)=[9-1\times(3.9+1)]\ \text{V}=4.1\ \text{V}$

$I_B=I_C/\beta=1/50\ \text{mA}=20\ \mu\text{A}$

②当$\beta=100$ 时，由上述计算过程可以看到，$U_B$、$I_C$ 和 $U_{CE}$ 与①相同，而 $I_B=I_C/\beta=1/100\ \text{mA}=10\ \mu\text{A}$。

由此可见，由于更换三极管引起 $\beta$ 的变化，分压式工作点稳定电路能够自动改变 $I_B$ 以抵消 $\beta$ 变化的影响，使 $Q$ 点基本保持不变（指 $I_C$、$U_{CE}$ 保持不变）。

### 7.4.4　分压式偏置共射放大电路的分析

**1. 分压式偏置共射放大电路的静态分析**

在图 7.12（a）所示直流通路中，由 b 极—e 极—$R_e$— 地可得

$$I_{CQ} \approx I_{EQ} = \frac{U_{EQ}}{R_e} = \frac{U_{BQ} - U_{BEQ}}{R_e} = \frac{\dfrac{R_{b2}}{R_{b1} + R_{b2}} V_{CC} - U_{BEQ}}{R_e} \tag{7.21}$$

$$I_{BQ} = \frac{I_{CQ}}{\beta} \approx \frac{I_{EQ}}{\beta} \tag{7.22}$$

由 $+V_{CC}$—$R_c$—c 极—e 极—$R_e$—地，可得

$$U_{CEQ} \approx V_{CC} - I_{CQ}(R_c + R_e) \tag{7.23}$$

**2. 分压式偏置共射放大电路动态分析**

画出图 7.11 所示分压式偏置共射放大电路的微变等效电路，如图 7.12（b）所示。

$$\dot{A}_u = \frac{\dot{U}_o}{\dot{U}_i} = \frac{-\beta \dot{I}_B (R_c // R_L)}{\dot{I}_B r_{be}} = \frac{-\beta (R_c // R_L)}{r_{be}} \tag{7.24}$$

$$r_i = R_{b1} // R_{b2} // r_{be} \tag{7.25}$$

$$I_B = 0 \qquad I_C = 0$$

$$r_o = r_{ce} // R_c \approx R_c \tag{7.26}$$

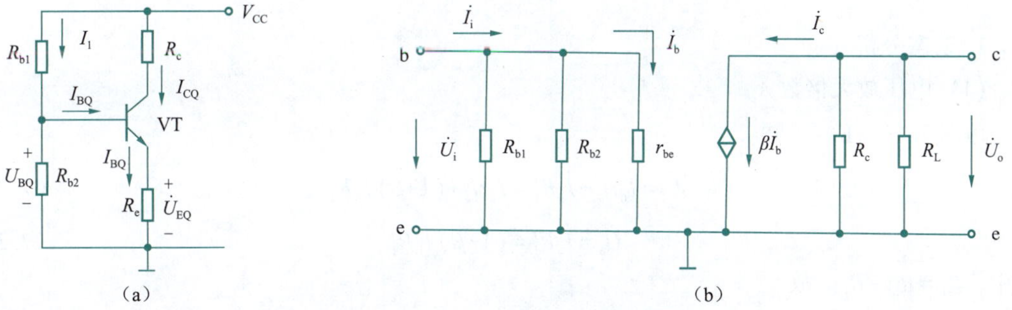


图 7.12　分压式偏置共射放大电路分析电路

## 7.5　其他放大电路及分析

### 7.5.1　共集电极放大电路

共集电极放大电路的组成如图 7.13（a）所示。图 7.13（b）为其微变等效电路，由交流通路可见，基极是信号的输入端，集电极则是输入、输出回路的公共端，所以是共集电极放大电路；发射极是信号的输出端，又称射极输出器。各元件的作用与共射放大电路基本相同，只是 $R_e$ 除具有稳定静态工作的作用外，还作为放大电路空载时的负载。

**1. 静态分析**

由图 7.13（a）可得

$$V_{CC}=I_BR_b+U_{BE}+(1+\beta)I_BR_e \tag{7.27}$$

则

$$I_{BQ}=\frac{V_{CC}-U_{BE}}{R_b+(1+\beta)R_e} \tag{7.28}$$

$$I_{CQ}=\beta I_{BQ}\approx I_{EQ} \tag{7.29}$$

$$U_{CEQ}=V_{CC}-I_{CQ}R_e \tag{7.30}$$

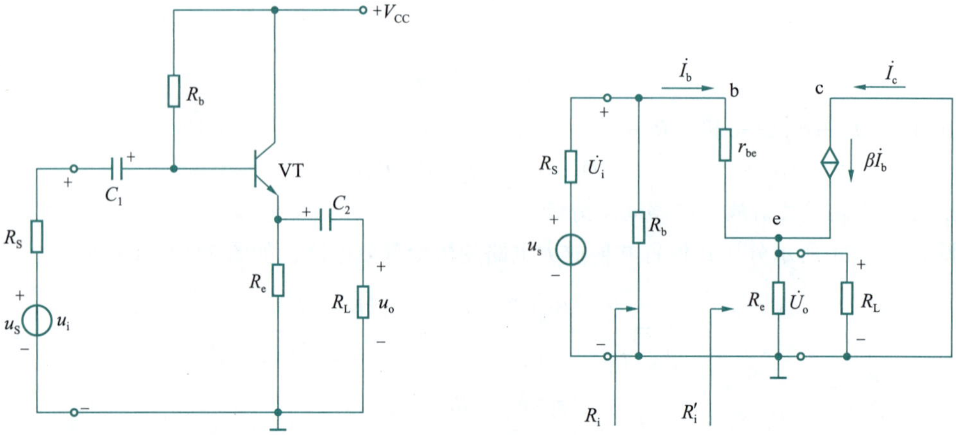


（a）电路图　　（b）微变等效电路

**图 7.13　共集电极放大电路**

**2. 动态分析**

（1）电压放大倍数 $A_u$

由图 7.13（b）可知：

$$\dot{U}_i=\dot{I}_br_{be}+\dot{I}_eR'_L=\dot{I}_br_{be}+(1+\beta)\dot{I}_bR'_L \tag{7.31}$$

$$\dot{U}_o=\dot{I}_eR'_L=(1+\beta)\dot{I}_bR'_L \tag{7.32}$$

式中，$R'_L=R_e//R_L$。故

$$A_u=\frac{(1+\beta)\dot{I}_bR'_L}{\dot{I}_br_{be}+(1+\beta)\dot{I}_bR'_L}=\frac{(1+\beta)R'_L}{r_{be}+(1+\beta)R'_L} \tag{7.33}$$

一般$(1+\beta)R_L>r_{be}$，故 $A_u\approx1$，即共集电极放大电路输出电压与输入电压大小近似相等，相位相同，没有电压放大作用。

（2）输入电阻 $R_i$

$$R_i=R_b//R'_i$$

$$R'_i=\frac{\dot{U}_i}{\dot{I}_b}=\frac{\dot{I}_br_{be}+\dot{I}_e(R_e//R_L)}{\dot{I}_b}=r_{be}+(1+\beta)R'_L \tag{7.34}$$

故

$$R_i=R_b//[r_{be}+(1+\beta)R'_L] \tag{7.35}$$

式（7.35）说明，共集电极放大电路的输入电阻比较高，它一般比共射放大电路的输入电阻高几十倍到几百倍。

（3）输出电阻 $R_o$

将图 7.13（b）中信号源 $u_s$ 短路，负载 $R_L$ 断开，计算输出电阻的等效电路如图 7.14 所示。

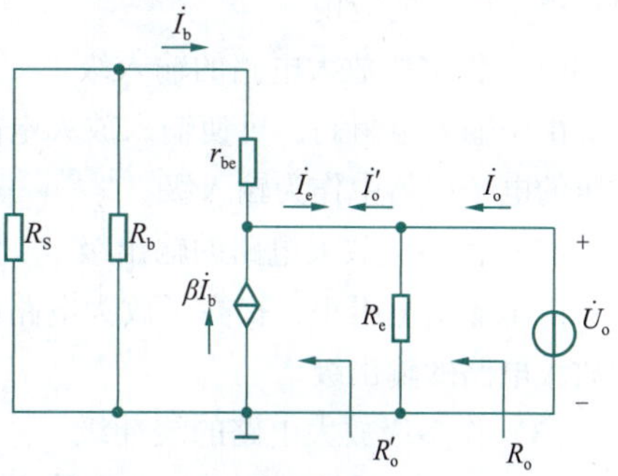

图 7.14　计算输出电阻的等效电路

由图 7.14 可得

$$\dot{U}_o=-\dot{I}_b(r_{be}+R_S//R_b)$$
$$\dot{I}'_o=-\dot{I}_e=-(1+\beta)\dot{I}_b$$

故

$$R'_o=\frac{\dot{U}_o}{\dot{I}_o}=\frac{r_{be}+R_S//R_b}{1+\beta}$$
$$R_o=R_e//\frac{r_{be}+R_S//R_b}{1+\beta} \tag{7.36}$$

式中，信号源内阻和三极管输入电阻 $r_{be}$ 都很小，而三极管的 $\beta$ 值一般较大，所以共集电极放大电路的输出电阻比共射极放大电路的输出电阻小得多，一般在几十欧左右。

**【例 7.3】** 如图 7.13（a）所示电路，各元件参数为 $V_{CC}=12$ V，$R_b=240$ kΩ，$R_e=3.9$ kΩ，$R_s=600$ Ω，$R_L=12$ kΩ，$\beta=60$，$C_1$ 和 $C_2$ 容量足够大，试求：$A_u$、$R_i$、$R_o$。

**解** 由式（7.28）得

$$I_B=\frac{V_{CC}-U_{BE}}{R_b+(1+\beta)R_e}\approx\frac{12}{240+(1+60)\times3.9}\ \text{mA}=0.025\ \text{mA}$$
$$I_C=\beta I_B=60\times0.025\ \text{mA}=1.5\ \text{mA}$$

因此

$$r_{be}=300+(1+\beta)\frac{26}{I_E}=\left[300+(1+60)\frac{26}{1.5}\right]\ \Omega=1.4\ \text{k}\Omega$$

又

$$R'_L=R_e//R_L=\frac{3.9\times12}{3.9+12}\ \text{k}\Omega\approx2.9\ \text{k}\Omega$$

由式（7.33）~式（7.35）得

$$A_u=\frac{(1+\beta)R'_L}{r_{be}+(1+\beta)R'_L}=\frac{(1+60)\times2.9}{1.4+(1+60)\times2.9}=0.99$$
$$R_i=R_b//[r_{be}+(1+\beta)R'_L]=240//[1.4+(1+60)\times2.9]\ \text{k}\Omega=102\ \text{k}\Omega$$
$$R_o=\frac{r_{be}+(R_S//R_b)}{1+\beta}=\frac{1.4\times10^3+\left(\frac{0.6\times240}{0.6+240}\right)\times10^3}{1+60}\ \Omega=33\ \Omega$$

### 3. 特点和应用

共集电极放大电路的主要特点是：输入电阻高，传递信号源信号效率高，输出电阻低，带负载能力强，电压放大倍数小于 1 而接近于 1，输出电压与输入电压同相位，具有跟随特性。虽然没有电压放大作用，但有电流放大作用，因而有功率放大作用。这些特点使它在电子电路中获得了广泛的应用。

(1) 作多级放大电路的输入级

由于输入电阻高，可使输入放大电路的信号电压基本上等于信号源电压。因此常用在测量电压的电子仪器中作为输入级。

(2) 作多级放大电路的输出级

由于输出电阻小，提高了放大电路的带负载能力，故常用于负载电阻较小和负载变动较大的放大电路的输出级。

(3) 作多级放大电路的缓冲级

将射极输出器接在两级放大电路之间，利用其输入电阻高、输出电阻小的特点，可作阻抗变换用，在两级放大电路中间起缓冲作用。

## 7.5.2 共基极放大电路

共基极放大电路的频带宽，可以将高频信号放大，其电路组成如图 7.15 所示。图 7.15 中 $R_{b1}$、$R_{b2}$ 为发射结提供正向偏置，公共端三极管的基极通过一个电容器接地，不能直接接地，否则基极上得不到直流偏置电压。输入端发射极可以通过一个电阻或一个绕组与电源的负极连接，输入信号加在发射极与基极之间（输入信号也可以通过电感耦合接入放大电路）。集电极为输出端，输出信号从集电极和基极之间取出。

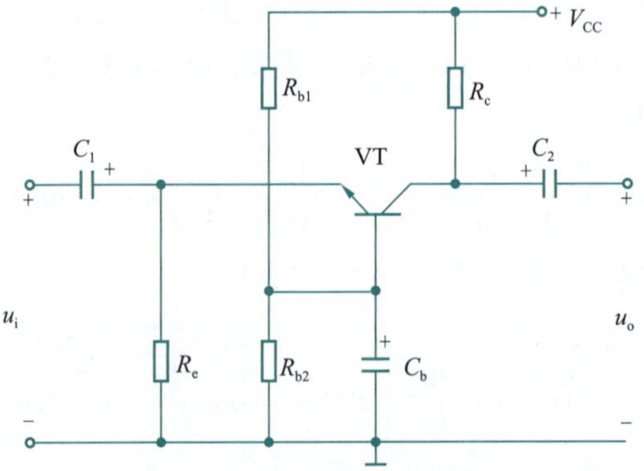


图 7.15 共基极放大电路

### 1. 静态分析

由图 7.15 可以看出，共基极放大电路的直流通路与图 7.11 分压式偏置共射放大电路的直流通路一样，所以与共射放大电路的静态工作点的计算相同。

### 2. 动态分析

共基极放大电路的微变等效电路如图 7.16 所示，由图 7.16 可知

$$\dot{A}_u=\frac{\dot{U}_o}{\dot{U}_i}=\frac{-\dot{I}_c(R_e//R_L)}{-\dot{I}_b r_{be}}=\beta\frac{R_L'}{r_{be}} \tag{7.37}$$

式 (7.37) 说明，共基极放大电路的输出电压与输入电压同相位，这是与共射放大电路的不同之处；它也具有电压放大作用，$A_u$ 的数值与固定偏置共射放大电路相同。

由图 7.16 可得

$$R_i'=\frac{\dot{U}_i}{-\dot{I}_e}=\frac{-r_{be}\dot{I}_b}{-(1+\beta)\dot{I}_b}=\frac{r_{be}}{1+\beta}$$

它是共射极接法时三极管输入电阻的 $1/(1+\beta)$ 倍，这是因为在相同的 $\dot{U}_i$ 作用下，共基极接法三极管的输入电流比共射极接法三极管的输入电流大 $(1+\beta)$ 倍。

$$R_i=R_e//R_i'=R_e//[r_{be}/(1+\beta)] \tag{7.38}$$

可见，共基极放大电路的输入电阻很小，一般为几欧到几十欧。

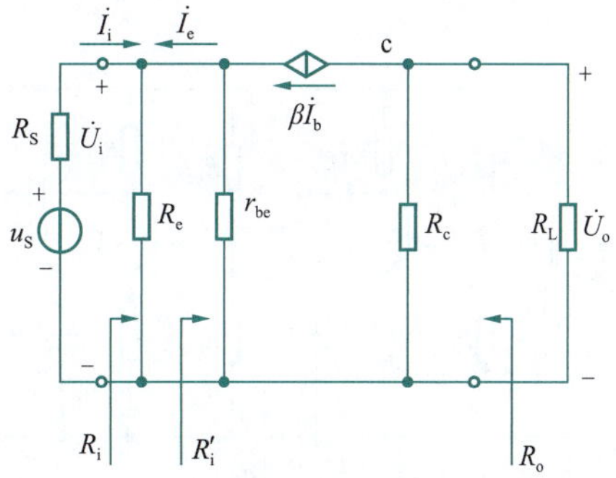


图 7.16　共基极放大电路的微变等效电路

由于在求输出电阻 $R_o$ 时令 $u_S=0$，则有 $\dot{I}_b=0$，$\beta\dot{I}_b=0$ 受控电流源作开路处理，故输出电阻

$$R_o\approx R_c \tag{7.39}$$

由式 (7.37) ~ 式 (7.39) 可知，共基极放大电路的电压放大倍数较大，输入电阻较小，输出电阻较大。共基极放大电路主要应用于高频电子电路中。

## 7.6　多级放大电路

单级放大器的电压放大倍数一般为几十倍，而实际应用时要求的电压放大倍数往往很大。为了实现这种要求，需要把若干个单级放大器连接起来组成多级放大器。

### 7.6.1　级间耦合方式

多级放大器内部各级之间的连接方式称为耦合方式。常用的耦合方式有阻容耦合、变压器耦合、直接耦合和光电耦合等。

**1. 阻容耦合**

图 7.17 是用电容 $C_2$ 将两个单级放大器连接起来的两级放大器。可以看出，第一级的输出信号是第二级的输入信号，第二级的输入电阻 $R_{i2}$ 是第一级的负载。这种通过电容和下一级输入电阻连接起来的方式，称为阻容耦合。

阻容耦合的特点是：由于前、后级之间是通过电容相连的，所以各级的直流电路互不相通，每一级的静态工作点相互独立，互不影响，这样就给电路的设计、调试和维修带来很大的方便。而且，只要耦合电容选得足够大，就可将前一级的输出信号在相应频率范围内几乎不衰减地传输到下一级，使信号得到充分利用。但是当输入信号的频率很低时，耦合电容 $C_2$ 就会呈现很大的阻抗，第一级的输入信号转向第二级时，部分甚至全部信号都将变成在电容 $C_2$ 上。因此，这种耦合方式无法应用于低频信号的放大，也就无法用来放大工程上大量存在的随时间缓慢变化的信号。此外，由于大容量的电容无法集成，阻容耦合方式也不便于集成化。

**2. 变压器耦合**

变压器耦合是指前级放大电路的输出信号经变压器加到后级输入端的耦合方式。图 7.18 所示为变压器耦合两级放大器，第一级与第二级、第二级与负载之间均采用变压器耦合方式。

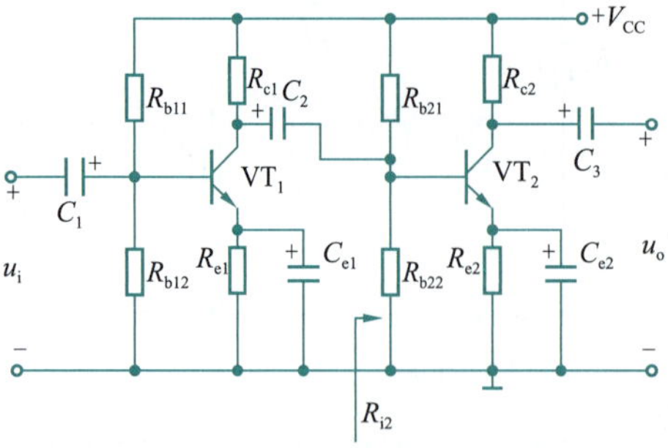


图 7.17　两级阻容耦合放大器

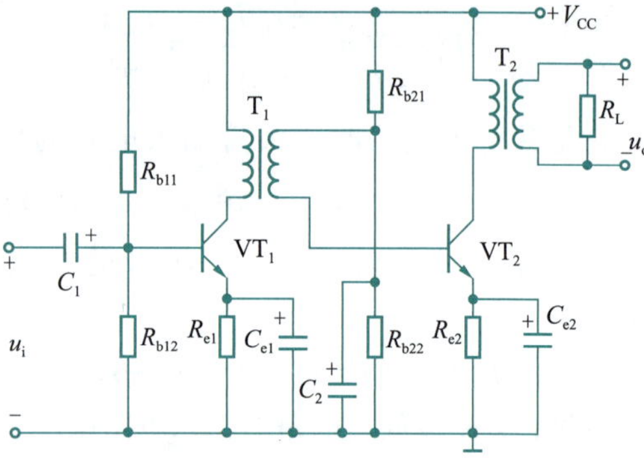


图 7.18　变压器耦合两级放大器

变压器耦合有以下优点：由于变压器隔断了直流，所以各级的静态工作点也是相互独立的。而且，在传输信号的同时，变压器还有阻抗变换作用，以实现阻抗匹配。但是，它的频率特性较差、体积大、质量大，不宜集成化。常用于选频放大或要求不高的功率放大电路。

**3. 直接耦合**

前级的输出端直接与后级的输出端相连的方式称为直接耦合，如图 7.19 所示。

直接耦合放大器各级的静态工作点不独立，相互影响，相互牵制，需要合理地设置各级的直流电平，使它们之间能正确配合；另外，易产生零点漂移，零点漂移就是当放大电路的输入信号为零时，输出端还有缓慢变化的电压产生。它有两个突出的优点：一是它的低频特性好，可用于直流和交流以及变化缓慢信号的放大，图 7.19 中采用了双电源和 NPN 与 PNP 两种管型互补直接耦合方式；二是由于电路中只有三极管和电阻，便于集成。

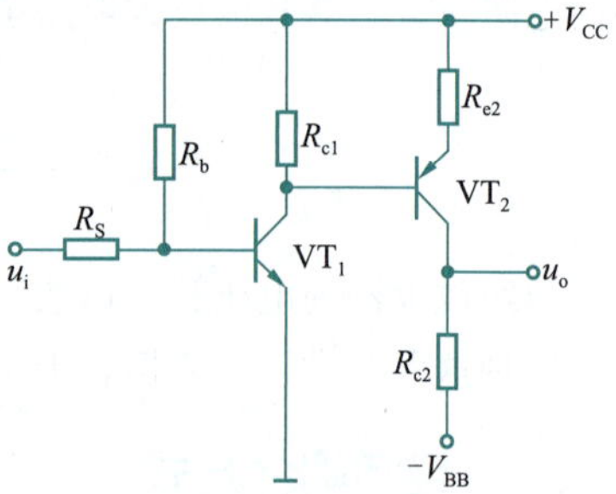


图 7.19　直接耦合两级放大电路

故直接耦合在集成电路中获得广泛应用。

**4. 光电耦合**

光电耦合器如图 7.20 所示。由于它是通过电—光—电的转换来实现级间耦合的，各级的直流工作点相互独立。采用光电耦合，可以提高电路的抗干扰能力。

（a）光敏三极管作为接收端　　（b）光敏二极管作为接收端

图 7.20　光电耦合器

## 7.6.2　多级放大电路的主要性能指标

单级放大器的某些性能指标可作为分析多级放大器的依据。多级放大器的主要性能指标采用以下方法估算。

### 1. 电压放大倍数

由于前级的输出电压就是后级的输入电压，因此，多级放大器的电压放大倍数等于各级电压放大倍数之积，对于 $n$ 级放大电路，有

$$A_u = A_{u1} A_{u2} \cdots A_{un} \tag{7.40}$$

在计算各级放大器的电压放大倍数时，一般采用以下两种方法：一种是，在计算某一级电路的电压放大倍数时，首先计算下一级放大电路的输入电阻，将这一电阻视为负载；然后再按单级放大电路的计算方法计算电压放大倍数。另一种是，先计算前一级在负载开路时的电压放大倍数和输出电阻，然后将它作为有内阻的信号源接到下一级的输入端，再计算下一级的电压放大倍数。

### 2. 输入电阻

多级放大器的输入电阻 $R_i$ 就是第一级的输入电阻 $R_{i1}$，即

$$R_i = R_{i1} \tag{7.41}$$

### 3. 输出电阻

多级放大器的输出电阻等于最后一级（第 $n$ 级）的输出电阻 $R_{on}$，即

$$R_o = R_{on} \tag{7.42}$$

多级放大电路的输入和输出电阻要分别与信号源内阻及负载电阻相匹配，才能使信号获得有效放大。

## 小　　结

本章主要介绍了基本放大电路的相关知识，帮助读者了解直流通路与交流通路，并介绍了估算法、图解法和微变等效电路分析法的基本内容。希望读者通过本章的学习，能够进一步理解巩固模拟电子电路的知识，激发学习兴趣，提高实践能力和思考能力。

## 习　　题

**7.1**　图 7.21 所示电路中，$u_s$ 为小信号，判断各电路是否具有交流信号的电压放大功能。

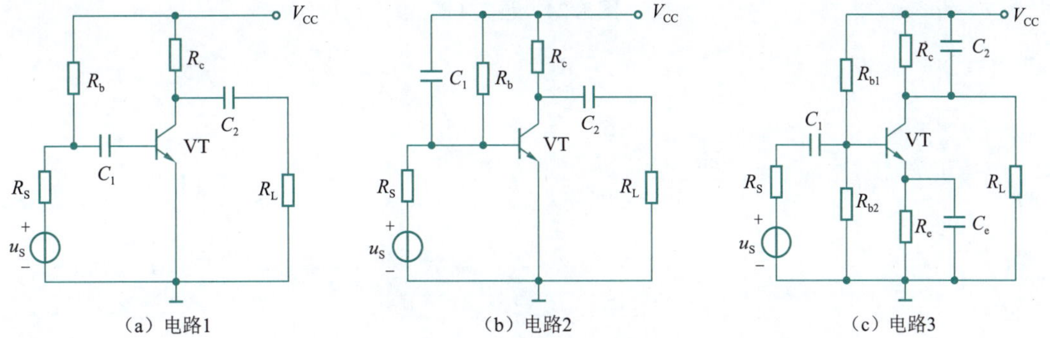


图 7.21　题 7.1 图

**7.2**　如图 7.22 所示电路，已知 $V_{CC}=5\text{ V}$，$R_S=100\ \Omega$，$R_{b1}=430\ \Omega$，$R_{b2}=2.4\text{ k}\Omega$，$R_c=R_L=2\text{ k}\Omega$；三极管的 $r_{be}=200\ \Omega$，$\beta=100$，导通时的 $U_{BE}=0.7\text{ V}$。试求：

①放大电路的静态工作点 $Q$；

②$A_u$、$A_{us}$、$R'_i$、$R'_o$。

**7.3** 图 7.23 所示为三极管放大电路的分压式直流偏置电路，$R_1=27\ \text{k}\Omega$，$R_2=3.9\ \text{k}\Omega$，$R_c=2.7\ \text{k}\Omega$，$R_e=470\ \Omega$。

①计算此电路的静态工作点 $Q$；

②画出直流负载线，标注出静态工作点的位置，并讨论此静态工作点是否合适。如偏高或偏低，应如何调整？

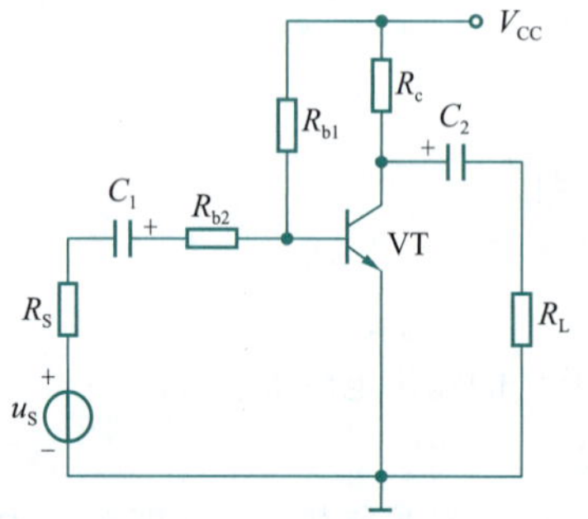


**图 7.22　题 7.2 图**

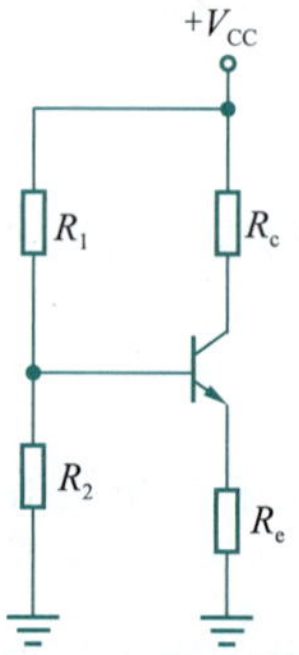


**图 7.23　题 7.3 图**

**7.4** 如图 7.24（a）所示电路，输入信号是一个正弦信号时，分别输出如图 7.24（b）、（c）、（d）所示的波形，请判断每一个输出信号的失真类型，并讨论如何消除这些失真。

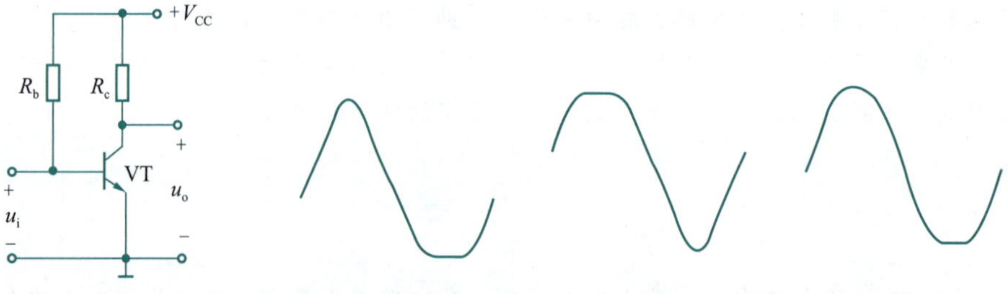


（a）电路图　（b）波形1　（c）波形2　（d）波形3

**图 7.24　题 7.4 图**

# 第8章 集成运算放大器及其应用

集成电路是把整个电路中的元器件制作在一块半导体硅基片上，构成具有特定功能的电子电路。集成电路按功能可分为模拟集成电路和数字集成电路，而集成运算放大器（简称“集成运放”）是最重要的模拟集成电路，它具有高增益、高输入电阻和低输出电阻的特性，已经被广泛应用到各种电子电路中。本章首先简单介绍集成运放的概念，然后重点阐述几种典型的集成运放应用电路，最后介绍了负反馈概念及负反馈放大电路的分析。

## 8.1 集成运算放大器概述

### 8.1.1 集成运放的特点及分类

**1. 集成运放的特点**

集成运放是一种直接耦合的多级放大电路，性能理想的运算放大电路具有电压增益高、输入电阻大、输出电阻小、工作点漂移小等特点。与此同时，在电路的选择及构成形式上又受到集成工艺条件的严格制约。因此，集成运放在电路设计上具有许多特点，主要表现在以下几方面。

①级间采用直接耦合方式。目前，采用集成电路工艺还不能制作大电容和电感。因此，集成运放电路中各级的耦合只能采用直接耦合方式。

②尽可能用有源器件代替无源器件。集成电路中制作的电阻、电容，其数值和精度与它所占用的芯片面积成比例关系，数值越大，精度越高，则占用芯片面积越大。相反，制作三极管不仅方便，而且占用芯片面积也小。所以在集成运放电路中，一方面应避免使用大电阻和电容，另一方面应尽可能用三极管去代替电阻、电容。

③直接耦合多级放大电路有严重的零漂，为了抑制零漂，可采用两个完全对称的放大电路组成差分输入级。而由集成工艺制作的同类型元器件因经历相同的工艺流程，所以它们的参数一致性好，温度系数也基本相同，因此集成工艺有利于构成对称结构的电路，从而大大改善电路性能。

**2. 集成运放的分类**

(1) 按照制作工艺分类

按照制作工艺，集成运放分为双极型、CMOS 型和 BiFET 型三种，其中双极型集成运放功能强、种类多，但是功耗大；CMOS 集成运放输入阻抗高、功耗小，可以在低电源电压下工作；BiFET 集成运放是双极型和 CMOS 型的混合产品，具有双极型和 CMOS 型集成运放的优点。

（2）按照工作原理分类

按照工作原理的不同，集成运放分为电压放大型、电流放大型、跨导型和互阻型四种。

（3）按照性能指标分类

按照性能指标的不同，集成运放分为通用型、低噪声型、高速型、低功耗型、精密型和程控高输入阻抗型等。

## 8.1.2 集成运放的基本组成

集成运放是由输入级、中间级、输出级和偏置电路组成。集成运放组成框图如图 8.1 所示。

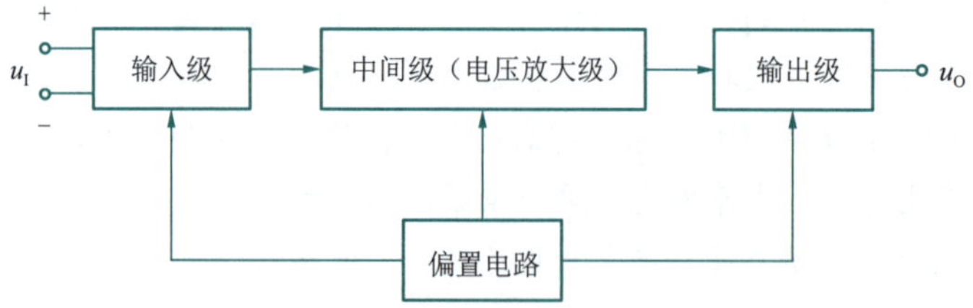


**图 8.1 集成运放组成框图**

（1）输入级

输入级又称前置级，它的好坏直接影响集成运放的大多数性能参数，如增大输入电阻、减少零漂、提高共模抑制比等。所以，输入级一般是一个双端输入的高性能差分放大电路，它的两个输入端构成整个电路的反相输入端和同相输入端。

（2）中间级

中间级的主要作用是提高电压增益，它可由一级或多级放大电路组成。而且为了提高电压放大倍数、增大输出电压，经常采用复合管做放大管，以恒流源做有源负载的共射放大电路。

（3）输出级

集成运放的输出级一般要求输出电压的幅度大、输出功率大、效率高、输出电阻较小，以提高带负载能力。因此，一般采用互补对称的电压跟随器。

（4）偏置电路

偏置电路的作用是为输入级、中间级和输出级提供静态偏置电流，建立合适的静态工作点。一般采用电流源电路形式。

集成运放的图形符号如图 8.2（a）所示。它有两个输入端，其中标“+”号的输入端 $u_{I2}$ 称为同相输入端，标“-”号的输入端 $u_{I1}$ 称为反相输入端；有一个输出端 $u_O$；此外，还有直流电源的接入端、接地端等。输出端电压相位与同相输入端电压相位相同，而与反相输入端电压相位相反。集成运放的传输特性曲线如图 8.2（b）所示。输出电压与集成运放两个输入端之间的电压关系为

$$u_O = A_{od}(u_{I2} - u_{I1}) \tag{8.1}$$

式中，$A_{od}$ 是差分放大电路的开环差模电压放大倍数。由式（8.1）可以看出，放大电路对两个输入端信号的差值进行放大。

集成运放的输入信号有差模输入信号和共模输入信号。所谓差模输入信号是指在两个输入端所加幅度相等、极性相反的信号，即 $u_{I1} = -u_{I2}$；所谓共模输入信号是指在两个输入端所加幅度相等、极性相同的信号，即 $u_{I1} = u_{I2}$。

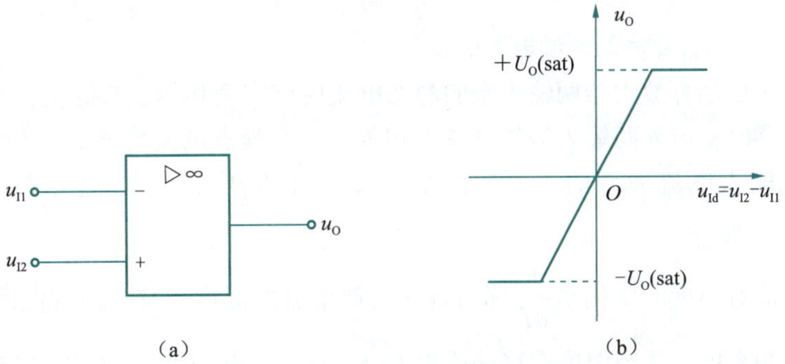


图 8.2　集成运放的图形符号和传输特性曲线

## 8.1.3　集成运放的主要技术指标

集成运算放大器的参数是评价其性能优劣的依据。为了正确地挑选和使用集成运算放大器，必须掌握其参数的含义。

**1. 开环差模电压放大倍数 $A_{od}$**

$A_{od}$是指集成运放在无外加反馈情况下，输出电压与输入差模电压之比，其值越大越好。

$$A_{od}=\frac{u_O}{u_{Id}} \tag{8.2}$$

**2. 共模抑制比 $K_{CMR}$**

$K_{CMR}$是指集成运放无外加反馈时，开环差模电压放大倍数与开环共模电压放大倍数之比，反映了集成运放对共模输入信号的抑制能力，其值越大越好。

$$K_{CMR}=\left|\frac{A_{od}}{A_{oc}}\right| \tag{8.3}$$

**3. 差模输入电阻 $r_{id}$和输出电阻 $r_o$**

$r_{id}$的大小反映集成运放输入端向差模输入信号源索取电流的大小，要求 $r_{id}$越大越好。$r_o$ 的大小反映集成运放在小信号输入时的带负载能力，要求 $r_o$ 越小越好。$r_o$ 的理想值为零，实际值一般为 100 Ω~1 kΩ。

**4. 输入偏置电流 $I_{IB}$**

$I_{IB}$是指两输入端（基极或栅极）静态电流的平均值，用 $I_{IB}=\frac{1}{2}(I_{B1}+I_{B2})$表示，其值越小越好。通用型集成运算放大器的输入偏置电流 $I_{IB}$为几微安。

**5. 输入失调电压 $U_{IO}$及输入失调电压温漂**

一个理想的集成运算放大器能实现零输入、零输出。而实际的集成运算放大器，当输入电压为零时，存在一定的输出电压，将其折算到输入端就是输入失调电压 $U_{IO}$，它在数值上等于输出电压为零，输入端应施加的直流补偿电压，它反映了差分输入级元件的失调程度。通用型运算放大器的 $U_{IO}$之值为 2~10 mV，高性能运算放大器的 $U_{IO}$小于 1 mV。

输入失调电压对温度的变化率$\frac{dU_{IO}}{dT}$称为输入失调电压的温度漂移，简称温漂，用以表征 $U_{IO}$受温度变化的影响程度。一般以 μV/℃ 为单位。通用型集成运算放大器的指标为微伏（μV）

数量级。

**6. 输入失调电流 $I_{IO}$ 及输入失调电流的温漂**

一个理想的集成运算放大器两输入端的静态电流应该完全相等。实际上，当集成运算放大器的输出电压为零时，流入两输入端的电流不相等，这个静态电流之差 $I_{IO}=|I_{B1}-I_{B2}|$ 就是输入失调电流。造成输入电流失调的主要原因是差分对管的 $\beta$ 失调。$I_{IO}$ 越小越好，一般为 1～10 mA。

输入失调电流对温度的变化率 $\frac{dI_{IO}}{dT}$ 称为输入失调电流的温度漂移，简称温漂，用以表征 $I_{IO}$ 受温度变化的影响程度。这类温度漂移一般为 1～5 nA/℃，好的可达 pA/℃数量级。

**7. 最大差模输入电压 $U_{Idmax}$**

$U_{Idmax}$ 是指保证集成运放正常工作，两输入端之间所能承受的最大电压值，超过此值，集成运放输入级三极管的其中一个发射结可能反向击穿，输入级将损坏。

**8. 最大共模输入电压 $U_{Icmax}$**

$U_{Icmax}$ 是指保证集成运放正常工作，两输入端对地同时加入电压的最大值，超过此值，则可能导致运放不能正常工作，共模抑制比将显著变差。使用时应特别注意信号中共模成分的大小。

**9. 开环带宽 *BW*（$f_H$）**

开环带宽 *BW* 又称-3 dB 带宽，是指运算放大器在放大小信号时，开环差模增益下降 3 dB 时所对应的频率 $f_H$。μA741 的 $f_H$ 约为 7 Hz，如图 8.3 所示。

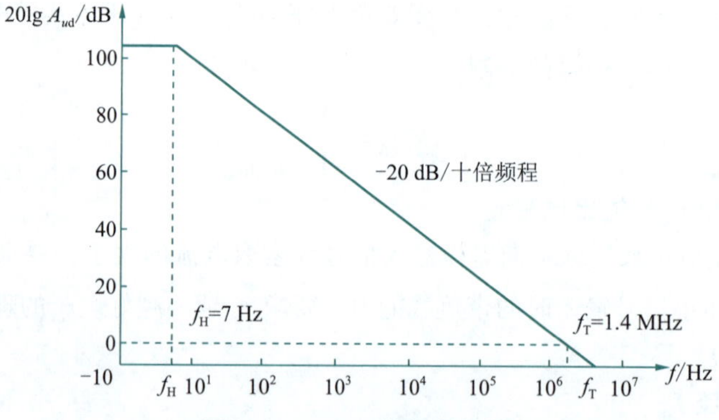


**图 8.3 μA741 的幅频特性**

# 8.2 集成运算放大器的应用电路

集成运算放大器加上一定形式的外接电路可实现各种功能。例如，能对信号进行反相放大与同相放大，对信号进行加、减、微分和积分运算。

## 8.2.1 理想运算放大器分析基础

**1. 理想运算放大器的概念**

理想运算放大器简称理想运放，它是实际运放的理想化模型，即将集成运放的各项指标理想化。集成运放的理想化指标如下：

①开环差模电压放大倍数 $A_{od}=\infty$；

②差模输入电阻 $R_{id}=\infty$；

③输出电阻 $R_{od}=0$；

④共模抑制比 $K_{CMR}=\infty$；

⑤-3 dB 带宽 $f_H=\infty$；

⑥输入失调电压温漂 $\frac{dU_{IO}}{dT}=0$ 和输入失调电流温源 $\frac{dI_{IO}}{dT}=0$。

尽管理想运放并不存在，但由于集成运放的技术指标都比较接近于理想值，在具体分析时将其理想化是允许的，这种分析所带来的误差一般比较小，可以忽略不计。为了方便，后续内容一律将集成运放视为理想运放。

**2. 理想运放的线性工作区**

当理想运放工作在线性区时，输出和输入为线性关系，即

$$u_O=A_{od}(u_+-u_-) \tag{8.4}$$

理想运放是一个线性放大器件。由于理想运放的开环电压放大倍数很高，即使输入毫伏级以下的信号，也可使输出电压达到饱和。所以，要使理想运放工作在线性区，必须引入深度负反馈。

理想集成运放在线性工作区时存在着“虚短”和“虚断”两个特点。

①当集成运放工作在线性区时，由于理想运放的 $A_{od}=\infty$，要使输出电压是一个有限值，则输入信号

$$u_+-u_-=\frac{u_o}{A_{od}}\approx 0 \tag{8.5}$$

$$u_+\approx u_- \tag{8.6}$$

即反相输入端与同相输入端的电压几乎相等，近似于短路又不是真正短路，称为“虚短”。如果同相输入端接地，即 $u_+=0$，则有 $u_-\approx 0$。这就是说，同相输入端接地时，反相输入端的电位接近于地电位，所以反相输入端称为“虚地”。

②由于集成运算放大器的差模输入电阻 $R_{id}=\infty$，得出两个输入端的电流 $i_-=i_+\approx 0$，这表明流入集成运放同相输入端和反相输入端的电流几乎为零，称为“虚断”。

**3. 理想运放的非线性工作区**

当理想运放处于开环状态或引入了正反馈时，将工作于非线性区。理想运放工作在非线性区时，式（8.4）不能满足，这时输出电压 $u_O$ 只有两种可能，$+U_{O(sat)}$ 或 $-U_{O(sat)}$，而 $u_+$ 与 $u_-$ 不一定相等：当 $u_+>u_-$ 时，$u_O=+U_{O(sat)}$；当 $u_+<u_-$ 时，$u_O=-U_{O(sat)}$。此外，理想运放工作在非线性区时，两个输入端的输入电流可认为等于零，即仍有“虚断”的特点。

理想运放的应用非常广泛，下面将介绍它的具体应用。

## 8.2.2　比例运算电路

**1. 反相输入**

输入信号从反相输入端引入的称为反相输入。

图 8.4 所示是反相输入比例运算电路。输入信号 $u_I$ 经过电阻 $R_1$ 送到集成运放的反相输入

端；反馈电阻 $R_F$ 接在输出端和反相输入端之间，构成电压并联负反馈；同相输入端通过电阻 $R_2=R_1//R_F$ 接地，以保证集成运放处于平衡对称的工作状态从而消除输入偏置电流及其温度漂移的影响。理想运放工作在线性区，根据“虚断”的概念可知，$i_+=i_-\approx 0$，得 $u_+=0$，由 KCL 知 $i_i=i_F$，又根据“虚短”的概念可知，$u_-\approx u_+=0$。故有

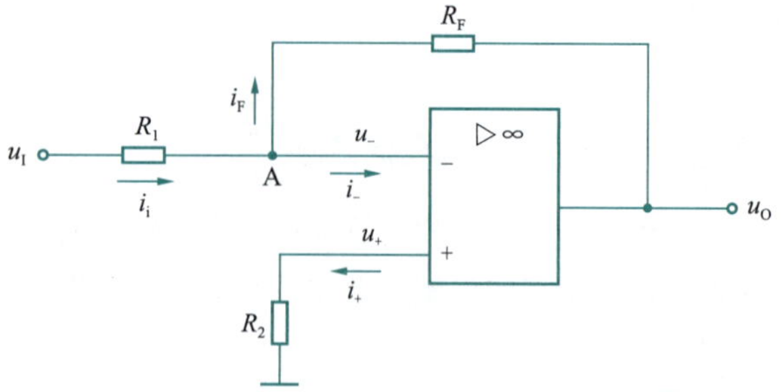


图 8.4　反相输入比例运算电路

$$i_1=\frac{u_I}{R_1},\ i_F=-\frac{u_O}{R_F} \tag{8.7}$$

$$\frac{u_I}{R_1}=-\frac{u_O}{R_F} \tag{8.8}$$

由此得闭环电压放大倍数：

$$A_{uf}=\frac{u_O}{u_I}=-\frac{R_F}{R_1} \tag{8.9}$$

输出电压：

$$u_O=-\frac{R_F}{R_1}u_I \tag{8.10}$$

式（8.10）表明，输出电压与输入电压成比例运算关系。式中负号表明输出电压与输入电压相位相反。如果 $R_1$ 和 $R_F$ 的值足够精确，而且集成运放的开环增益很高，就可以认为 $u_O$ 与 $u_I$ 间的关系只决定于 $R_F$ 与 $R_1$ 的比值，而与集成运放本身的参数无关。这就保证了比例运算的精度和稳定性。

当 $R_1//R_F=R_2$ 时，$u_O=-u_I$，$A_{uf}=-1$，输入电压与输出电压大小相等、相位相反，这就是反相器。

**2. 同相输入**

输入信号从同相输入端引入称为同相输入。图 8.5 所示是同相比例运算电路，输入信号 $u_I$ 经过电阻 $R_2$ 接到集成运放的同相输入端，反馈电阻 $R_F$ 接到其反相输入端，构成了电压串联负反馈。

根据“虚断”和“虚短”有

$$i_+=i_-\approx 0, u_+\approx u_-$$

可得 $u_+=u_I$。于是有

$$u_I\approx u_-=\frac{R_1}{R_1+R_F}u_O \tag{8.11}$$

由此得闭环电压放大倍数：

$$A_{uf}=\frac{u_O}{u_I}=1+\frac{R_F}{R_1} \tag{8.12}$$

输出电压：

$$u_O=\left(1+\frac{R_F}{R_1}\right)u_I \tag{8.13}$$

可见，$u_O$ 与 $u_I$ 间的比例关系也可认为与集成运放本身的参数无关，其精度和稳定性都很高；式中 $A_{uf}$为正值，表示输入与输出同相，且 $A_{uf}$总大于或等于 1，不会小于 1。同相比例运算电路的最大特点是引入了串联反馈，因此输入电阻高，比较适合于输入级，以提高信号的采集能力。当 $R_F=0$ 或 $R_1\to\infty$ 时，如图 8.6 所示，此时 $u_O=u_I$，即输出电压与输入电压大小相等、相位相同，该电路为电压跟随器。

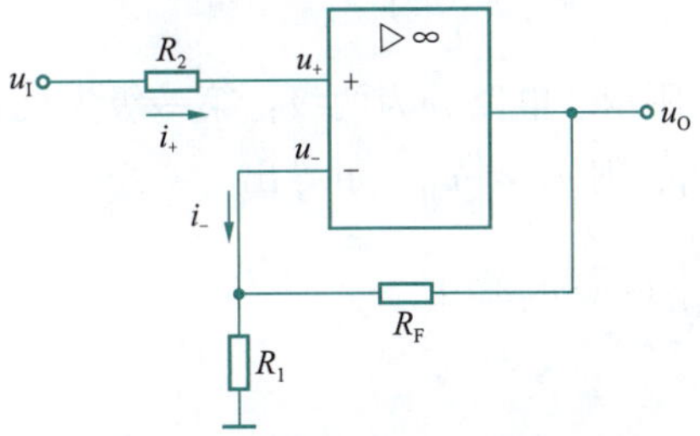


图 8.5　同相输入比例运算电路

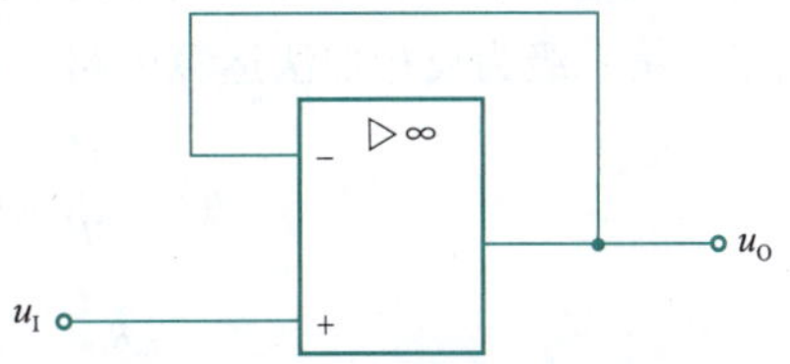


图 8.6　电压跟随器

## 8.2.3　加法运算电路

加法运算电路是输入端多个输入信号相加的结果，有反相输入加法运算电路和同相输入加法运算电路。这里以反相输入加法运算电路为例来说明其工作原理，其电路如图 8.7 所示。

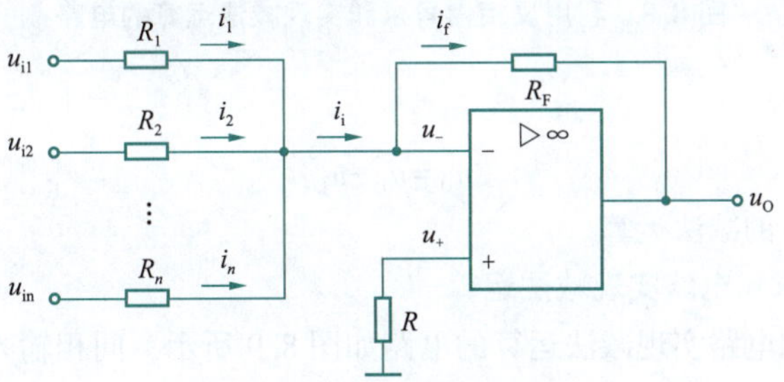


图 8.7　加法运算电路

图 8.7 是在反相输入比例运算电路的基础上，增加了几个输入支路，构成了反相加法运算电路。根据“虚断”和“虚短”有

$$u_+=u_I=0,\ i_+=i-\approx 0$$

根据 KCL 有

$$i_F=i_I=i_1+i_2+\cdots+i_n \tag{8.14}$$

根据欧姆定律有

$$i_1=\frac{u_{I1}}{R_1},i_2=\frac{u_{I2}}{R_2},\cdots,i_n=\frac{u_{In}}{R_n} \tag{8.15}$$

则输出电压为

$$u_O=-R_Fi_F=-R_F\left(\frac{u_{I1}}{R_1}+\frac{u_{I2}}{R_2}+\cdots+\frac{u_{I3}}{R_n}\right) \tag{8.16}$$

由式（8.16）可以看出输出电压是 $n$ 个输入电压的比例和。当 $R_1=R_2=\cdots=R_n=R_F$ 时，输出电压是 $n$ 个输入电压的反相之和，即

$$u_O=-(u_{I1}+u_{I2}+\cdots+u_{In}) \tag{8.17}$$

## 8.2.4　减法运算电路

减法运算电路可采用两种方法实现：一种是利用反相信号求和实现减法运算；另一种是利用差分输入求和电路实现减法运算。下面分别介绍。

**1. 利用反相信号求和实现减法运算**

利用反相信号求和实现减法运算的电路如图 8.8 所示。电路分为两级：第一级为反相比例运算电路，第二级为反相加法运算电路。若取 $R_{F1}=R_1$，则 $u_{O1}=-u_{I1}$，可导出

$$u_O=-\frac{R_{F2}}{R_2}(u_{O1}+u_{I2})=\frac{R_{F2}}{R_2}(u_{I1}-u_{I2}) \tag{8.18}$$

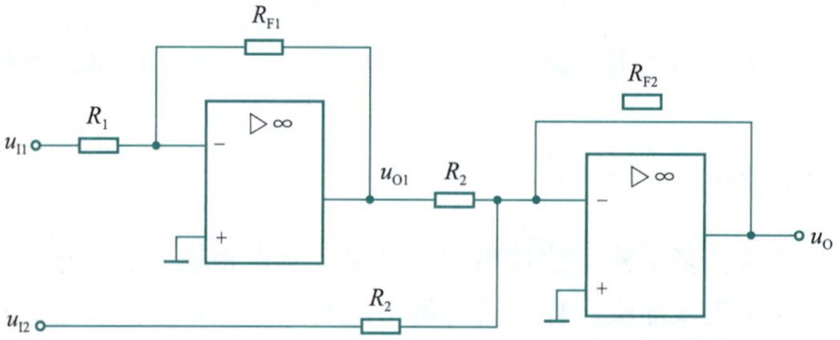


图 8.8　利用反相信号求和实现减法运算的电路

若取 $R_2=R_{F2}$，则有

$$u_O=u_{I1}-u_{I2} \tag{8.19}$$

于是实现了两信号的减法运算。

**2. 利用差分输入求和电路实现减法运算**

利用差分输入求和电路实现减法运算的电路如图 8.9 所示，同相输入端和反相输入端各有一个输入信号。其中 $u_{I2}$ 经 $R_1$ 加到反相输入端，$u_{I1}$ 经 $R_2$ 加到同相输入端。

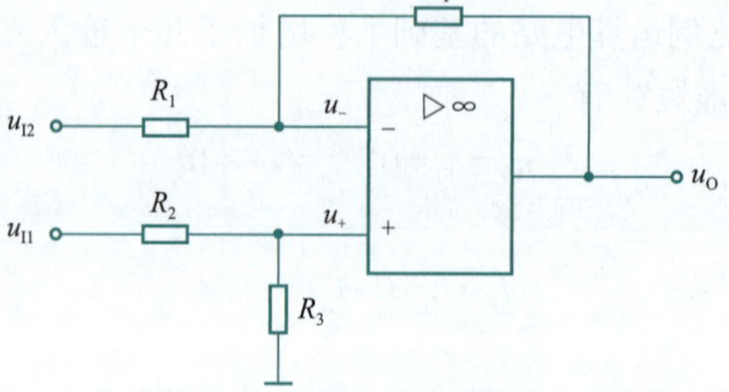


图 8.9　利用差分输入求和电路实现减法运算的电路

根据叠加定理，首先令 $u_{I1}=0$，当 $u_{I2}$ 单独作用时，电路为反相比例运算电路，其输出电压为

$$u_{O2}=-\frac{R_F}{R_1}u_{I2} \tag{8.20}$$

再令 $u_{I2}=0$，当 $u_{I1}$ 单独作用时，电路为同相比例运算电路，同相输入端电压为

$$u_+=\frac{R_3}{R_2+R_3}u_{I1} \tag{8.21}$$

则输出电压为

$$u_{O1}=\left(1+\frac{R_F}{R_1}\right)u_+=\left(1+\frac{R_F}{R_1}\right)\left(\frac{R_3}{R_2+R_3}\right)u_{I1} \tag{8.22}$$

当 $u_{I1}$ 和 $u_{I2}$ 同时输入时，有

$$u_O=u_{O1}+u_{O2}=\left(1+\frac{R_F}{R_1}\right)\left(\frac{R_3}{R_2+R_3}\right)u_{I1}-\frac{R_F}{R_1}u_{I2} \tag{8.23}$$

当 $R_1=R_2=R_3=R_F$ 时，有

$$u_O=u_{I1}-u_{I2} \tag{8.24}$$

于是实现了两信号的减法运算。

【例 8.1】 电路如图 8.10 所示，求输出与各输入电压之间的关系。

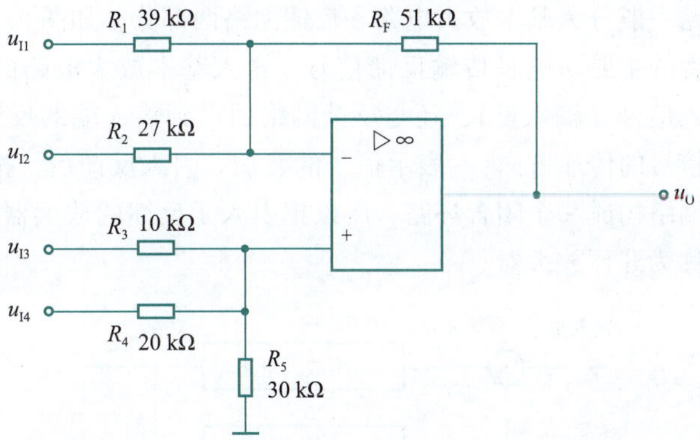


图 8.10　例 8.1 图

**解**　本题输入信号有四个，可利用叠加定理来求。

①当 $u_{I1}$ 单独输入、其他输入端接地时，有

$$u_{O1}=-\frac{R_F}{R_1}u_{I1}\approx-1.3u_{I1}$$

②当 $u_{I2}$ 单独输入、其他输入端接地时，有

$$u_{O2}=-\frac{R_F}{R_1}u_{I2}\approx-1.9u_{I2}$$

③当 $u_{I3}$ 单独输入、其他输入端接地时，有

$$u_{O3}=\left(1+\frac{R_F}{R_1//R_2}\right)\left(\frac{R_4//R_5}{R_3+R_4//R_5}\right)u_{I3}\approx2.3u_{I3}$$

④当 $u_{I4}$ 单独输入、其他输入端接地时，有

$$u_{O4}=\left(1+\frac{R_F}{R_1//R_2}\right)\left(\frac{R_3//R_5}{R_4+R_3//R_5}\right)u_{I4}\approx 1.15u_{I4}$$

由此可得到

$$u_O=u_{O1}+u_{O2}+u_{O3}+u_{O4}=-1.3u_{I1}-1.9u_{I2}+2.3u_{I3}+1.15u_{I4}$$

## 8.3 负反馈放大电路

在电子技术领域中，可以毫不夸张地说，任何实用电路几乎都引入了某种反馈。反馈分为正反馈和负反馈两大类。正反馈可用于各种振荡电路，以产生各种波形信号；负反馈可用来改善放大电路的性能。两类反馈均有十分广泛的应用。本节主要讨论负反馈的基本概念、类型及对放大电路性能的影响。了解反馈的概念、掌握反馈类型的判断方法，对于进一步理解反馈在实际应用电路中的作用十分必要。

### 8.3.1 反馈概念的建立

放大电路中的反馈，就是将放大电路的输出量（电压或电流）的全部或者一部分，通过一定的电路（网络）送回输入回路，与输入量（电压或电流）进行比较。通过影响放大电路净输入量从而影响放大电路输出量，这样的过程称为反馈。

含反馈的放大电路一般分为基本放大电路和反馈网络两部分，如图 8.11 所示。前者的主要功能是放大信号，后者的主要功能是传输反馈信号。送入基本放大电路的信号称为净输入量，它不但取决于外加输入信号（输入量），还与反馈网络回送到输入端的反馈信号（反馈量）有关。图中箭头线表示信号的传递方向；+表示信号的叠加。引入反馈后，按照信号的传递方向，基本放大电路和反馈网络构成一个闭合环路，所以把引入了反馈的放大器称为闭环放大器，而未引入反馈的放大器称为开环放大器。

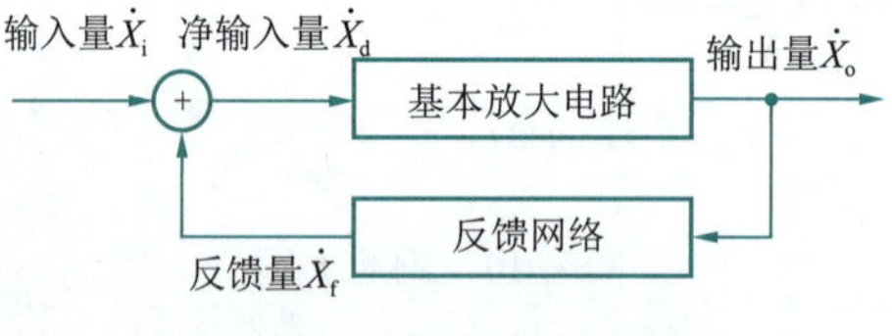


图 8.11　反馈放大电路框图

### 8.3.2 反馈的分类及判断

**1. 反馈的分类**

（1）直流反馈和交流反馈

如果反馈量只含有直流量，则称为直流反馈。如果反馈量只含有交流量，则称为交流反馈。或者说，仅在直流通路中存在的反馈称为直流反馈，仅在交流通路中存在的反馈称为交流反馈。在很多放大电路中，常常是交、直流反馈兼有。

（2）正反馈和负反馈

根据反馈极性的不同，可以分为正反馈和负反馈。

由图 8.11 所示的反馈放大电路组成框图可知，反馈量送回到输入回路与原输入量共同作用后，对净输入量的影响有两种效果：一种是在输入量不变时，引入反馈后，使净输入量增加，进而使输出量增加，这种反馈称为正反馈；另一种是在输入量不变时，引入反馈后，使净输入量减小，进而引起输出量减小，这种反馈称为负反馈。

(3) 电压反馈和电流反馈

输出量有输出电压和输出电流之分。如果引入的反馈信号取自输出电压，则为电压反馈（也称电压采样）；如果反馈信号取自输出电流，则为电流反馈（也称电流采样）。

(4) 串联反馈和并联反馈

反馈信号与输入信号的连接方式有串联和并联两种情况，因此有串联反馈和并联反馈之分。串联反馈：在输入回路中，反馈量和输入量都以电压的形式出现，并以串联方式在输入端相加减，即由电压求和的方式来反映反馈对输入信号的影响，此种反馈方式称为串联反馈。并联反馈：在输入回路中，反馈量与输入量都以电流的形式出现，并以并联方式在输入端相加减，即用电流求和的方式来反映反馈对输入信号的影响，此种反馈方式称为并联反馈。

**2. 反馈的判断**

(1) 判断有无反馈

找出反馈网络，如果在电路中存在信号反向流通的渠道，也就是反馈通路，则一定有反馈。

**【例 8.2】** 试判断图 8.12 所示各电路是否存在反馈。

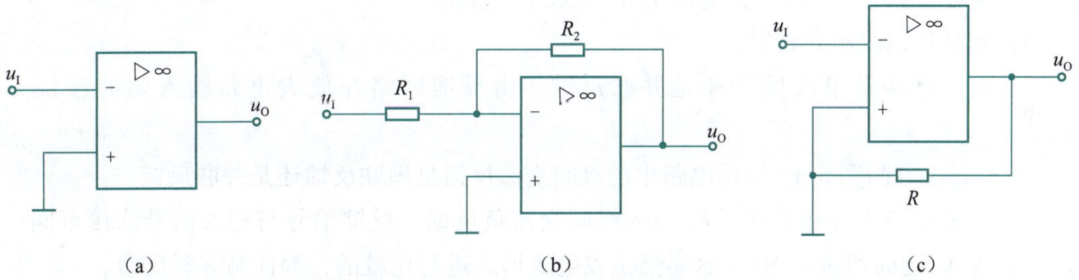


**图 8.12 例 8.2 图**

**解** 在图 8.12（a）所示电路中，集成运放的输出端与同相输入端、反相输入端均无通路，故电路中没有引入反馈。在图 8.12（b）所示电路中，电阻 $R_2$ 将集成运放的输出端与反相输入端相连接，因而集成运放的净输入量不仅决定于输入信号，还与输出信号有关，所以该电路中引入了反馈。在图 8.12（c）所示电路中，虽然电阻 $R$ 跨接在集成运放的输出端与同相输入端之间，但是由于同相输入端接地，所以 $R$ 只不过是集成运放的负载，而不会使 $u_O$ 作用于输入回路。可见，电路中没有引入反馈。

由以上分析可知，通过寻找电路中有无反馈通路，即可判断出电路是否存在反馈。

(2) 用瞬时极性法判断反馈的极性

判断反馈极性的基本方法是瞬时变化极性法，简称瞬时极性法。“瞬时极性法”指同一瞬间各交流量的相对极性，在电路图上用（+）和（-）表示。用瞬时极性法判断反馈极性的步骤是：

①先假定输入量的瞬时极性。

②根据放大电路输入量与输出量的相位关系，决定输出量和反馈量的瞬时极性。

③反馈量与输入量比较，即可推断反馈的正、负极性。

【例 8.3】 试判断图 8.13 所示电路的交流反馈的极性。

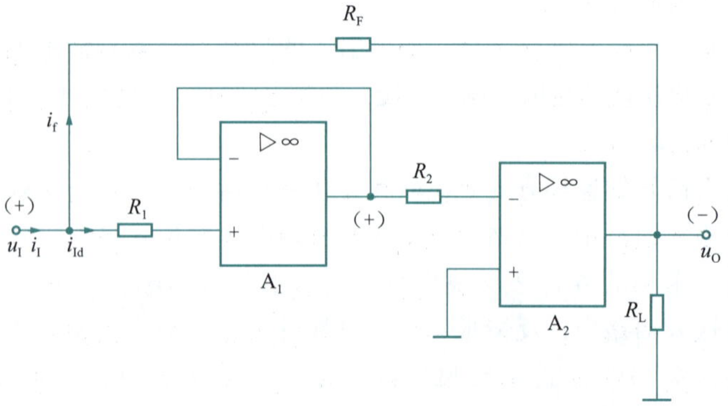


图 8.13 例 8.3 图

**解** 图 8.13 所示电路中，$R_F$ 是反馈网络的元件。对交流信号而言，设 $u_I$ 的瞬时极性为（+），则集成运放 $A_1$ 同相输入端电位 $u_+$的极性也为（+），由 $A_1$ 组成的电压跟随器的输出电压 $u_{O1}$极性也为（+），第二级输出电压 $u_O$ 与其输入电压 $u_{O1}$反相。根据上述分析，可画出输入电流 $i_I$、净输入电流 $i_{Id}$和反馈电流 $i_F$ 的瞬时流向如图 8.13 中箭头所示。因而净输入电流 $i_{Id}=i_I-i_F$，比没有反馈时减小了。所以，该电路中 $R_F$ 引入了负反馈。

（3）判断反馈的串并联形式

反馈放大电路是串联反馈还是并联反馈，由反馈网络在放大电路输入端的连接方式判定。

【例 8.4】 判断图 8.13 所示电路中的级间交流反馈是串联反馈还是并联反馈。

**解** 在图 8.13 所示电路中，$R_F$ 引入级间交流负反馈，反馈信号与输入信号均接至同一个节点（运放 $A_1$ 的同相输入端）。这显然是以电流形式进行比较的，因此是并联反馈。

（4）判断电压或电流反馈的形式

判断电压与电流反馈的方法有以下两种。

方法一：根据定义写出反馈信号的表达式。如果反馈信号正比于输出电压，则为电压反馈；如果反馈信号正比于输出电流，则为电流反馈。

方法二：输出短路法。即假设输出电压 $u_O=0$，或令负载电阻 $R_L=0$，看反馈信号是否还存在。若反馈信号不存在了，则说明反馈信号与输出电压成比例，是电压反馈；若反馈信号还存在，则说明反馈信号不是与输出电压成比例，而是与输出电流成比例，是电流反馈。

【例 8.5】 判图 8.14 所示电路中的交流反馈是电压反馈还是电流反馈。

**解** 图 8.14（a）所示电路中，交流反馈信号是流过反馈元件 $R_F$ 的电流 $i_F$（并联反馈），且有 $i_F=\dfrac{u_--u_O}{R_F}\approx-\dfrac{u_O}{R_F}$，因为 $u_O>u_-$，令 $R_L=0$，即令 $u_O=0$ 时，有 $i_F=0$，故该电路中引用的交流反馈是电压反馈。

在图 8.14（b）所示电路中，交流反馈信号是输出电流 $i_O$ 在电阻 $R_F$ 上的压降 $u_F$，且有$u_F=$

$i_O R_F$，令 $R_L=0$ 时，$u_O=0$，但集成运放 A 的输出电流 $i_O \neq 0$，故 $u_F \neq 0$，说明反馈信号与输出电流成比例，是电流反馈。

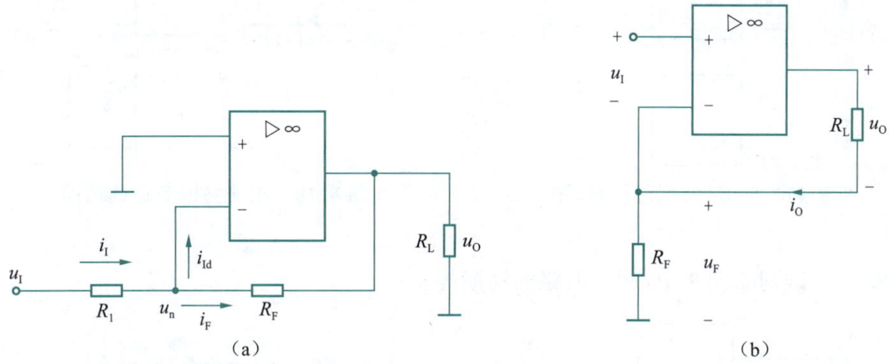


图 8.14　例 8.5 图

## 8.3.3　负反馈的四种类型

根据放大电路输出端采样的情况和输入端反馈量与输入量的接法，负反馈可分为四种类型。

**1. 电压串联负反馈**

如图 8.15 所示，在这种类型中，放大电路的作用是把净输入电压 $u_{Id}$ 放大为输出电压 $u_O$，而反馈网络的作用是把输出电压 $u_O$ 变换为反馈电压 $u_F$，$u_F$ 在输入端与输入电压 $u_I$ 串联相减。

**2. 电压并联负反馈**

如图 8.16 所示，在这种类型中，放大电路的作用是把净输入电流 $i_{Id}$ 放大成输出电压 $u_O$，而反馈网络的作用是把输出电压 $u_O$ 变换为反馈电流 $i_F$，在输入端与输入电流 $i_I$ 并联相减。

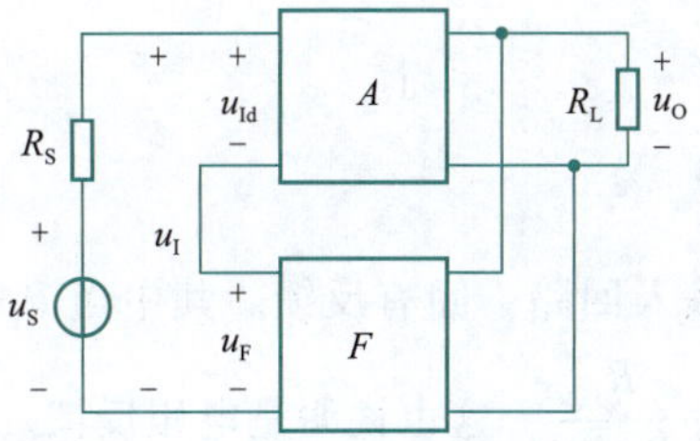


图 8.15　电压串联负反馈方框图

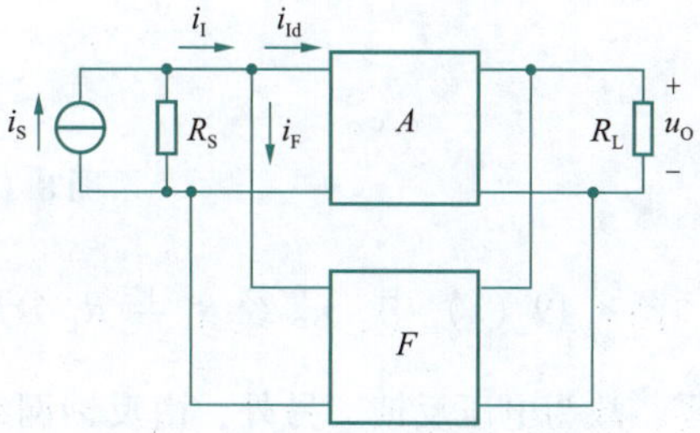


图 8.16　电压并联负反馈方框图

**3. 电流串联负反馈**

如图 8.17 所示，在这种类型中，放大电路的作用是把净输入电压 $u_{Id}$ 放大成输出电流 $i_O$，而反馈网络的作用是把输出电流 $i_O$ 变为反馈电压 $u_F$。

**4. 电流并联负反馈**

如图 8.18 所示，在这种类型中，放大电路的作用是把净输入电流 $i_{Id}$ 放大成输出电流 $i_O$，而反馈网络的作用是把输出电流 $i_O$ 变换为反馈电流 $i_F$。

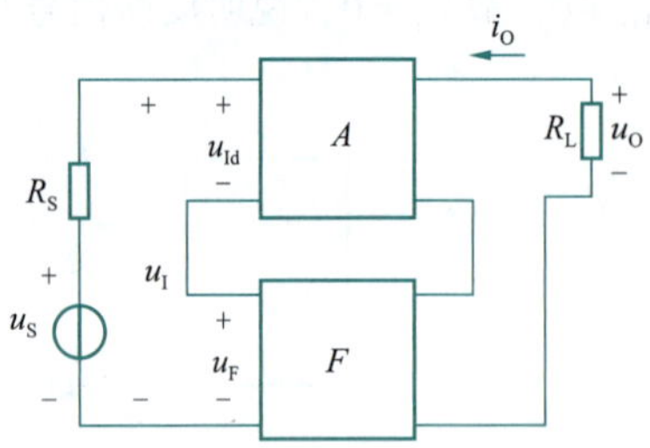


图 8.17　电流串联负反馈框图

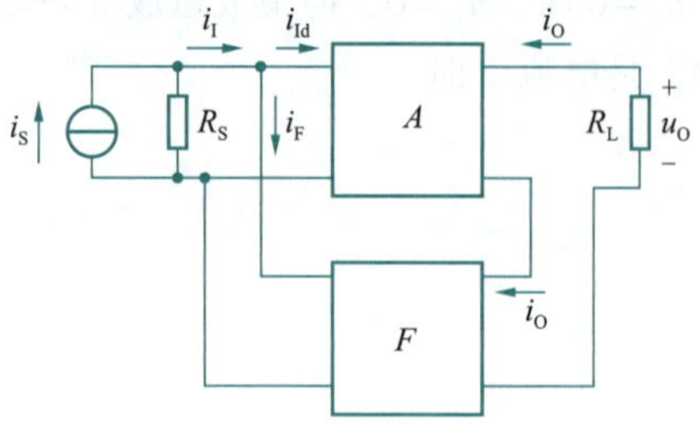


图 8.18　电流并联负反馈框图

【例 8.6】　试判断图 8.19 所示电路的反馈类型。

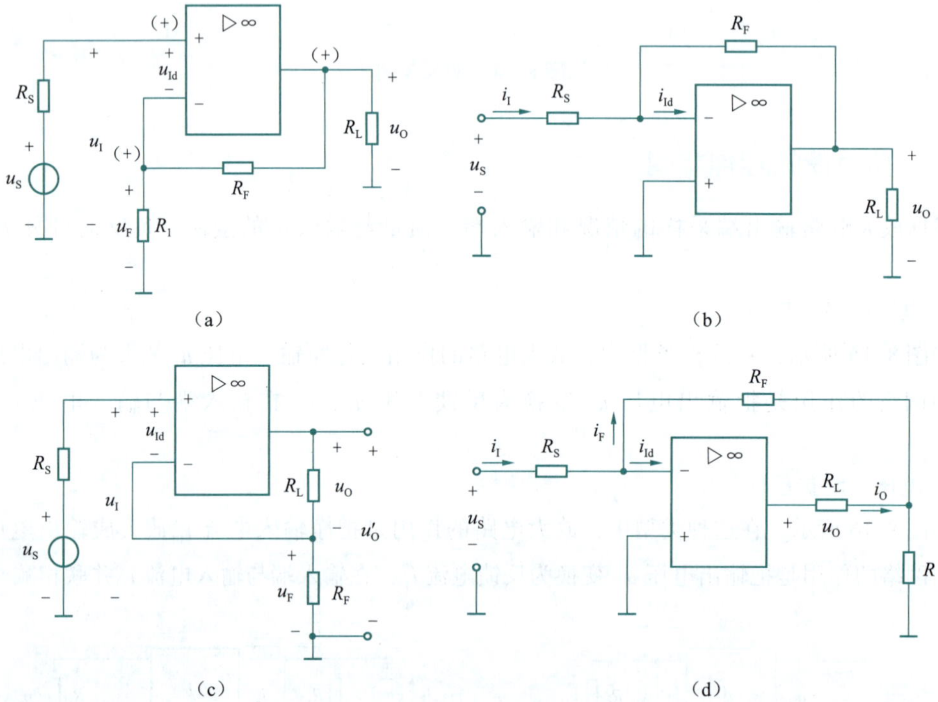


图 8.19　例 8.6 图

**解**　图 8.19（a）中，$u_O$ 经 $R_F$ 与 $R_1$ 分压反馈到输入回路，固有反馈。其中当 $R_L=0$ 时，反馈为零，故为电压反馈。另外，由反馈网络得 $u_F=u_O\dfrac{R_1}{R_1+R_F}$，这也说明是电压反馈。在输入端有 $u_{Id}=u_I-u_F$ 反馈使净输入电压 $u_{Id}$ 减小，故为串联负反馈。所以，图 8.19（a）所示电路为电压串联负反馈电路。

图 8.19（b）中 $R_F$ 为输入回路和输出回路的公共电阻，故有反馈。其中当 $R_L=0$ 时，无反馈，故为电压反馈。在输入端有 $i_{Id}=i_I-i_F$，反馈使净输入电流 $i_{Id}$ 减小，故为并联反馈。所以，图 8.19（b）所示电路为电压并联负反馈电路。

图 8.19（c）中 $R_2$ 为输入回路和输出回路的公共电阻，故有反馈。其中当 $R_L=0$ 时，反馈存在，故为电流反馈。另外，由反馈网络得 $u_F=i_OR_F$，这也说明是电流反馈。在输入端有 $u_{Id}=u_I-u_F$，反馈使净输入电压 $u_{Id}$ 减小，故为串联负反馈。所以，图 8.19（c）所示的电路为电流串

联负反馈电路。

图 8.19（d）中 $R_F$ 为输入回路和输出回路的公共电阻，故有反馈。其中当 $R_L=0$ 时，反馈存在，故为电流反馈。在输入端有 $i_{Id}=i_I-i_F$，反馈使净输入电流 $i_{Id}$ 减小，故为并联负反馈。所以，图 8.19（d）所示电路为电流并联负反馈电路。

## 小　　结

本章首先介绍了集成运算放大器的概念和基本组成，集成运算放大器在理想状态下工作在线性区的“虚短”、“虚断”的特性，在非线性区的电压比较状态；接着分析了利用集成运放分别构成比例运算电路、加法运算电路、减法运算电路的结构和运算关系；最后分析了负反馈放大电路的四种负反馈类型。

## 习　　题

**8.1**　什么是理想运算放大器？理想运算放大器工作在线性区和非线性区时各有什么特点？分析方法有什么不同？

**8.2**　电路如图 8.20 所示，试计算图中 $u_o$ 的大小。

**8.3**　如图 8.21 所示是两级运算电路，$R_1=50\ \text{k}\Omega$，$R_F=100\ \text{k}\Omega$。若输入电压 $u_I=1$ V，试求输出电压 $u_O$，并说明输入级的作用。

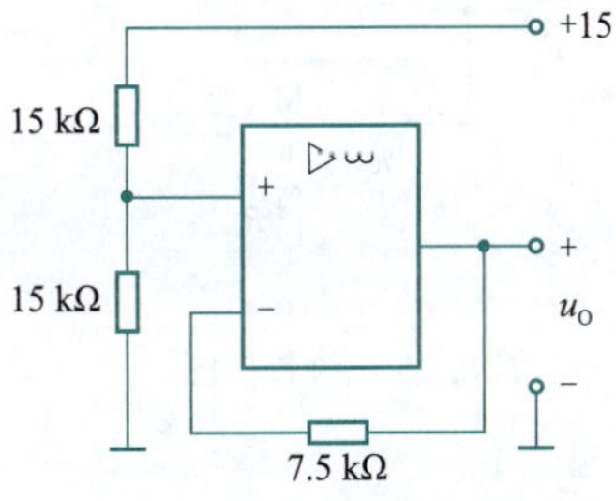


图 8.20　题 8.2 图

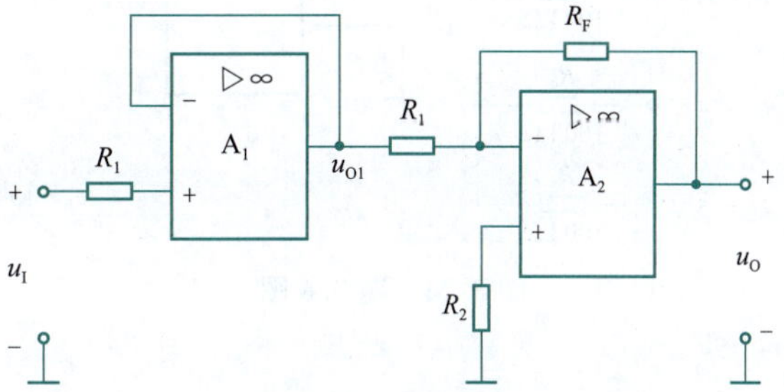


图 8.21　题 8.3 图

**8.4**　一个测量系统的输出电压和输入电压的关系为 $u_O=-(4u_{I1}+2u_{I2}+0.5u_{I3})$，试确定图 8.22 中各输入电路的电阻和平衡电阻 $R_2$。设 $R_F=100\ \text{k}\Omega$。

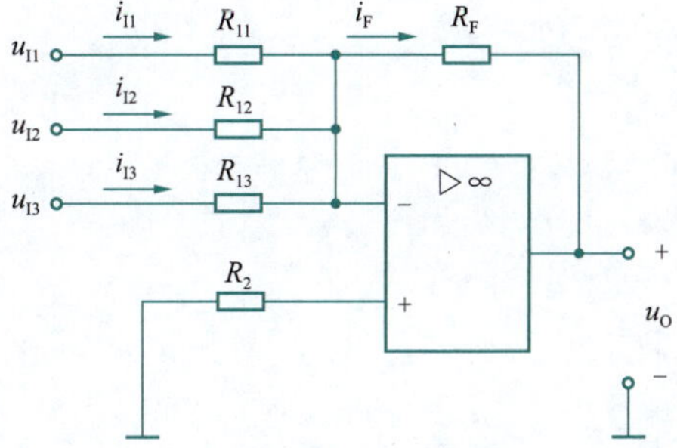


图 8.22　题 8.4 图

**8.5** 如图 8.23 所示电路是两级运算电路，试计算图中输出电压 $u_O$ 的值。

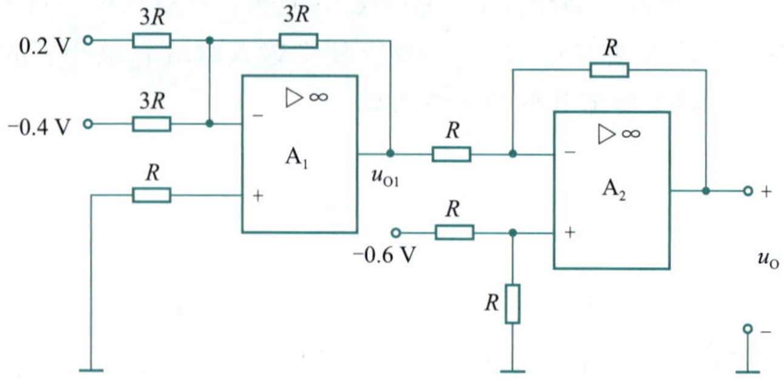


**图 8.23　题 8.5 图**

**8.6** 如图 8.24 所示电路，试计算图中输出电压大小，并阐述此电路实现的功能。

**8.7** 如图 8.25 所示电路，假设流过电阻 $R_1$、$R_2$、$R_3$ 和 $R_4$ 的电流为 $i_1$、$i_2$、$i_3$ 和 $i_4$，利用"虚断""虚地"的概念，计算电路的电压放大倍数 $A_{uf}=\dfrac{u_O}{u_I}$。

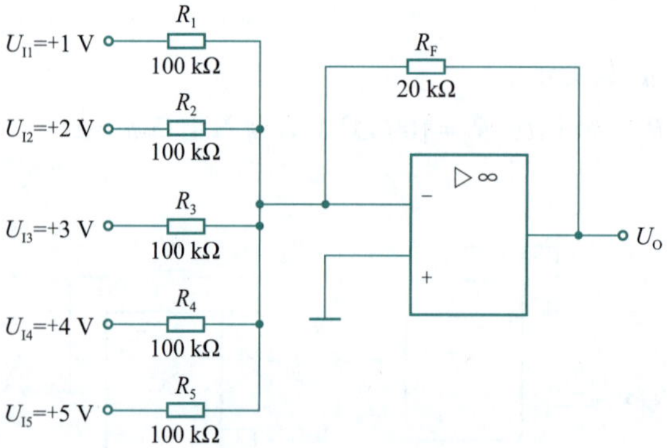


**图 8.24　题 8.6 图**

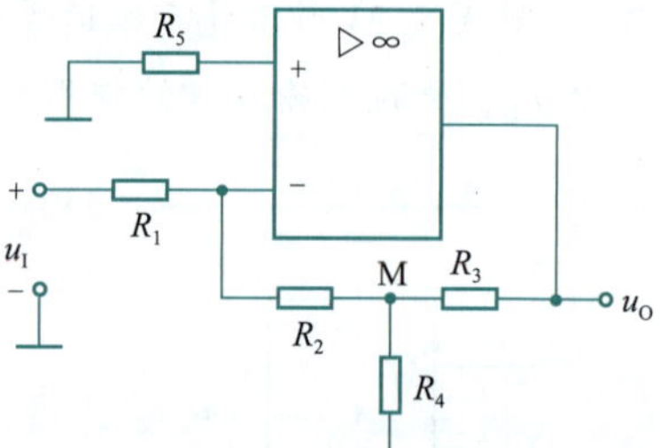


**图 8.25　题 8.7 图**

# 第9章 数字电路基础

数字电路在结构、分析方法、功能、特点等方面均不同于模拟电路。数字电路的基本单元是逻辑门电路，分析工具是逻辑代数，在功能上则着重强调电路输入与输出间的因果关系。数字电路不仅能完成数值运算，而且能进行逻辑判断和运算，这在控制系统中是不可缺少的。数字电路比较简单、抗干扰性强、精度高、便于集成，因而在无线电通信、自动控制系统、测量设备、电子计算机等领域取得了日益广泛的应用。

## 9.1 数字信号的特点

电子技术中的信号可分为模拟信号和数字信号两大类。模拟信号是指随时间连续变化的信号，例如正弦波电压信号。数字信号是指在时间上和数值上都不连续变化的信号，即离散的信号，例如矩形电压信号，如图 9.1 所示。

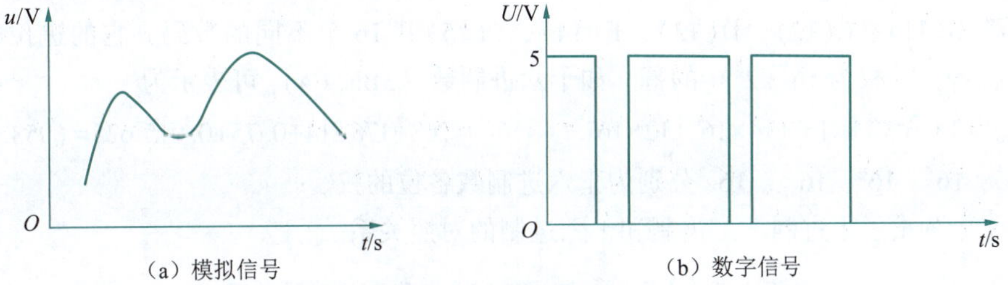


图 9.1 信号波形图

数字信号只有两个离散值，常用数字 0 和 1 来表示。注意，这里的 0 和 1 没有大小之分，只代表两种对立的状态，其高电平和低电平常用 1 和 0 来表示。数字信号在电路中往往表现为突变的电压或电流，从图 9.1 可知，该信号有两个特点：

①信号只有两个电压值：5 V 和 0 V。可用 5 V 来表示逻辑 1，用 0 V 来表示逻辑 0。因此这两个电压值又常被称为逻辑电平。5 V 为高电平，0 V 为低电平。

②信号从高电平变为低电平，或者从低电平变为高电平是一个突然变化的过程，这种信号又称脉冲信号。

## 9.2 数制与码制

### 9.2.1 数制

数制是一种计数的方法，它是计数进位制的简称。采用何种计数方法应根据实际需要而定。在数字电路中，采用的计数进制除十进制外，还有二进制和十六进制。

**1. 十进制**

十进制是以 10 为基数的计数体制。在十进制中，采用 10 个不同的数码 0、1、2、3、4、5、6、7、8、9 和一个小数点（.），它的规律是逢十进一，即 $9+1=10=1\times10^1+0\times10^0$。在十进制数中，数码所处的位置不同时，其所代表的数值是不同的，例如：

$$(209.04)_{10}=2\times10^2+0\times10^1+9\times10^0+0\times10^{-1}+4\times10^{-2}$$

式中，$10^2$、$10^1$、$10^0$为整数部分百位、十位、个位的权，而 $10^{-1}=0.1$ 和 $10^{-2}=0.01$ 为小数部分十分位和百分位的权，它们都是基数 10 的幂。

数码与权的乘积，称为加权系数，如上述的 $2\times10^2$、$0\times10^1$、$9\times10^0$、$0\times10^{-1}$、$4\times10^{-2}$。因此，十进制数的数值为各位加权系数之和。

**2. 二进制**

二进制是以 2 为基数的计数体制。在二进制中，每位只有 0 和 1 两个数码，它的进位规律是逢二进一，即 0+1=1、1+1=10、10+1=11、11+1=100…… 。各位的权都是 2 的幂，如二进制数 $(101.01)_2$ 可表示为

$$(101.01)_2=1\times2^2+0\times2^1+1\times2^0+0\times2^{-1}+1\times2^{-2}=4+0+1+0+0.25=(5.25)_{10}$$

式中，整数部分的权为 $2^2$、$2^1$、$2^0$；小数部分的权为 $2^{-1}$、$2^{-2}$。

因此，二进制数的各位加权系数的和就是其对应的十进制数。

**3. 十六进制**

十六进制是以 16 为基数的计数体制。在十六进制中，每位有 0、1、2、3、4、5、6、7、8、9、A(10)、B(11)、C(12)、D(13)、E(14)、F(15) 共 16 个不同的数码，它的进位规律是逢十六进一，各位的权为 16（$2^4$）的幂。如十六进制数 $(3BE.C4)_{16}$可表示为

$$(3BE.C4)_{16}=3\times16^2+11\times16^1+14\times16^0+12\times16^{-1}+4\times16^{-2}=768+176+14+0.75+0.015\,625=(958.765\,625)_{10}$$

式中，$16^2$、$16^1$、$16^0$、$16^{-1}$、$16^{-2}$分别为十六进制数各位的权。

表 9.1 中列出了十进制、二进制和十六进制的对照关系。

**表 9.1　十进制、二进制和十六进制的对照关系**

| 十进制 | 二进制 | 十六进制 | 十进制 | 二进制 | 十六进制 |
|---|---|---|---|---|---|
| 0 | 0000 | 0 | 8 | 1000 | 8 |
| 1 | 0001 | 1 | 9 | 1001 | 9 |
| 2 | 0010 | 2 | 10 | 1010 | A |
| 3 | 0011 | 3 | 11 | 1011 | B |
| 4 | 0100 | 4 | 12 | 1100 | C |
| 5 | 0101 | 5 | 13 | 1101 | D |
| 6 | 0110 | 6 | 14 | 1110 | E |
| 7 | 0111 | 7 | 15 | 1111 | F |

### 9.2.2　码制

由于数字系统是以二值数字逻辑为基础的，因此数字系统中的信息（包括数值、文字、控制命令等）都是用一定位数的二进制码表示的，这个二进制码称为代码。二进制编码方式有多

种，如二-十进制码，又称 BCD 码，是其中一种常用的编码方式。BCD 码用二进制代码来表示十进制的 0~9 共 10 个数。要用二进制代码来表示十进制的 0~9 共 10 个数，至少要用 4 位二进制数。4 位二进制数有 16 种组合，可从这 16 种组合中选择 10 种组合分别来表示十进制的 0~9 共 10 个数。选哪 10 种组合，有多种方案，这就形成了不同的 BCD 码。表 9.2 中列出了几种常用的二-十进制代码。

表 9.2　几种常用的二-十进制代码

| 十进制数 | 有权码 | | | 无权码 |
|---|---|---|---|---|
| | 8421 码 | 5421 码 | 2421 码 | 余 3 码 |
| 0 | 0000 | 0000 | 0000 | 0011 |
| 1 | 0001 | 0001 | 0001 | 0100 |
| 2 | 0010 | 0010 | 0010 | 0101 |
| 3 | 0011 | 0011 | 0011 | 0110 |
| 4 | 0100 | 0100 | 0100 | 0111 |
| 5 | 0101 | 1000 | 1011 | 1000 |
| 6 | 0110 | 1001 | 1100 | 1001 |
| 7 | 0111 | 1010 | 1101 | 1010 |
| 8 | 1000 | 1011 | 1110 | 1011 |
| 9 | 1001 | 1100 | 1111 | 1100 |

**1. 8421 BCD 码**

8421 BCD 码是一种应用十分广泛的代码。这种代码每位的权值是固定不变的，为恒权码。它取了自然二进制数的前 10 种组合表示一位十进制数 0~9，即 0000（0）~1001（9），从高位到低位的权值分别为 8、4、2、1，去掉了自然二进制数的后 6 位组合 1010~1111。8421 BCD 码每组二进制代码各位加权系数的和便为它所代表的十进制数。如 8421 BCD 码 0101 按权展开式为 $0\times8+1\times4+0\times2+1\times1=5$。所以，8421 BCD 码 0101 表示十进制数 5。

**2. 2421 BCD 码和 5421 BCD 码**

它们也是恒权码。从高位到低位的权值分别是 2、4、2、1 和 5、4、2、1，用 4 位二进制数表示 1 位十进制数，每组代码各位加权系数的和为其表示的十进制数。如 2421 BCD 码 1110 按权展开式为 $1\times2+1\times4+1\times2+0\times1=8$。所以，2421 BCD 码 1110 表示十进制数 8。

对于 5421 BCD 码，如代码为 1011 时，则按权展开式为 $1\times5+0\times4+1\times2+1\times1=8$。所以，5421 BCD 码 1011 表示十进制数 8。

**3. 余 3 BCD 码**

这种代码没有固定的权值，称为无权码，它是由 8421 BCD 码加3(0011)形成的，所以称为余 3 BCD 码，它也是用 4 位二进制数表示 1 位十进制数。如 8421 BCD 码0111(7)加0011(3)后，在余 3 BCD 码中为 1010，其表示十进制数 7。

# 9.3　逻辑函数

## 9.3.1　三种基本逻辑函数

数字电路实现的是逻辑关系。逻辑关系是指某事物的条件（或原因）与结果之间的关系。

逻辑关系常用逻辑函数来描述。逻辑代数中有三种基本运算：与、或、非。

### 1. 与运算

与运算：只有当决定事件的所有条件均满足时，这件事情才会发生。把这种因果关系称为与逻辑。

如图 9.2（a）所示，用二值逻辑 0 和 1 来表示电路状态，设 1 表示开关闭合或灯亮；0 表示开关断开或灯不亮，则得到图 9.2（b）所示的表格，称为逻辑真值表。

若用逻辑表达式来描述，则可写为

$$Y=A\cdot B$$

与运算的规则为“输入有 0，输出为 0；输入全 1，输出为 1”。

在数字电路中能实现与运算的电路称为与门电路，其逻辑符号如图 9.2（c）所示。

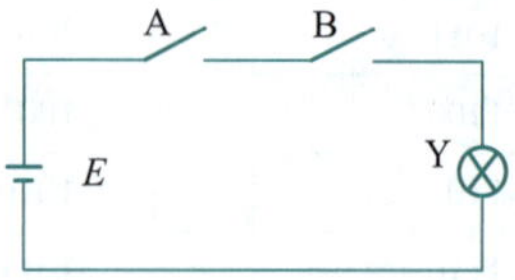


（a）电路图

| *A* | *B* | *Y* |
|---|---|---|
| 0 | 0 | 0 |
| 0 | 1 | 0 |
| 1 | 0 | 0 |
| 1 | 1 | 1 |

（b）逻辑真值表

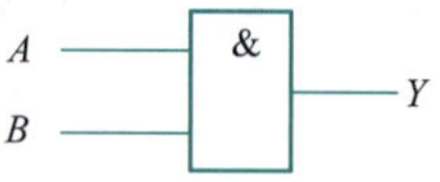


（c）逻辑符号

**图 9.2　与运算**

### 2. 或运算

或运算：当决定事件发生的几个条件中，只要具备一个或多个条件时，事件就会发生。把这种因果关系称为或逻辑。

或运算电路图如图 9.3（a）所示，逻辑真值表如图 9.3（b）所示。若用逻辑表达式来描述，则可写为

$$Y=A+B$$

或运算的规则为“输入有 1，输出为 1；输入全 0，输出为 0”。

在数字电路中能实现或运算的电路称为或门电路，其逻辑符号如图 9.3（c）所示。或运算也可以推广到多变量：

$$Y=A+B+C+\cdots$$

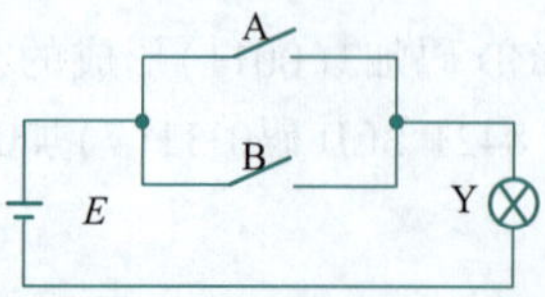


（a）电路图

| *A* | *B* | *Y* |
|---|---|---|
| 0 | 0 | 0 |
| 0 | 1 | 1 |
| 1 | 0 | 1 |
| 1 | 1 | 1 |

（b）逻辑真值表

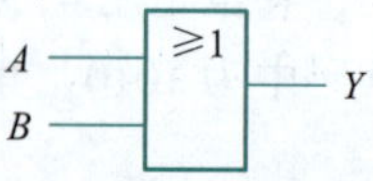


（c）逻辑符号

**图 9.3　或运算**

### 3. 非运算

非运算：某事件发生与否，仅取决于一个条件，而且是对该条件的否定。即条件具备时事

情不发生；条件不具备时事情才发生。

如图 9.4（a）所示电路，当开关 A 闭合时，灯不亮；而当开关 A 不闭合时，灯亮。其逻辑真值表如图 9.4（b）所示。若用逻辑表达式来描述，则可写为

$$Y=\overline{A}$$

非运算的规则为“输入 1，输出为 0；输入 0，输出为 1”。

在数字电路中实现非运算的电路称为非门电路，其逻辑符号如图 9.4（c）所示。

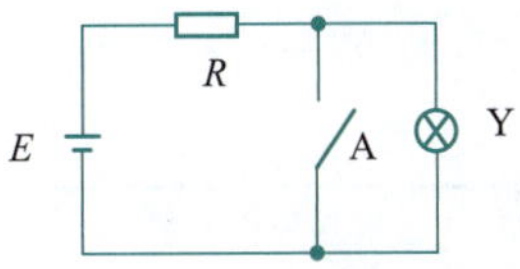


（a）电路图

| $A$ | $Y$ |
|---|---|
| 0 | 1 |
| 1 | 0 |

（b）逻辑真值表

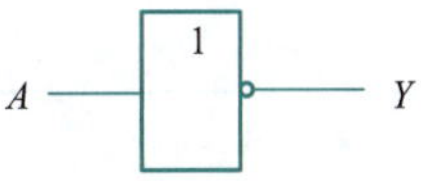


（c）逻辑符号

图 9.4　非运算

## 9.3.2　复合逻辑函数

任何复杂的逻辑运算都可以由上述三种基本逻辑运算组合而成。在实际应用中为了减少逻辑门的数目，使数字电路的设计更方便，还常常使用其他几种常用逻辑运算。

**1. 与非运算、或非运算、与或非运算**

与非运算为先与运算后非运算；或非运算为先或运算后非运算；与或非运算为先与运算后或运算再进行非运算。如输入逻辑变量为 $A$、$B$、$C$、$D$，输出逻辑函数为 $Y$ 时，则相应的逻辑表达式分别为

$$Y=\overline{A\cdot B}$$

$$Y=\overline{A+B}$$

$$Y=\overline{AB+CD}$$

实现这些逻辑运算的电路分别为与非门、或非门、与或非门，它们的逻辑符号如图 9.5 所示。图中用基本逻辑门逻辑符号表示的逻辑关系图称为逻辑图，它是描述逻辑函数的又一种形式。

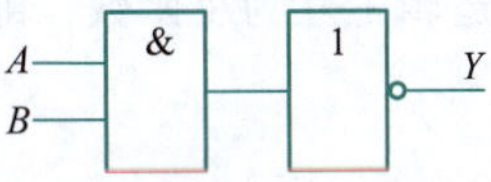


先与后非逻辑图

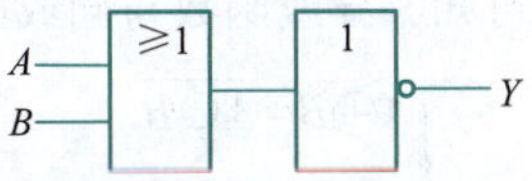


先或后非逻辑图

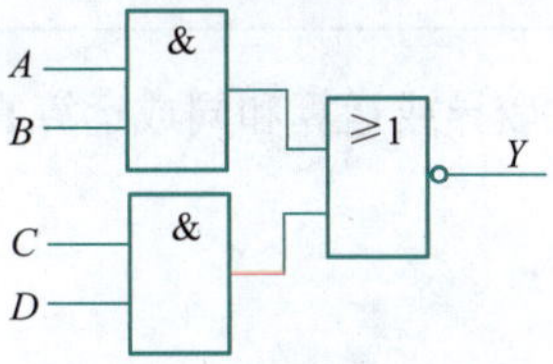


先与后或非逻辑图

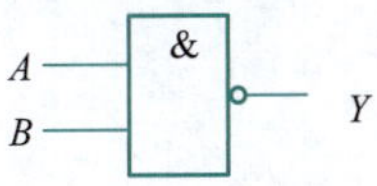


与非门

（a）与非运算

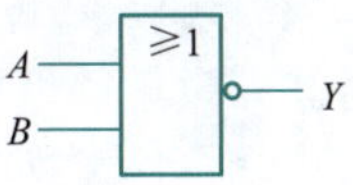


或非门

（b）或非运算

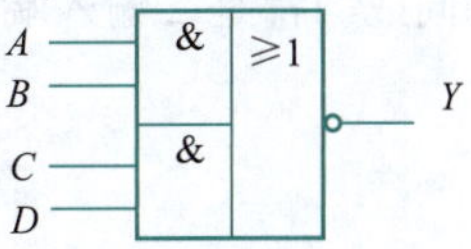


与或非门

（c）与或非运算

图 9.5　逻辑运算及逻辑符号

### 2. 异或运算和同或运算

异或运算和同或运算都是二变量逻辑运算。设输入逻辑变量为 $A$、$B$，输出逻辑函数为 $Y$。

异或运算的逻辑关系为：当输入 $A$、$B$ 相异时，输出 $Y$ 为 1；当输入 $A$、$B$ 相同时，输出 $Y$ 为 0。其真值表见表 9.3，它表示在 $A \neq B$ 的两种情况下（$A=0$、$B=1$ 或 $A=1$、$B=0$），输出 $Y=1$，否则输出 $Y=0$。如果规定：1 表示原变量，0 表示反变量，则根据其真值表可写出 $Y=1$ 的异或运算逻辑表达式为

$$Y=\overline{A}B+A\overline{B}=A\oplus B$$

式中，"⊕" 表示异或运算。

**表 9.3　异或逻辑真值表**

| A | B | Y |
|---|---|---|
| 0 | 0 | 0 |
| 0 | 1 | 1 |
| 1 | 0 | 1 |
| 1 | 1 | 0 |

同或运算的逻辑关系为：当输入 $A$、$B$ 相同时，输出 $Y$ 为 1；当输入 $A$、$B$ 相异时，输出 $Y$ 为 0。其真值表见表 9.4，它表示在 $A=B$ 的两种情况下（$A=B=0$ 或 $A=B=1$），输出 $Y=1$，否则输出 $Y=0$。由其真值表可写出使 $Y=1$ 的同或运算逻辑表达式为

$$Y=\overline{A}\,\overline{B}+AB=A\odot B$$

式中，"⊙" 表示同或运算。

**表 9.4　同或逻辑真值表**

| A | B | Y |
|---|---|---|
| 0 | 0 | 1 |
| 0 | 1 | 0 |
| 1 | 0 | 0 |
| 1 | 1 | 1 |

比较异或运算和同或运算真值表可知，异或函数与同或函数在逻辑上互为反函数，即

$$\begin{cases} A\oplus B=\overline{A\odot B} \\ A\odot B=\overline{A\oplus B} \end{cases}$$

实现异或运算和同或运算的电路称为异或门和同或门，它们的逻辑符号如图 9.6 所示。异或门和同或门都是二输入端的逻辑门。

（a）异或门　（b）同或门

**图 9.6　异或门和同或门的逻辑符号**

# 9.4　逻辑代数的基本定律和逻辑函数的化简

## 9.4.1　逻辑代数的基本定律

逻辑代数的基本公式是一些不需要证明的、直观的恒等式。它们是逻辑代数的基础，利用这些基本公式可以化简逻辑函数，还可以用来推证一些逻辑代数的基本定律。根据与、或、非三种基本运算，可推导出一些基本规则，列于表 9.5 中。

表 9.5　逻辑变量、常量运算公式

| 与运算 | 或运算 | 非运算 |
| --- | --- | --- |
| $A\cdot 0=0$ | $A+0=A$ | $\overline{\overline{A}}=A$ |
| $A\cdot 1=A$ | $A+1=1$ | |
| $A\cdot A=A$ | $A+A=A$ | |
| $A\cdot \overline{A}=0$ | $A+\overline{A}=1$ | |

逻辑代数的基本定律是分析、设计逻辑电路，化简和变换逻辑函数的重要工具。这些定律有其独自具有的特性，但也有一些与普通代数相似的定律，因此要严格区分，不能混淆。

与普通代数相似的定律有交换律、结合律、分配律，列于表 9.6 中。

表 9.6　交换律、结合律、分配律

| | |
| --- | --- |
| 交换律 | $A+B=B+A$ |
| | $A\cdot B=B\cdot A$ |
| 结合律 | $A+B+C=(A+B)+C=A+(B+C)$ |
| | $A\cdot B\cdot C=(A\cdot B)\cdot C=A\cdot(B\cdot C)$ |
| 分配律 | $A(B+C)=AB+AC$ |
| | $A+BC=(A+B)\cdot(A+C)$ |

表 9.6 中分配律的第二条是普通代数所没有的，现用逻辑代数的基本公式和定律证明如下：

$$\begin{aligned}\text{右式}&=(A+B)\cdot(A+C)\\&=A\cdot A+A\cdot C+A\cdot B+B\cdot C\\&=A+AC+AB+BC\\&=A(1+C+B)+BC\\&=A+BC=\text{左式}\end{aligned}$$

吸收律和反演律是逻辑函数化简中常用的基本定律，列于表 9.7 中。

表 9.7　吸收律和反演律

| | |
| --- | --- |
| 吸收律 | $A\cdot(\overline{A}+B)=AB$ |
| | $A+AB=A$ |
| | $A+\overline{A}B=A+B$ |
| | $AB+\overline{A}C+BC=AB+\overline{A}C$ |
| 反演律 | $\overline{A\cdot B}=\overline{A}+\overline{B}$ |
| | $\overline{A+B}=\overline{A}\cdot\overline{B}$ |

表 9.7 中所列的定律，最直接的证明方法是验证等式左、右两边各自的真值表是否相同。例如，若证明“反演律” $\overline{A \cdot B}=\overline{A}+\overline{B}$，可列真值表，见表 9.8。

表 9.8 “反演律”的证明

| A | B | $\overline{A \cdot B}$ | $\overline{A}+\overline{B}$ |
|---|---|---|---|
| 0 | 0 | 1 | 1 |
| 0 | 1 | 1 | 1 |
| 1 | 0 | 1 | 1 |
| 1 | 1 | 0 | 0 |

由真值表可知，对于 $A$、$B$ 两个变量的 $2^2=4$ 种取值，$\overline{A \cdot B}$ 和 $\overline{A}+\overline{B}$ 有相同的取值，因此“反演律”成立。

## 9.4.2 逻辑函数的代数化简

一个逻辑函数可以有多种不同的逻辑表达式和逻辑图。所以，直接根据某种逻辑要求而归纳出来的逻辑表达式及其对应的逻辑图，往往不是最简单的形式，这就需要对逻辑表达式进行化简。

逻辑函数有两种化简方式：代数化简法和卡诺图化简法。

例如某特定功能的逻辑函数 $Y$，用代数化简法有下列五种表示形式：

$Y=\overline{A}B+AC$ 与或表达式

$Y=(A+B)(\overline{A}+C)$ 或与表达式

$Y=\overline{\overline{\overline{A}B} \cdot \overline{AC}}$ 与非-与非表达式

$Y=\overline{\overline{A+B}+\overline{\overline{A}+C}}$ 或非-或非表达式

$Y=\overline{A\overline{B}+\overline{A}\overline{C}}$ 与或非表达式

一种形式的逻辑函数表达式对应一种逻辑电路。尽管一个逻辑函数表达式的各种表示形式不同，但逻辑功能是相同的。

代数化简法就是利用逻辑代数的基本公式和定律对给定的逻辑函数表达式进行化简，即消去表达式中的变量或项数。由于一个逻辑函数可以有多种表达形式，而最基本的是与或表达式。如果有了最简与或表达式，通过逻辑代数的基本公式进行变换，就可以得到其他形式的最简表达式。常用的有下列方法：

**1. 并项法**

用公式 $A+\overline{A}=1$，将逻辑函数表达式中两个与乘积项合并为一项，并消去一个变量。

【例 9.1】 化简 $Y=A(BC+\overline{B}\overline{C})+A(B\overline{C}+\overline{B}C)$。

解 $Y=ABC+A\overline{B}\overline{C}+AB\overline{C}+A\overline{B}C$

$=AB(C+\overline{C})+A\overline{B}(C+\overline{C})$

$=AB+A\overline{B}$

$=A(B+\overline{B})=A$

**2. 消去法**

用公式 $A+\bar{A}B=A+B$，消去第 2 项多余因子 $\bar{A}$。

**【例 9.2】** 化简 $Y=A\bar{B}+\bar{A}B+ABCD+\bar{A}\bar{B}CD$。

解 $Y=A(\bar{B}+BCD)+\bar{A}(B+\bar{B}CD)$

$=A\bar{B}+ACD+\bar{A}B+\bar{A}CD$

$=A\bar{B}+\bar{A}B+CD$

**3. 配项法**

用公式 $A=A(B+\bar{B})$，作为配项用，消去更多的项。

**【例 9.3】** 化简 $Y=AB+\bar{A}\bar{C}+B\bar{C}$。

解 在第 3 项配以因子 $A+\bar{A}$ 有

$Y=AB+\bar{A}\bar{C}+(A+\bar{A})B\bar{C}$

$=AB+\bar{A}\bar{C}+AB\bar{C}+\bar{A}B\bar{C}$

$=(AB+AB\bar{C})+(\bar{A}\bar{C}+\bar{A}B\bar{C})$

$=AB+\bar{A}\bar{C}$

## 9.4.3 逻辑函数的卡诺图化简

卡诺图是逻辑函数式的图解化简法。它克服了代数化简法对最终化简结果难以确定等缺点。卡诺图化简法具有确定的化简步骤，能比较方便地获得逻辑函数的最简与或表达式。

**1. 最小项的定义与性质**

（1）最小项的定义

如果一个函数的某个乘积项包含了函数的全部变量，其中每个变量都以原变量或反变量的形式出现，且仅出现一次，则这个乘积项称为该函数的一个标准乘积项，通常称为最小项。$n$ 个变量的全部最小项共有 $2^n$ 个。如三个变量 $A$、$B$、$C$ 可组成八个最小项：

$$\bar{A}\bar{B}\bar{C}、\bar{A}\bar{B}C、\bar{A}B\bar{C}、\bar{A}BC、A\bar{B}\bar{C}、A\bar{B}C、AB\bar{C}、ABC$$

（2）最小项的性质

下面以三变量的全部最小项为例说明它的性质，见表 9.9。

**表 9.9　三变量最小项真值表**

| $ABC$ | $\bar{A}\bar{B}\bar{C}$ | $\bar{A}\bar{B}C$ | $\bar{A}B\bar{C}$ | $\bar{A}BC$ | $A\bar{B}\bar{C}$ | $A\bar{B}C$ | $AB\bar{C}$ | $ABC$ |
|---|---|---|---|---|---|---|---|---|
| 000 | 1 | 0 | 0 | 0 | 0 | 0 | 0 | 0 |
| 001 | 0 | 1 | 0 | 0 | 0 | 0 | 0 | 0 |
| 010 | 0 | 0 | 1 | 0 | 0 | 0 | 0 | 0 |
| 011 | 0 | 0 | 0 | 1 | 0 | 0 | 0 | 0 |
| 100 | 0 | 0 | 0 | 0 | 1 | 0 | 0 | 0 |
| 101 | 0 | 0 | 0 | 0 | 0 | 1 | 0 | 0 |
| 110 | 0 | 0 | 0 | 0 | 0 | 0 | 1 | 0 |
| 111 | 0 | 0 | 0 | 0 | 0 | 0 | 0 | 1 |

由表 9.9 可以看出最小项有如下一些性质：

①任意一个最小项，只有一组变量取值使其值为 1，而其余各组变量取值均使它的值为 0。

②对于变量的任一组取值，任意两个不同的最小项的乘积必为 0。

③对于变量的任一组取值，全部最小项的和必为 1。

**2. 最小项的卡诺图表示**

将逻辑函数真值表中的最小项重新排列成矩阵形式，并且使矩阵的横方向和纵方向的逻辑变量的取值按照格雷码①的顺序排列，这样构成的图形就是卡诺图。卡诺图的特点是任意两个相邻的最小项在图中也是相邻的。相邻项是指两个最小项只有一个因子互为反变量，其余因子均相同，又称逻辑相邻项。下面介绍二至四变量最小项卡诺图的画法。

（1）二变量卡诺图

设 2 个变量为 $A$ 和 $B$，则全部 4 个最小项为 $\overline{A}\overline{B}$、$\overline{A}B$、$A\overline{B}$、$AB$，分别记为 $m_0$、$m_1$、$m_2$、$m_3$。按相邻性画出二变量卡诺图，如图 9.7（a）所示。

（2）三变量卡诺图

设 3 个变量为 $A$、$B$、$C$，全部最小项有 $2^3=8$ 个，分别记为 $m_0$、$m_1$、…、$m_7$，卡诺图由 8 个方格组成，按相邻性安放最小项，可画出三变量卡诺图，如图 9.7（b）所示。

应当注意，图 9.7（b）中变量 $AB$ 的取值不是按自然二进制(00,01,10,11)的顺序排列，而是按照格雷码(00,01,11,10)的顺序排列的，这样才能保证卡诺图中最小项在几何位置上的相邻。由图 9.7（b）还可看出，同一行的最左方格和最右方格里的最小项也是相邻的，它表明了卡诺图的循环相邻性，这也是由格雷码循环相邻性决定的。

（3）四变量卡诺图

设 4 个变量为 $A$、$B$、$C$、$D$，全部最小项有 $2^4=16$ 个，分别记为 $m_0$、$m_1$、…、$m_{15}$，卡诺图由 16 个方格组成，按相邻性安放最小项，可画出四变量卡诺图，如图 9.7（c）所示。

图 9.7（c）中的横向变量 $AB$ 和纵向变量 $CD$ 都是按格雷码顺序排列的，保证了最小项在卡诺图中的循环相邻性，即同一行最左方格与最右方格相邻，同一列最上方格和最下方格相邻。

对于五变量及以上的卡诺图，由于很复杂，在逻辑函数的化简中很少使用，这里不再介绍。

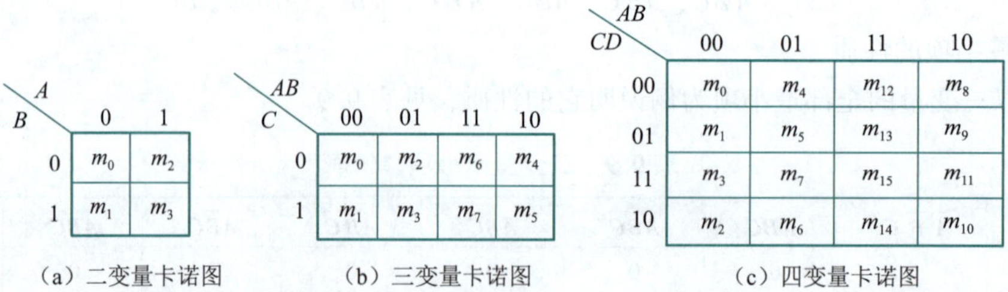


（a）二变量卡诺图　（b）三变量卡诺图　（c）四变量卡诺图

**图 9.7　二变量、三变量、四变量卡诺图**

**3. 用卡诺图表示逻辑函数**

（1）逻辑函数的标准与或式

如果一个与或逻辑表达式中的每一个与项都是最小项，则该逻辑表达式称为标准与或式，

① 在一组数的编码中，若任意两个相邻的代码只有一位二进制数不同，则称这种编码为格雷码（Gray code）。

也称为最小项表达式。任何一个逻辑函数都可以表示成唯一的一组最小项之和的表达式。对于不是最小项表达式的与或表达式，可利用公式 $A+\overline{A}=1$ 和 $A(B+C)=AB+BC$ 来配项展开成最小项表达式。

**【例 9.4】** 试将逻辑函数表达式 $Y=\overline{A}+BC$ 变换为标准与或式。

**解** 
$$\begin{aligned}Y &= \overline{A}+BC\\ &= \overline{A}(B+\overline{B})(C+\overline{C})+(A+\overline{A})BC\\ &= \overline{A}BC+\overline{A}B\overline{C}+\overline{A}\,\overline{B}C+\overline{A}\,\overline{B}\,\overline{C}+ABC+\overline{A}BC\\ &= \overline{A}\,\overline{B}\,\overline{C}+\overline{A}\,\overline{B}C+\overline{A}B\overline{C}+\overline{A}BC+ABC\\ &= m_0+m_1+m_2+m_3+m_7\\ &= \sum m(0,1,2,3,7)\end{aligned}$$

（2）用卡诺图表示逻辑函数的步骤

①根据逻辑函数表达式中的变量数，画出变量的卡诺图；

②在卡诺图上有最小项的方格内填入 1，其余的方格内不填（也可填入 0）。

根据逻辑函数画出的卡诺图是唯一的，它是描述逻辑函数的又一种形式。

**【例 9.5】** 试画出 $Y=\overline{A}+BC$ 的标准与或式的卡诺图。

**解** 这是一个三变量的逻辑函数。

①画出三变量最小项卡诺图，如图 9.7（b）所示。

②填卡诺图，把逻辑函数表达式中的 5 个最小项 $m_0$、$m_1$、$m_2$、$m_3$、$m_7$ 对应的方格中填入 1，其余不填，如图 9.8 所示。

| C \ AB | 00 | 01 | 11 | 10 |
|---|---|---|---|---|
| 0 | 1 | 1 | | |
| 1 | 1 | 1 | 1 | |

**图 9.8　逻辑函数的卡诺图**

### 4. 用卡诺图化简逻辑函数

用卡诺图化简逻辑函数式的原理是利用卡诺图的相邻性，对最小项进行合并，消去互反变量，以达到化简的目的。2 个相邻最小项合并，可以消去 1 个变量；4 个相邻最小项合并，可以消去 2 个变量；把 $2^n$ 个相邻最小项合并，可以消去 $n$ 个变量。

用卡诺图化简逻辑函数的步骤和规则如下：画出逻辑函数的卡诺图；合并卡诺图中的相邻最小项。

把卡诺图中 $2^n$ 个相邻为 1 的最小项方格用包围圈圈起来进行合并，直到所有 1 方格全部圈完为止。画圈的规则如下：

①只有相邻的 1 方格才能合并，而且每个包围圈只能包含 $2^n$（$n=0$，1，2…）个 1 方格。就是说，只能按 1、2、4、8、16 个 1 方格的数目画包围圈。

②为了充分化简，1 方格可以被重复圈在不同的包围圈中，但在新画的包围圈中必须有未被圈过的 1 方格，否则该包围圈是多余的。

③为避免画出多余的包围圈，画包围圈时应遵从由少到多的顺序圈，即先圈独立的方格，再圈仅为两个相邻的 1 方格，然后分别圈 4 个、8 个相邻的 1 方格。

④包围圈的个数尽量少，这样逻辑函数的与项就少。

⑤包围圈尽量大，这样消去的变量就多，与门输入端的数目就少。

⑥将合并化简后的各与项进行逻辑加，便为所求的逻辑函数最简与或式。

下面举例说明化简步骤和方法。

**【例 9.6】** 试用卡诺图化简逻辑函数 $Y(A,B,C,D)=\sum m(4,6,9,11)$

**解** ①画出四变量最小项卡诺图，如图 9.7（c）所示。

②填卡诺图。将逻辑函数式中的最小项在卡诺图的相应方格内填 1，如图 9.9 所示。

| CD \ AB | 00 | 01 | 11 | 10 |
|---|---|---|---|---|
| 00 | 0 | 1 | 0 | 0 |
| 01 | 0 | 0 | 0 | 1 |
| 11 | 0 | 0 | 0 | 1 |
| 10 | 0 | 1 | 0 | 0 |

**图 9.9 例 9.6 逻辑函数卡诺图**

③合并相邻最小项。将相邻为 1 的方格按 $2^n$ 数目圈起来。

④合并每个包围圈内的最小项。

$Y_1=A\overline{B}\,\overline{C}D+A\overline{B}CD=A\overline{B}D$（合并结果为共有变量）

$Y_2=\overline{A}B\overline{C}\,\overline{D}+\overline{A}BC\overline{D}=\overline{A}B\overline{D}$（合并结果为共有变量）

⑤把全部包围圈最小项的合并结果进行逻辑加，就得到逻辑函数的最简与或表达式为 $Y=A\overline{B}D+\overline{A}B\overline{D}$。

# 9.5 逻辑门电路

## 9.5.1 基本逻辑门电路

基本的逻辑门电路包括三种：与门、或门和非门。

**1. 与门**

与门电路是能满足输入与输出变量之间与逻辑关系的电路。由二极管组成的与门电路如图 9.10（a）所示，图 9.10（b）是二输入与门的逻辑符号。图中 $A$、$B$ 为输入端，$Y$ 为输出端。下面分析二极管与门的工作原理。

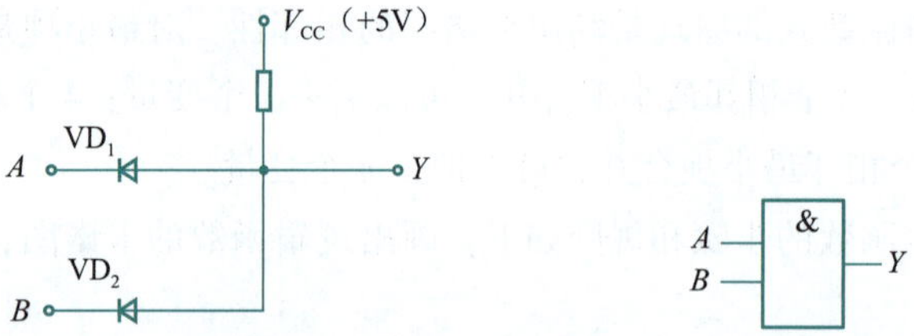

（a）电路图　（b）逻辑符号

**图 9.10 二极管与门**

当 $A$、$B$ 都为低电平（如 $V_A=V_B=0$ V）时，$VD_1$、$VD_2$ 都正偏导通。设二极管的正偏导通压降为 0.7 V，则输出电压为 0.7 V。

当 $A$、$B$ 中任一个为低电平时，接低电平的二极管优先导通，使输出仍为低电平 0.7 V。当输出为 0.7 V 时，接高电平的二极管反偏截止。

当 $A$、$B$ 都为高电平（如 $V_A=V_B=3$ V）时，$VD_1$、$VD_2$ 都正偏导通，输出电压为 3.7 V。

设高电平用 1 表示，低电平用 0 表示，上述输入/输出关系可归入表 9.10 中。这种用高电平表示 1，低电平表示 0 的方式称为正逻辑，反之称为负逻辑。从表 9.10 可知，$Y$ 与 $A$、$B$ 之间的关系是：只有当 $A$ 和 $B$ 全为 1，$Y$ 输出 1；否则 $Y$ 输出 0。

其逻辑表达式为

$$Y=A\cdot B$$

**表 9.10　二极管与门真值表**

| $A$ | $B$ | $Y$ |
|---|---|---|
| 0 | 0 | 0 |
| 0 | 1 | 0 |
| 1 | 0 | 0 |
| 1 | 1 | 1 |

与门除了能进行与运算外，还常在数控电路中用作控制门。其控制作用如图 9.11 所示。当控制端 $A$ 为高电平 1 时，输入端 $B$ 的矩形脉冲能通过与门到达输出端，称与门被打开；反之，当控制端 $A$ 为低电平 0 时，输出为 0，输入信号不能通过与门，称与门被关闭。

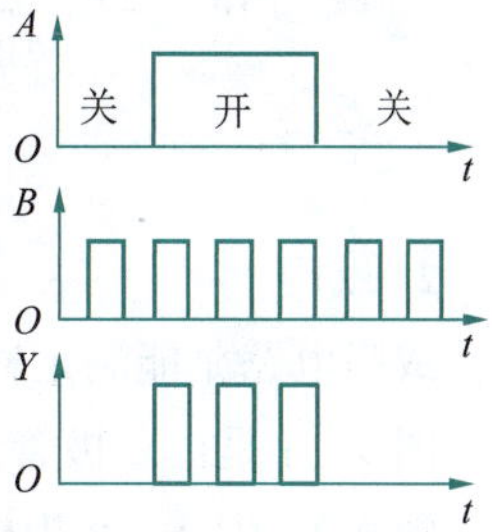

**图 9.11　与门控制作用**

在实际应用中，常用集成电路代替分立元件电路。74LS08 是 4 路二输入与门集成电路，其外形与外引脚图如图 9.12 所示。

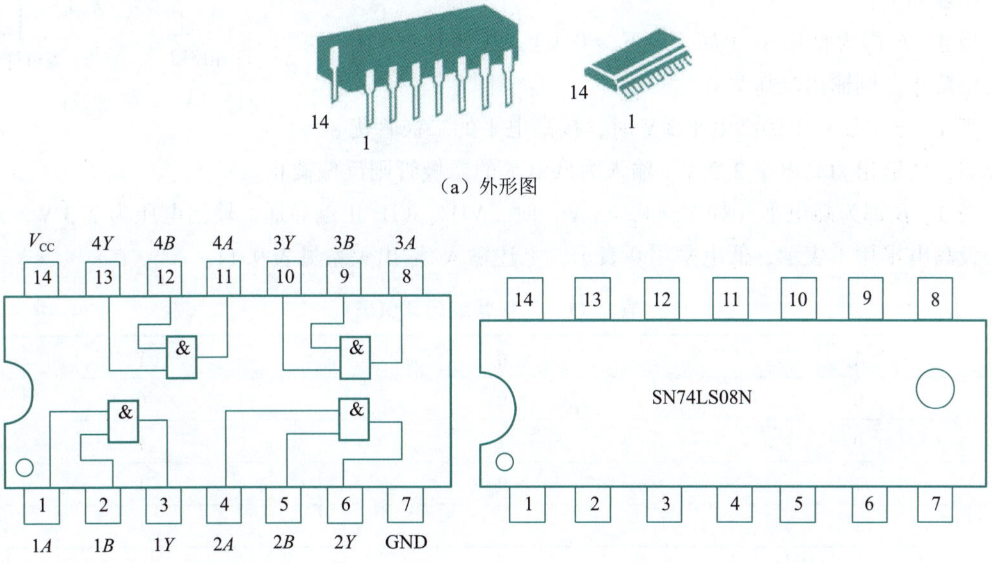

**图 9.12　74LS08 外形与外引脚图**

集成电路的外引脚排序是有规律的。识别的方法是：面对集成电路的字符标志面，以半圆缺口或小圆点的左下方开始为 1 引脚，按逆时针顺序编号，直到编完为止。图 9.12 中，14 引脚外接电源正极（+5 V），7 引脚接地。引脚名称中，$A$ 和 $B$ 表示输入端，$Y$ 表示输出端。同属一个逻辑与门的前缀相同，如 2$A$、2$B$ 和 2$Y$ 同属一个与门，对应外引脚分别为 4、5 和 6。注意：只有在 $V_{CC}$ 和 GND 接上正确的电压时，集成块中的与门才能正常工作。工作时，高电平输出电压 $U_{OH}$ 典型值为 3.6 V，低电平输出电压 $U_{OL}$ 典型值为 0.3 V。

常用的 TTL 集成与门电路还有 3 路三输入与门电路 74LS11 和 2 路四输入与门电路 74LS21，它们的外引脚图如图 9.13（a）、（b）所示。其中，NC 表示不用的引脚。

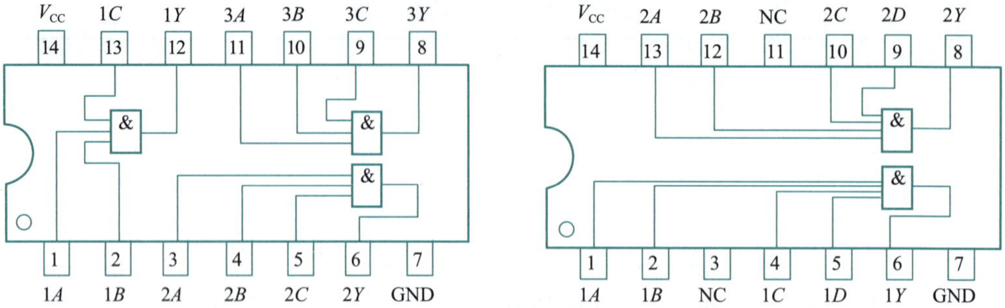


（a）74LS11　　（b）74LS21

图 9.13　常用的 TTL 集成与门电路外引脚图

### 2. 或门

或门电路是能满足输入与输出变量之间或逻辑关系的电路。图 9.14 是由二极管组成的二输入或门的电路图和逻辑符号。图 9.14 中 $A$、$B$ 为输入端，$Y$ 为输出端。二极管或门的工作原理如下：

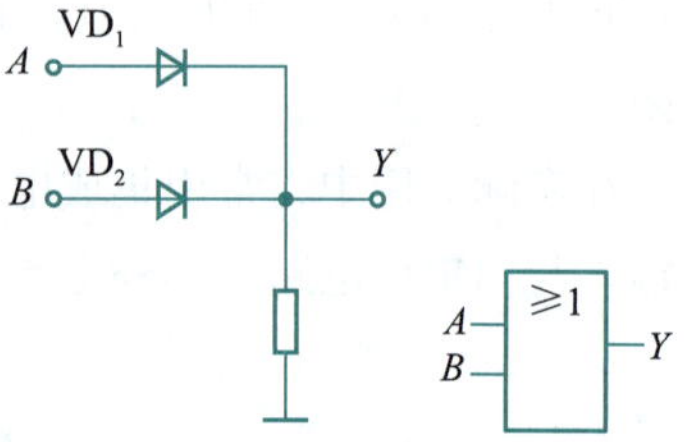


（a）电路图　　（b）逻辑符号

图 9.14　二极管或门

当 $A$、$B$ 都为低电平（如 $V_A=V_B=0$ V）时，$VD_1$、$VD_2$ 都反偏截止，则输出电压为 0 V。

当 $A$、$B$ 中任一个为高电平 3 V 时，接高电平的二极管优先导通，使输出为高电平 2.3 V，输入为低电平的二极管则反偏截止。

当 $A$、$B$ 都为高电平（如 $V_A=V_B=3$ V）时，$VD_1$、$VD_2$ 正偏导通，输出电压为 2.3 V。

设高电平用 1 表示，低电平用 0 表示，上述输入/输出关系见表 9.11。

表 9.11　二极管或门真值表

| **A** | **B** | **Y** |
|---|---|---|
| 0 | 0 | 0 |
| 0 | 1 | 1 |
| 1 | 0 | 1 |
| 1 | 1 | 1 |

从表 9.11 中可以观察到，$Y$ 与 $A$、$B$ 之间的关系是：只有当 $A$ 和 $B$ 全为 0 时，$Y$ 才输出 0；否则 $Y$ 输出 1。

其逻辑表达式为

$$Y=A+B$$

或门在数控电路中也可作为控制门。其控制作用如图 9.15 所示。当控制端 $A$ 为低电平 0 时，输入端 $B$ 的矩形脉冲能通过或门到达输出端，称或门被打开；反之，当控制端 $A$ 为高电平 1 时，输出恒为 1，矩形脉冲不能通过或门，称为或门被关闭。

在实际应用中，常用 TTL 集成或门电路是 4 路二输入或门 74LS32，其外引脚图如图 9.16 所示。其引脚顺序与 74LS08 相同。

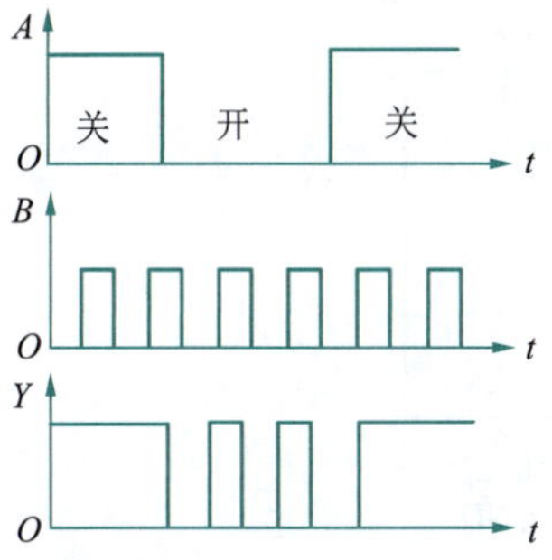


图 9.15　或门控制作用

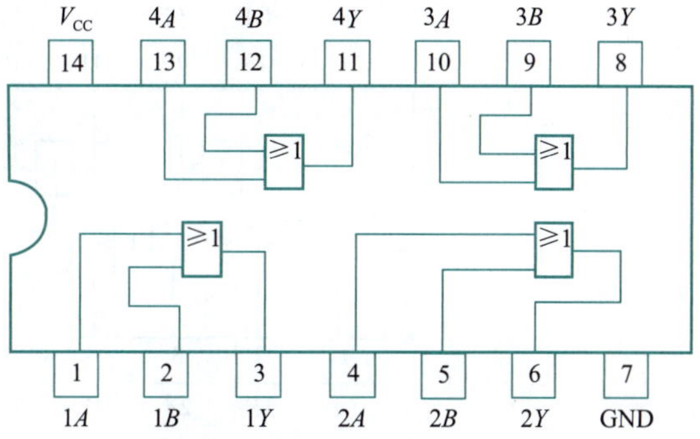


图 9.16　74LS32 外引脚图

### 3. 非门

三极管有三种工作状态：截止、放大和饱和。在模拟电子电路中，三极管主要工作在放大区，而在数字电子电路中，三极管主要工作在截止区和饱和区。由三极管反相器构成的非门电路及逻辑符号如图 9.17（a）所示。它能满足输入与输出变量之间的逻辑非关系。三极管反相器的电压传输特性如图 9.17（b）所示。

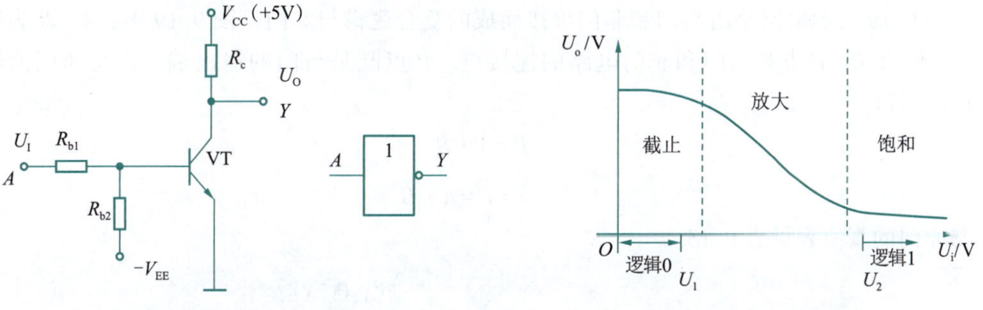


（a）非门电路及逻辑符号　　（b）电压传输特性

图 9.17　三极管反相器

在图 9.17（b）中，电压 $U_1$ 表示三极管发射结导通电压，$U_2$ 是恰好使 $I_B=I_{BS}$（临界饱和电流）的电压。当 $U_I<U_1$ 时，三极管截止；当 $U_I>U_2$ 时，三极管饱和。设逻辑 0 电压小于 $U_1$，逻辑 1 的电压大于 $U_2$。那么，当输入为逻辑 0 时，三极管截止，输出 $Y$ 接近 $V_{CC}$，即输出逻辑 1；当输入为逻辑 1 时，三极管饱和，输出 $Y$ 约为 0.3 V，即输出逻辑 0。由此可得反相器的输入与输出端之间能实现非逻辑运算。其真值表见表 9.12。其逻辑表达式为

$$Y=\overline{A}$$

表 9.12　三极管非门真值表

| *A* | *Y* |
| --- | --- |
| 0 | 1 |
| 1 | 0 |

在实际应用中，常用 6 路非门 TTL 集成电路 74LS04，其外引脚图如图 9.18 所示。

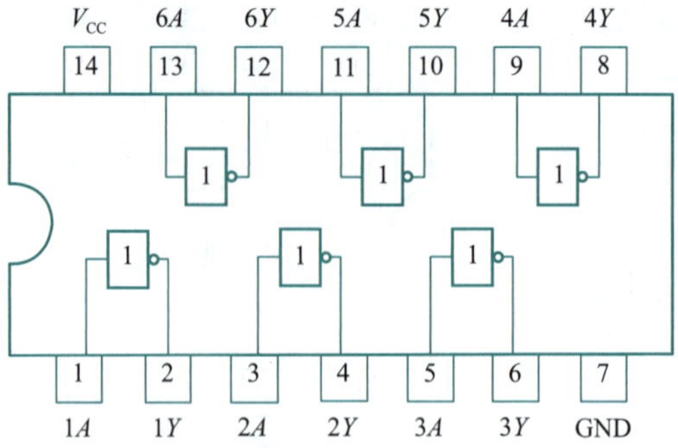


图 9.18　74LS04 外引脚图

## 9.5.2　复合逻辑门电路

复合逻辑门是由两种以上的基本逻辑门电路组合而成的。常见的复合逻辑门电路有与非门、或非门、与或非门、异或门和同或门。其中，与非门和或非门应用最广泛。下面将着重介绍与非门和或非门。

### 1. 与非门

如图 9.19 所示电路是由与门和非门串接而成的复合逻辑与非门。图 9.19 中，$A$、$B$ 为输入端，$Y$ 为输出端。$P$ 点是与门和非门电路的连接点。$P$ 点既是与门的输出端，也是非门的输入端。由此可得

$$P=A\cdot B$$

$$Y=\overline{P}=\overline{A\cdot B}$$

与非门的真值表见表 9.13。

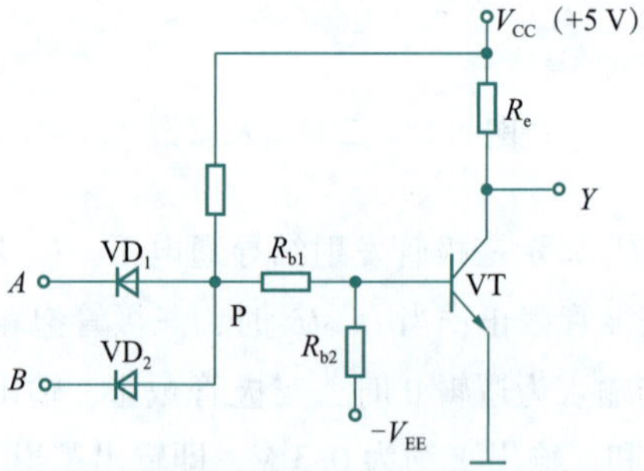


图 9.19　分立元件与非门电路

表 9.13　与非门真值表

| A | B | Y |
|---|---|---|
| 0 | 0 | 1 |
| 0 | 1 | 1 |
| 1 | 0 | 1 |
| 1 | 1 | 0 |

在实际应用中，常用的 TTL 集成与非门电路有 4 路二输入与非门 74LS00、3 路三输入与非门 74LS10、2 路四输入与非门 74LS20、八输入与非门 74LS30。其外引脚图如图 9.20 所示。

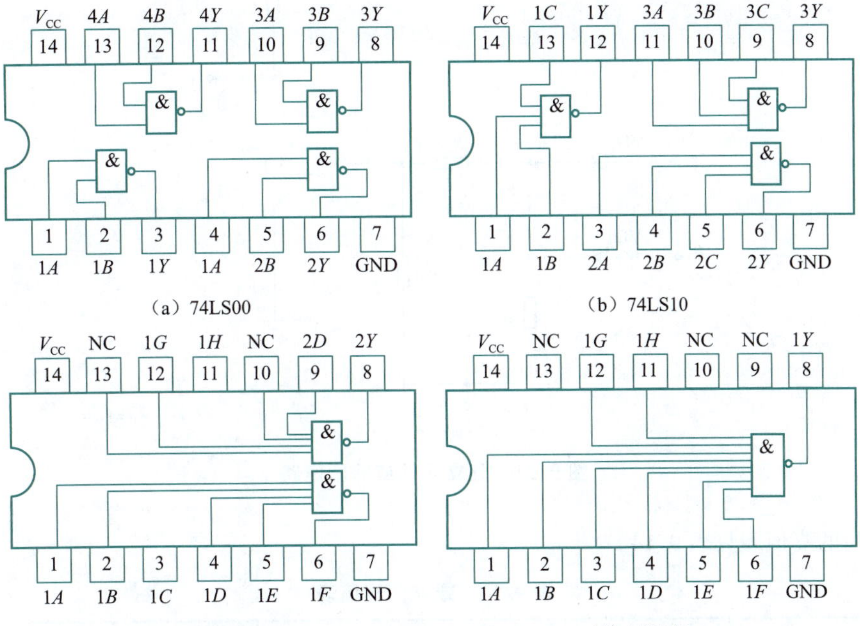


**图 9.20 常用 TTL 集成与非门外引脚图**

【例 9.7】 试用 74LS00 实现逻辑函数 $Y=A+B\overline{C}$。

解 因为 74LS00 只能进行与非运算，所以，先利用反演律将 $Y=A+B\overline{C}$ 转换成与非运算。

$$Y=A+B\overline{C}=\overline{\overline{A+B\overline{C}}}=\overline{\overline{A}\cdot\overline{B\overline{C}}}=\overline{\overline{A\cdot A}\cdot\overline{B\cdot\overline{C\cdot C}}}$$

按逻辑表达式绘出逻辑图如图 9.21 所示。与非门引脚边的数字是外引脚序号。

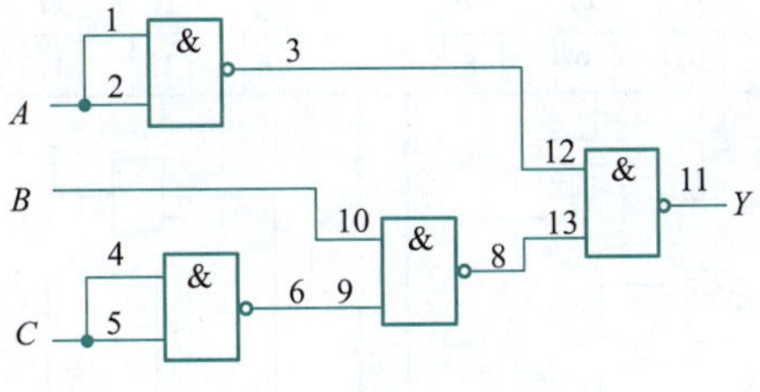


**图 9.21 例 9.7 逻辑图**

## 2. 或非门

图 9.22 所示电路是由或门和非门串接而成的复合逻辑或非门。图 9.22 中 $A$、$B$ 为输入端，$Y$ 为输出端。$P$ 点是与门和非门电路的连接点。P 点既是或门的输出端，也是非门的输入端。由此可得

$$P=A+B$$

$$Y=\overline{P}=\overline{A+B}$$

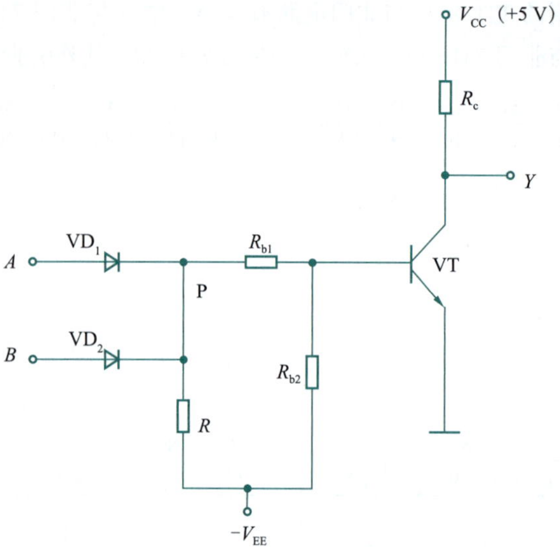


**图 9.22　分立元件或非门电路**

或非门的真值表见表 9.14。

**表 9.14　或非门真值表**

| *A* | *B* | *Y* |
|---|---|---|
| 0 | 0 | 1 |
| 0 | 1 | 1 |
| 1 | 0 | 1 |
| 1 | 1 | 0 |

在实际应用中，常用的 TTL 集成或非门电路有：4 路二输入或门 74LS02、3 路三输入或门 74LS27。其外引脚图如图 9.23 所示。

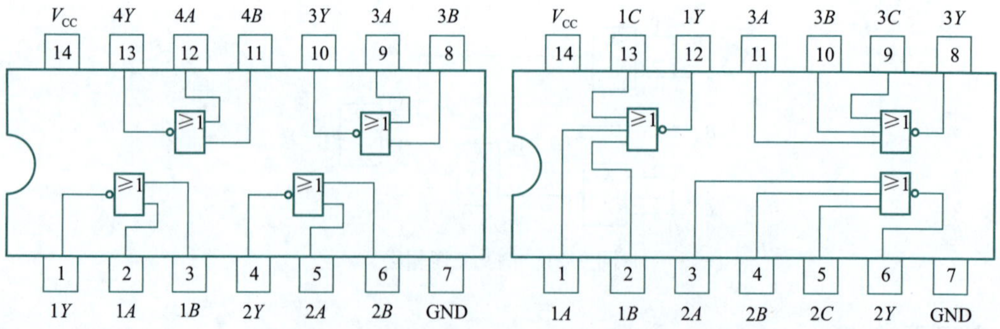


（a）74LS02　　（b）74LS27

**图 9.23　常用 TTL 集成或非门外引脚图**

**【例 9.8】** 试用 74LS02 实现逻辑函数 $Y=A\bar{C}+B\bar{C}$。

**解**　因为 74LS02 只能进行或非运算，所以，先利用反演律将 $Y=A\bar{C}+B\bar{C}$ 转换成或非运算。

$$Y=A\bar{C}+B\bar{C}=(A+B)\cdot\bar{C}=\overline{\overline{(A+B)\cdot\bar{C}}}=\overline{\overline{(A+B)}+C}$$

按逻辑表达式绘出逻辑图如图 9.24 所示。或非门引脚边的数字是外引脚序号。

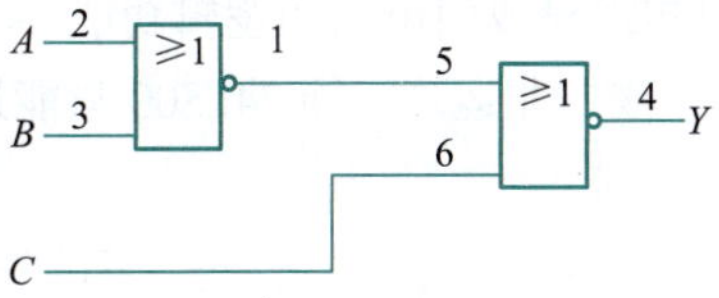


图 9.24　例 9.8 逻辑图

### 3. 与或非门

图 9.25 为 74LS55 的外引脚图及逻辑符号。它是 2 路四输入的与或非门电路。从图 9.25（a）中可以看出，与或非门是由两个四输入的与门和一个二输入的或非门构成的，运算时先进行两路四输入的与运算，再将与的结果进行或非运算。其逻辑表达式为

$$Y=\overline{ABCD+EFGH}$$

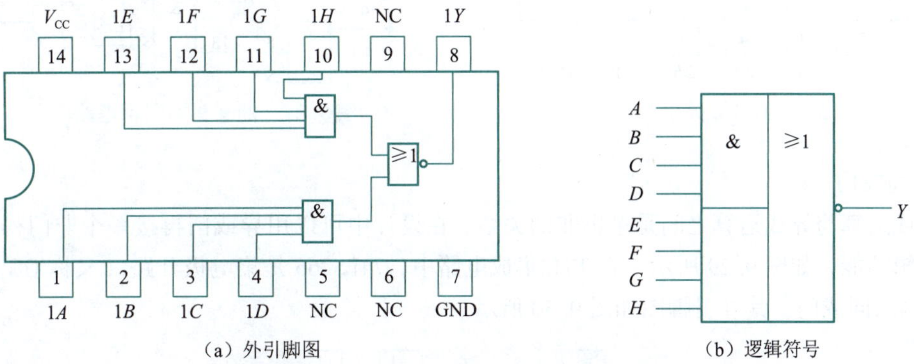


图 9.25　74LS55 外引脚图及逻辑符号

74LS54 是 3-2-2-3 输入与或非门电路，如图 9.26 所示。电路内部包含由两个二输入与门和两个三输入与门作为第一级输入，一个四输入或非门作为末级输出。其逻辑表达式为

$$Y=\overline{ABC+DE+FG+HIJ}$$

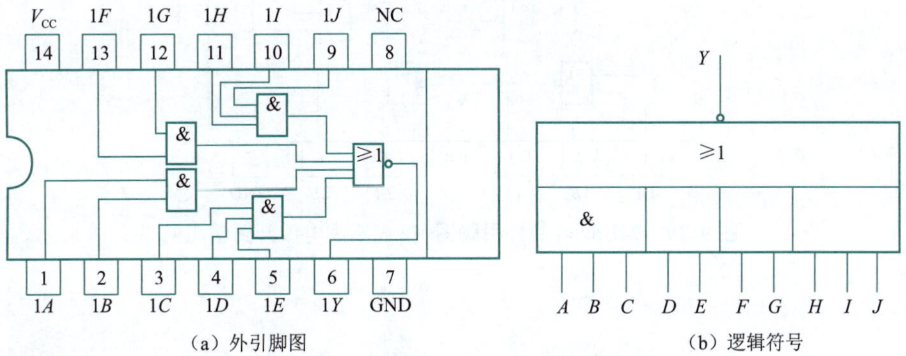


图 9.26　74LS54 外引脚图及逻辑符号

### 4. 异或门

TTL 集成逻辑门电路 74LS86 是 4 路二输入的异或门。其外引脚图如图 9.27 所示。其逻辑表达式为

$$Y=A\oplus B=\bar{A}B+A\bar{B}$$

【例 9.9】 用 74LS00 与非门实现异或门电路的逻辑功能。

**解** 异或门的表达式中含与、或、非运算，而 74LS00 只能进行与非运算。所以应先将异或门输出表达式转换成与非-与非表达式。

$$Y=A\oplus B=\bar{A}B+A\bar{B}=\overline{\overline{\bar{A}B+A\bar{B}}}=\overline{\overline{\bar{A}B}\cdot\overline{A\bar{B}}}$$

按逻辑表达式绘出逻辑图如图 9.28 所示。

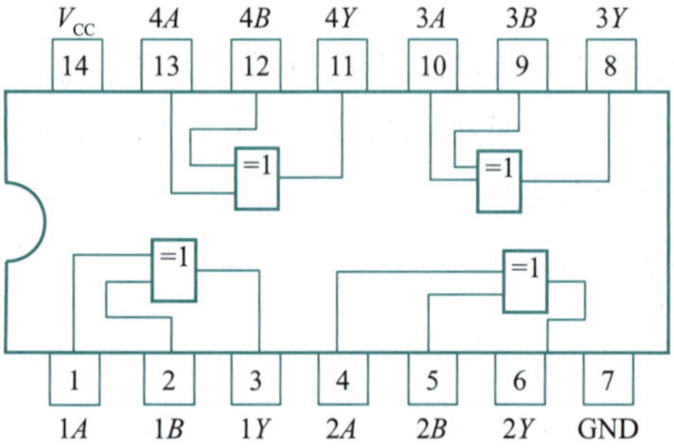

图 9.27 74LS86 外引脚图

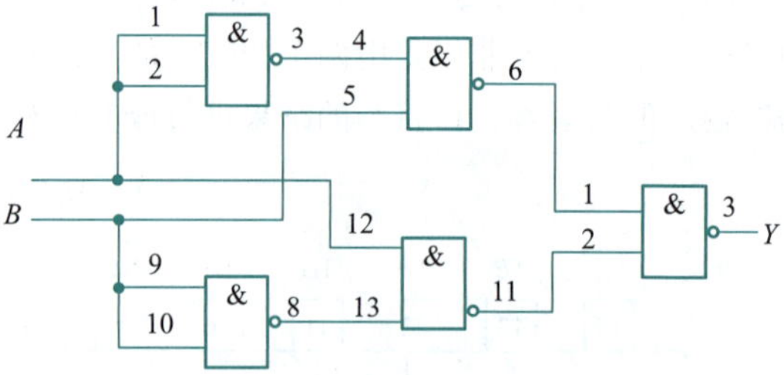

图 9.28 例 9.9 的逻辑电路图

### 5. 同或门

同或运算与异或运算之间是逻辑非的关系。在设计中可以用异或门再接一个非门得到同或门的逻辑功能，如图 9.29 所示。在 TTL 集成电路中，74LS266 是集电极开路（又称 OC 门）的 4 路二输入同或门，其外引脚图如图 9.30 所示。

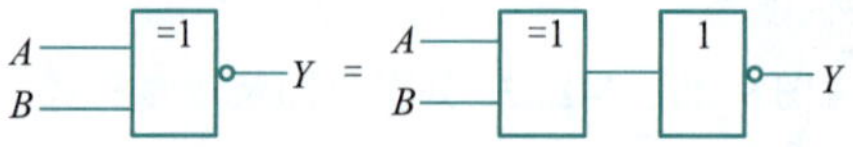

图 9.29 同或与异或的关系

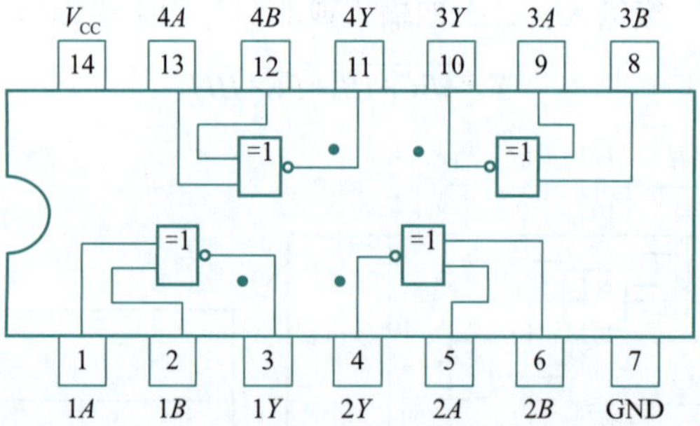

图 9.30 74LS266 的外引脚图（•表示集电极开路输出）

## 小 结

本章主要介绍了逻辑门电路的相关知识，帮助读者了解复合逻辑门，并掌握基本逻辑门的功能和逻辑表达式。希望读者通过本章的学习，能够掌握基本逻辑门的工作原理，提高逻辑门电路设计能力，准确写出逻辑表达式。

# 习　　题

**9.1**　下列哪些是模拟量？哪些是数字量？

（1）扬声器中的电流　　（2）房间的温度

（3）10 位拨码开关　　（4）自行车轮胎的压力

（5）汽车上指针式速度表指示数值

**9.2**　将下列十进制数转换为二进制数和十六进制数。

（1）63　　（2）127　　（3）234　　（4）2313

**9.3**　将下列二进制数转换为十进制数。

（1）$(1110)_B$　　（2）$(10111100)_B$　　（3）$(1001.01101)_B$　　（4）$(0.11011)_B$

**9.4**　用逻辑代数定律证明下列等式

（1）$AB+BCD+\bar{A}C+\bar{B}C=AB+C$

（2）$AB+BC+AC=(A+B)(B+C)(A+C)$

（3）$A\bar{B}+B\bar{C}+C\bar{A}=\bar{A}B+\bar{B}C+\bar{C}A$

（4）$(A+B)(A+\bar{B})=A$

**9.5**　用代数化简法将下列各式化简成最简与或表达式。

（1）$L=\bar{A}B+\bar{A}C+\bar{B}\bar{C}+AD$

（2）$L=AD+A\bar{D}+AB+\bar{A}E+BD+ACEF+\bar{B}EF$

（3）$L=\overline{(AB+\bar{A}C)}C+\bar{C}D$

（4）$L=\overline{\overline{AC+\bar{A}BC}+\bar{B}C+AB\bar{C}}$

**9.6**　用卡诺图化简法化简下列各式。

（1）$Y=\bar{A}\bar{B}C+A\bar{B}\bar{C}D+AB\bar{C}D+ABC$

（2）$Y=A\bar{B}CD+D(\bar{B}\bar{C}D)+(A+C)B\bar{D}+\bar{A}\,\overline{(\bar{B}+C)}$

（3）$L(A,B,C,D)=\sum m(0,2,4,8,10,12)$

（4）$L(A,B,C,D)=\sum m(0,1,2,5,6,8,9,13,14)$

# 第10章 组合逻辑电路与时序逻辑电路

数字逻辑电路按照逻辑功能的不同，可以分为两大类：一类是组合逻辑电路；另一类是时序逻辑电路。本章先介绍组合逻辑电路的特点、一般分析方法和设计方法，以及常用的组合逻辑电路，如编码器、译码器、加法器、数据选择器和数值比较器等部件的工作原理、功能特点及应用；然后分析触发器的特点、构成和工作方式；接着在简要介绍时序逻辑电路的功能、特点及其工作原理的基础上，重点讨论时序逻辑电路的分析方法；最后给出常用时序逻辑部件的应用。

## 10.1 组合逻辑电路

### 10.1.1 组合逻辑电路概述

组合逻辑电路是一些逻辑门电路的组合，是指电路在任意时刻的输出仅仅取决于该时刻各输入值的组合，而与过去的输入值无关。组合逻辑电路的结构框图如图 10.1 所示。

图 10.1 组合逻辑电路的结构框图

组合逻辑电路一般具有多输入、多输出形式，其中，$a_1$、$a_2$、…、$a_n$ 表示 $n$ 个输入变量，$y_1$、$y_2$、…、$y_m$ 表示 $m$ 个输出变量，输出与输入之间的逻辑关系可以用一组逻辑函数表示，即

$$
\begin{aligned}
y_1 &= f_1(a_1, a_2, \cdots, a_n)\\
y_2 &= f_2(a_1, a_2, \cdots, a_n)\\
&\vdots\\
y_m &= f_m(a_1, a_2, \cdots, a_n)
\end{aligned}
$$

从电路结构看，组合逻辑电路具有两个特点：

①不包含任何记忆（存储）元件；

②信号是单向传输的，不存在由输出到输入的反馈回路。

可以用真值表、卡诺图、逻辑图或逻辑函数表达式描述组合逻辑电路。

### 10.1.2 组合逻辑电路的分析

组合逻辑电路的分析是指根据一个给定的逻辑电路，找出其输出变量与输入变量的逻辑关系，从而确定电路的逻辑功能。

分析组合逻辑电路，一般遵循如下步骤：

①根据逻辑图，从输入端到输出端，开始逐级推导，直至写出所有输出端的逻辑表达式。

②根据逻辑图写出的输出函数表达式不一定是最简表达式，应采用代数化简法或卡诺图化简法对逻辑表达式进行化简。

③根据输出函数最简表达式，列出输出函数真值表。

④根据真值表，或化简后的逻辑函数表达式，用文字描述概括出组合电路的逻辑功能。

**【例 10.1】**　分析图 10.2 所示逻辑电路的功能。

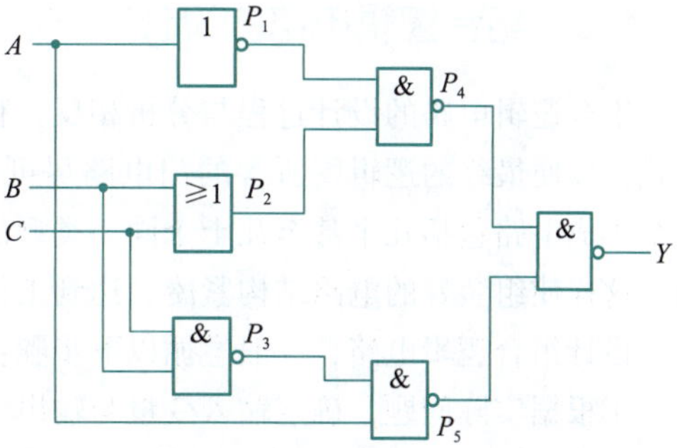


图 10.2　例 10.1 图

**解**　根据组合逻辑电路的分析方法，按如下步骤进行：

①写出逻辑表达式：由前级到后级逐级写出各个逻辑门的输出函数。

$$P_1=\overline{A}$$

$$P_2=B+C$$

$$P_3=\overline{BC}$$

$$P_4=\overline{P_1\cdot P_2}=\overline{\overline{A}(B+C)}$$

$$P_5=\overline{A\cdot P_3}=\overline{A\overline{BC}}$$

$$Y=\overline{P_4\cdot P_5}=\overline{\overline{\overline{A}(B+C)}\cdot\overline{A\overline{BC}}}$$

②用代数化简法化简输出函数表达式。

$$Y=\overline{\overline{\overline{A}(B+C)}\cdot\overline{A\overline{BC}}}=\overline{A}(B+C)+A\overline{BC}$$

$$=\overline{A}B+\overline{A}C+A\overline{B}+A\overline{C}=A\oplus B+A\oplus C$$

③根据化简后的函数表达式，列出真值表见表 10.1。

表 10.1　真值表

| A | B | C | Y |
| --- | --- | --- | --- |
| 0 | 0 | 0 | 0 |
| 0 | 0 | 1 | 1 |
| 0 | 1 | 0 | 1 |
| 0 | 1 | 1 | 1 |
| 1 | 0 | 0 | 1 |
| 1 | 0 | 1 | 1 |
| 1 | 1 | 0 | 1 |
| 1 | 1 | 1 | 0 |

④逻辑功能描述。由表10.1可知，该电路仅当$A$、$B$、$C$取值同为0或同为1时，输出$Y$的值为0；其他情况下输出$Y$为1。也就是说，当输入取值一致时输出为0，不一致时输出为1。可见，该电路具有检查输入信号是否一致的逻辑功能，一旦输出为1，则表明输入不一致。因此，通常称该电路为“不一致电路”。

### 10.1.3 组合逻辑电路的设计

组合逻辑电路的设计过程与分析相反，它是根据给定的逻辑问题，列出逻辑函数的最简表达式，以便最终的逻辑图所含的门电路尽可能少。在设计中，通常采用中、小规模集成电路，一个集成电路包括几个甚至几十个同一类型的门电路。因此，尽可能减少所用器件的数目和种类，这样使组装好的电路结构紧凑，达到工作可靠的目的。

设计组合逻辑电路，一般遵循以下步骤：

①根据实际问题，确定输入变量与输出变量及它们之间的逻辑关系；定义变量逻辑状态含义，即确定逻辑状态0和1的实际意义；列写真值表。

②根据真值表写逻辑表达式，并化简成最简与或表达式。

③选择门电路和型号。

④按照门电路类型和型号变换逻辑表达式。

④根据逻辑表达式画逻辑图。

**【例10.2】** 试用与非门设计一个三人表决器电路，当两个或两个以上的人表示同意时，决议才能通过。

**解** 根据组合逻辑电路的设计方法，可按如下步骤进行：

①确定输入、输出变量，定义逻辑状态的含义。设$A$、$B$、$C$代表三个人，作为电路的三个输入变量，当$A$、$B$、$C$为1时表示同意，为0表示不同意。将$Y$设定为输出变量，代表决议是否通过的结果，当$Y$为1时表示该决议通过，当$Y$为0时表示决议没有通过。

②根据题意列出真值表，见表10.2。

**表10.2 真值表**

| $A$ | $B$ | $C$ | $Y$ |
|---|---|---|---|
| 0 | 0 | 0 | 0 |
| 0 | 0 | 1 | 0 |
| 0 | 1 | 0 | 0 |
| 0 | 1 | 1 | 1 |
| 1 | 0 | 0 | 0 |
| 1 | 0 | 1 | 1 |
| 1 | 1 | 0 | 1 |
| 1 | 1 | 1 | 1 |

③由真值表写出输出变量逻辑表达式并化简，如图10.3（a）所示。

$$Y=\overline{A}BC+A\overline{B}C+AB\overline{C}+ABC=AB+BC+AC=\overline{\overline{AB}\cdot\overline{BC}\cdot\overline{AC}}$$

④画出逻辑图如图10.3（b）所示。

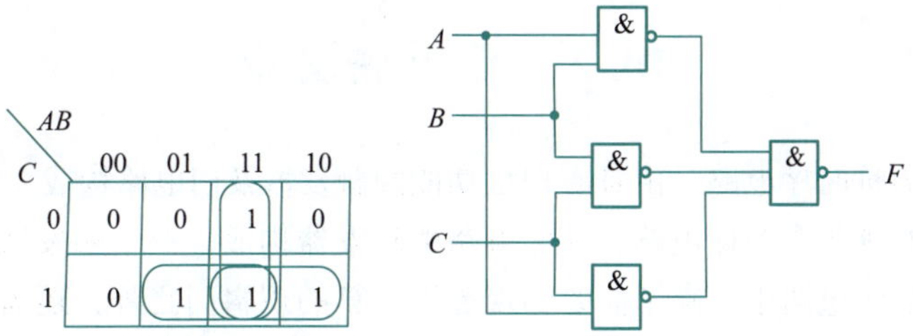


（a）卡诺图化简　　（b）逻辑图

图 10.3　例 10.2 图

【例 10.3】　设有甲、乙、丙三台电动机，它们运转时必须满足在任何时刻必须有且仅有一台电动机运行，如不满足该条件，就输出报警信号。试设计该报警电路。

解　①将甲、乙、丙三台电动机的状态设定为输入变量，分别表示为 $A$、$B$、$C$；且用 1 表示电动机运行，用 0 表示停转；将报警信号设定为输出变量，用 $Y$ 表示，当 $Y$ 为 0 时表示正常状态，当 $Y$ 为 1 时表示报警状态。

②根据题意列出真值表，见表 10.3。

表 10.3　真值表

| A | B | C | Y |
|---|---|---|---|
| 0 | 0 | 0 | 1 |
| 0 | 0 | 1 | 0 |
| 0 | 1 | 0 | 0 |
| 0 | 1 | 1 | 1 |
| 1 | 0 | 0 | 0 |
| 1 | 0 | 1 | 1 |
| 1 | 1 | 0 | 1 |
| 1 | 1 | 1 | 1 |

③由真值表写出输出变量逻辑表达式并化简。

$$Y=\bar{A}\bar{B}\bar{C}+\bar{A}BC+A\bar{B}C+AB\bar{C}+ABC$$

④若 74 系列中各种门电路均可以使用，则逻辑表达式可化简为

$$Y=\bar{A}\bar{B}\bar{C}+BC+AC+AB$$

⑤画出逻辑图如图 10.4 所示。

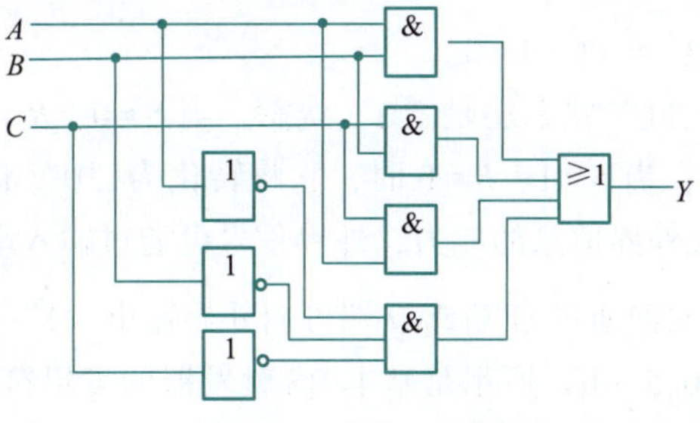


图 10.4　例 10.3 图

# 10.2 常用触发器

时序逻辑电路简称时序电路，由具有记忆功能的触发器及门电路构成。

在时序电路中必须包含存储电路，存储电路由触发器构成，一个触发器可以看作一个最简单的时序电路。在数字电路中，除了需要实现逻辑运算的逻辑门之外，还需要有能够保存信息的逻辑器件，触发器就是具有这种存储、记忆功能的基本逻辑单元。

## 10.2.1 基本RS触发器

### 1. 触发器的基本特性

触发器是一种具有记忆功能的基本逻辑电路，它具有以下基本特性：

①有两个互补的输出端 $Q$ 和 $\overline{Q}$，当 $Q=0$ 时，$\overline{Q}=1$；当 $Q=1$ 时，$\overline{Q}=0$。

②触发器有两个稳定状态，具有记忆功能。通常将 $Q=0$（$\overline{Q}=1$）称为“0”状态，表示存储信息“0”；将 $Q=1$（$\overline{Q}=0$）称为“1”状态，表示存储信息“1”。当输入信号（包括时钟信号）不发生变化时，触发器状态稳定不变，能够存储1位二进制数。

③在输入信号作用下，触发器可以从一个稳定状态转移到另一个稳定状态。

触发器的种类很多，但就其结构而言，都是由逻辑门加上适当的反馈线耦合而成的。下面讨论各种类型触发器的逻辑功能、外部工作特性和触发方式，内部电路构成仅做简单介绍。

### 2. 与非门构成的基本RS触发器

基本RS触发器是直接复位（reset）、置位（set）触发器的简称，它是构成各类型触发器的基本单元。

图10.5（a）所示是用与非门构成的基本RS触发器，其中 $R$、$S$ 为触发器的输入信号，即驱动信号或激励信号，$Q$、$\overline{Q}$ 是触发器的输出信号。分析电路可知，由于存在着输出到输入的反馈，则 $Q=\overline{\overline{Q}\cdot S}$、$\overline{Q}=\overline{Q\cdot R}$。基本RS触发器的工作原理如下：

①当 $R=1$、$S=1$ 时，$Q=\overline{\overline{Q}\cdot 1}$，$\overline{Q}=\overline{Q\cdot 1}$，即当基本RS触发器的输出处于“1”状态时，则将一直保持“1”状态；输出处于“0”状态时，则将一直保持“0”状态，这就是触发器的记忆、保持功能。

②当 $R=1$、$S=0$ 时，因为 $S=0$，门 $G_1$ 的输出 $Q=\overline{\overline{Q}\cdot 0}=1$，这样使 $G_2$ 的两个输入均为1，所以 $\overline{Q}=\overline{Q\cdot R}=\overline{1\cdot 1}=0$；当 $R=0$，$S=1$ 时，因为 $R=0$，门 $G_2$ 的输出 $\overline{Q}=\overline{Q\cdot 0}=1$，这样使 $G_1$ 的两个输入均为1，则 $Q=\overline{\overline{Q}\cdot S}=\overline{1\cdot 1}=0$。

不管基本RS触发器在“1”状态还是“0”状态，当 $S=0$、$R=1$ 时，它将转化为“1”状态，该过程称为触发器置1；当 $S=1$、$R=0$ 时，它将转化为“0”状态，该过程称为触发器置0。基本RS触发器具有接收外界信息的能力，外界信号可通过输入端 $R$、$S$ 来改变基本RS触发器的状态。同时基本RS触发器通过 $Q$ 端或 $\overline{Q}$ 端可向外界输出“1”状态或“0”状态，表明其具有传递信息的能力。图10.5（b）所示是基本RS触发器的逻辑符号，图中的 $R$、$S$ 端各有一个小圆圈，表示置1和置0信号都是低电平有效。

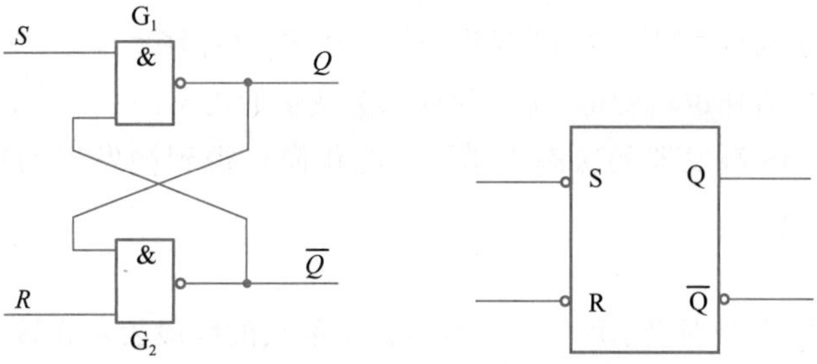


（a）电路结构图　　　　　　（b）逻辑符号

**图 10.5　与非门构成的基本 RS 触发器**

③当 $R=0$、$S=0$ 时，$Q=\overline{\overline{Q}\cdot 0}=1$，$\overline{Q}=\overline{Q\cdot 0}=1$。$Q$ 和 $\overline{Q}$ 的输出都是 1，破坏了触发器两个输出端 $Q$ 和 $\overline{Q}$ 的状态应该互补的逻辑关系，已不是一个触发器正常工作的状态。此外，当两个输入端的低电平同时被撤销时，低电平信号消失的快慢程度不同，触发器的新状态将是不确定的，可能是“1”状态，也可能是“0”状态。因而 $R=0$、$S=0$ 是不允许出现的，其约束条件可以表示为 $R+S=1$。

④基本 RS 触发器没有同步脉冲输入端，它是异步方式工作的。当 $R$ 或 $S$ 由 1 变成 0 时，触发器的输出端 $Q$ 和 $\overline{Q}$ 马上发生变化，具有直接复位、置位的功能。但由于 $R$、$S$ 之间的约束关系，使它的应用受到一定限制。

**3. 触发器逻辑功能的描述**

通常使用特性表、特性方程、状态图等工具来描述触发器的功能。下面以与非门构成的基本 RS 触发器为例进行讨论。

（1）特性表

在输入信号作用下，为表明触发器的现态、次态之间的转换关系，将触发器的输入信号、现态、次态画成一张表，这样的表称为特性表。表 10.4 为与非门构成的基本 RS 触发器特性表。为便于讨论，触发器现态表示为 $Q^n$，次态表示为 $Q^{n+1}$，×表示任意值。

**表 10.4　与非门构成的基本 RS 触发器特性表**

| $\overline{R}$ | $\overline{S}$ | $Q^n$ | $Q^{n+1}$ | 锁存器状态 |
|---|---|---|---|---|
| 1 | 1 | 1 | 1 | 保持 |
| 1 | 1 | 0 | 0 | |
| 1 | 0 | 1 | 1 | 置 1 |
| 1 | 0 | 0 | 1 | |
| 0 | 1 | 1 | 0 | 置 0 |
| 0 | 1 | 0 | 0 | |
| 0 | 0 | 1 | × | 不确定 |
| 0 | 0 | 0 | × | |

（2）特性方程

特性方程就是描述触发器逻辑功能的逻辑函数表达式。根据特性表，并考虑约束条件 $R+S=1$，将输入 $R$、$S$ 和现态 $Q^n$ 看作逻辑变量，$Q^{n+1}$ 为这三个变量的逻辑函数，可以画出如图 10.6 所示的与非门构成的基本 RS 触发器的次态卡诺图，经化简可得到触发器的特性方程为 $Q^{n+1}=S+RQ^n$，约束条件为 $R+S=1$。

（3）状态图

使用带 0 或 1 的圆圈分别表示触发器的状态，带箭头的线段表示在输入信号作用下状态转移的方向，箭头离开的圆圈表示现态，箭头指向的圆圈表示次态，线段上标注触发器驱动信号，这样的图形就是状态图，也称为状态转换图。

图 10.7 所示为与非门构成的基本 RS 触发器的状态图。由图 10.7 可知，在输入信号 $R$、$S$ 的作用下，触发器在“0”状态和“1”状态之间转移。

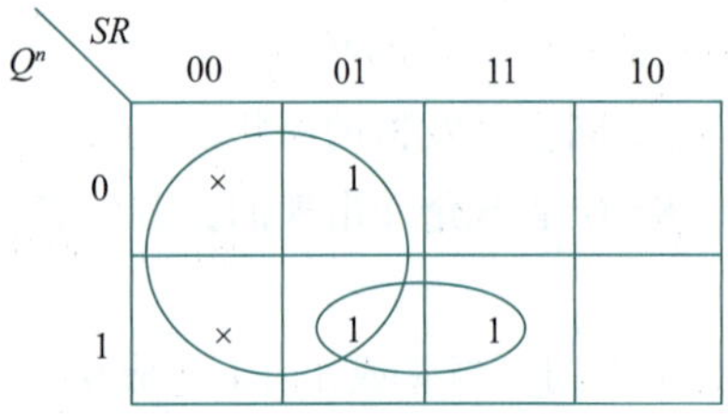


**图 10.6　与非门构成的基本 RS 触发器次态卡诺图**

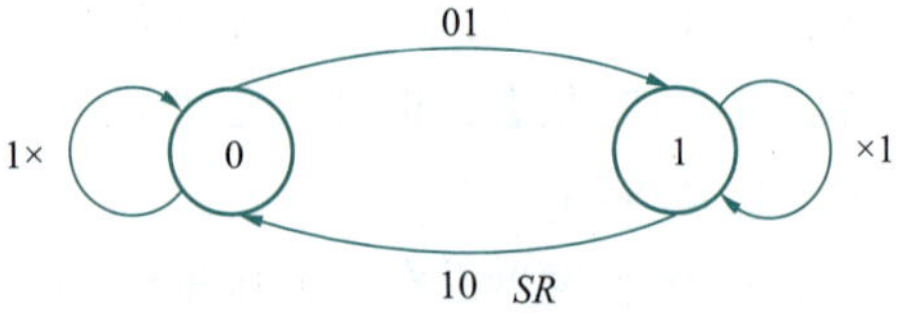


**图 10.7　与非门构成的基本 RS 触发器的状态图**

基本 RS 触发器电路结构简单，是构成各种性能完善的触发器的基础，有一定的应用场合。在数字系统的设计过程中，如果用开关的输出直接驱动逻辑门，输出会是一串抖动的脉冲信号，这时可以使用基本 RS 触发器构成去抖动电路。

## 10.2.2　其他类型的触发器

### 1. 同步 D 触发器

对基本 RS 触发器，只要输入信号发生变化，输出状态就会随之发生相应的变化。但是在数字电路的实际应用中，往往需要触发器按照一定的节拍进行工作，为此，可增加时钟信号来控制触发器状态的变化。

基本 RS 触发器的控制需要两个输入信号完成。在数字系统中，经常要利用触发器的记忆功能实现数据的存储，为了使用方便，希望触发器的输入只有一个。另外，对与非门构成的基本 RS 触发器，有一定的约束条件，给实际使用带来困难。基于以上考虑，对其基本电路进行改进，增加两个与非门和一个反相器，将两个输入合并为一个，构成同步 D 触发器，如图 10.8 所示。图中，$G_4$、$G_5$ 构成基本 RS 触发器，$G_2$、$G_3$ 是两个引导门，输入端 $D$ 通过引导门到达 $S$ 端，通过反相门和引导门到达 $R$ 端，$S=\overline{D\cdot CP}$，$R=\overline{\overline{D}\cdot CP}$。当 $CP=0$ 时，$S=1$、$R=1$，触发器保持原来的状态。在 $CP=1$ 时钟信号作用期间，$S=\overline{D}$、$R=D$，触发器状态发生变化。钟控 D 触发器的特性表见表 10.5，当 $CP=0$ 时，同步 D 触发器保持原来的状态，与 $D$ 值无关。当 $CP=1$ 时，若 $D=0$，触发器置 0；若 $D=1$，触发器置 1。

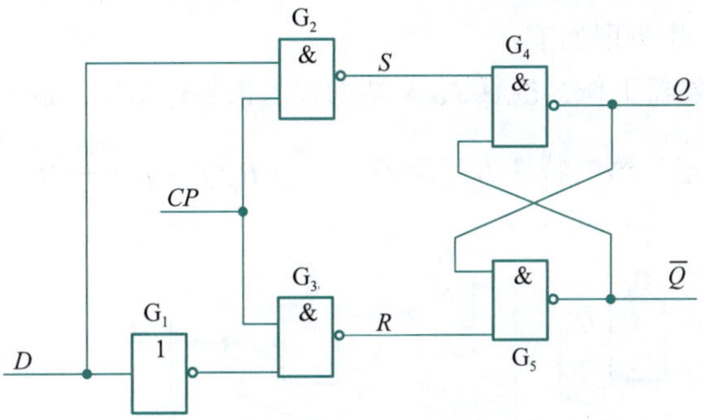


图 10.8　同步 D 触发器

表 10.5　钟控 D 触发器的特性表

| ***CP*** | ***D*** | $Q^n$ | $Q^{n+1}$ |
|---|---|---|---|
| 0 | × | $Q^n$ | $Q^{n+1}$ |
| 1 | 0 | × | 0 |
| 1 | 1 | × | 1 |

$CP=1$ 时的 D 触发器次态卡诺图如图 10.9（a）所示，状态图如图 10.9（b）所示。由次态卡 诺图可得其特性方程为 $Q^{n+1}=D$，特性方程表明当时钟控制信号 $CP$ 有效，即 $CP=1$ 时，D 触发器的次态与输入 $D$ 相同，而与触发器的现态无关。

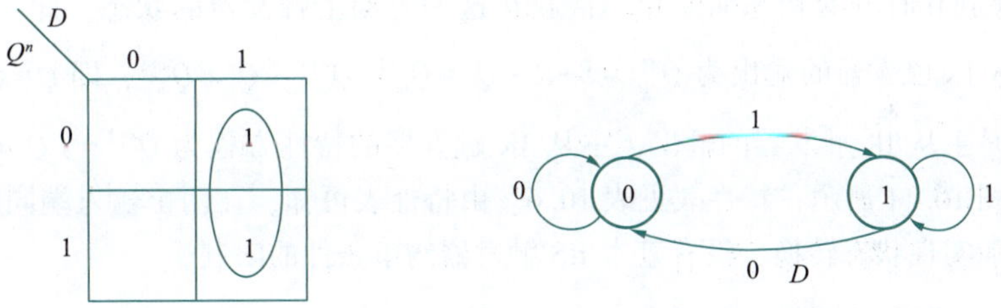


（a）次态卡诺图　　（b）状态图

图 10.9　钟控 D 触发器次态卡诺图与状态图

同步触发器是电位触发方式，它在一个时钟周期的约定有效电平期间内（$CP=1$ 或 $CP=0$）接收输入信号，从而引起触发器状态的变化。若约定有效电平宽度较宽，触发器在一个时钟周期 内可能会发生状态的多次翻转，这种现象称为空翻。在非约定有效电平（$CP=0$ 或 $CP=1$）期间内不接收任何输入信号，不论输入信号如何变化，触发器状态不会发生变化。

**2. 主从 JK 触发器**

钟控触发器在约定有效电平期间对输入信号敏感，所以造成在某些输入条件下触发器发生多次翻转，克服和避免多次翻转的有效方法是采用主从结构的触发器。

图 10.10（a）所示为主从 JK 触发器的电路图，它由两个钟控 RS 触发器构成，其中由 $G_1$、$G_2$、$G_3$、$G_4$ 组成的与输入相连的为主触发器，由 $G_5$、$G_6$、$G_7$、$G_8$ 组成的与输出相连的为从触发器，时钟 $CP$ 直接连接到主触发器，反相后接到从触发器。从触发器的输出 $Q$、$\overline{Q}$ 反馈连接到主触发器的输入，从而改变了 RS 触发器的特性，构成主从 JK 触发器。图 10.10（b）所示是其逻

辑符号。从触发器的输出就是主从 JK 触发器的输出，主触发器的输入就是主从 JK 触发器的输入。

主从 JK 触发器的工作原理如下：

当 $CP=1$ 时，主触发器工作，接收 $J$、$K$ 端的输入信号；从触发器被封锁，状态不变。$R_m=\overline{KQ^n}$，$S_m=\overline{J\overline{Q^n}}$，此时主触发器的特性方程为 $Q_m^{n+1}=\overline{S}_m+R_mQ_m^n=J\overline{Q^n}+\overline{KQ^n}\cdot Q_m^n$。

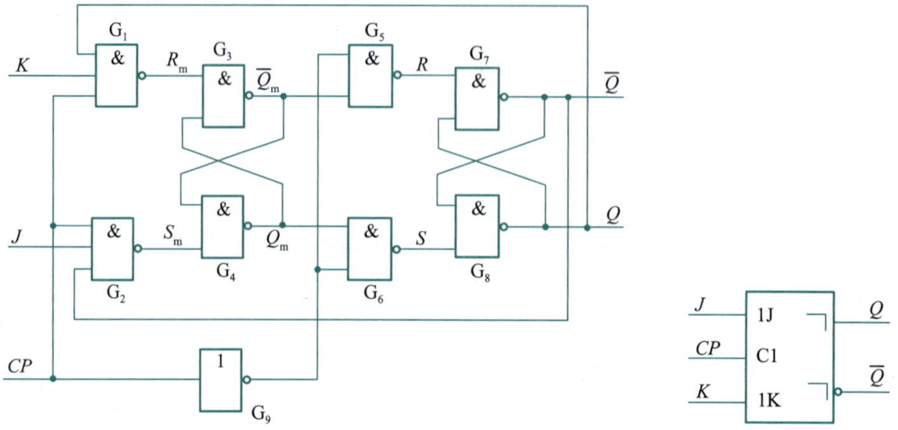


（a）电路图　　（b）逻辑符号

**图 10.10　主从 JK 触发器**

$CP$ 由 1 负跳变到 0 时，由于 $CP=0$，$\overline{CP}=1$，主触发器状态维持不变，从触发器随主触发器 $CP$ 由 1 变化到 0 时刻的状态而变化，接收在这一时刻主触发器的状态，此时 $S=\overline{Q_m^{n+1}}$、$R=Q_m^{n+1}$，所以主从 JK 触发器的输出为 $Q^{n+1}=\overline{S}+R\cdot Q^n=Q_m^{n+1}+Q_m^{n+1}\cdot Q^n=Q_m^{n+1}$，即 $Q=Q_m$。可见主触发器的输出就是主从 JK 触发器的输出，主从 JK 触发器的特性方程为 $Q^{n+1}=J\overline{Q^n}+\overline{K}Q^n$。其波形图、状态图如图 10.11 所示，特性表见表 10.6。由特性表可知，在两个输入端同时为 1 的情况下，触发器也能实现状态转换，没有基本 RS 触发器约束条件的限制。

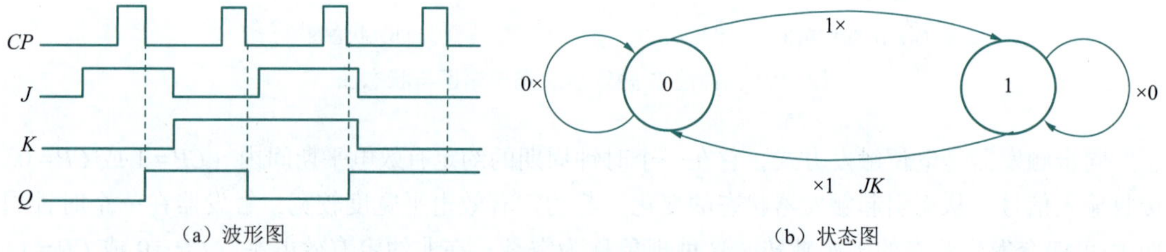


（a）波形图　　（b）状态图

**图 10.11　主从 JK 触发器波形图和状态图**

**表 10.6　主从 JK 触发器特性表**

| $J$　$K$ | $Q^{n+1}$ | 说　明 |
|---|---|---|
| 0　0 | $Q^n$ | 保持 |
| 0　1 | 0 | 置 0 |
| 1　0 | 1 | 置 1 |
| 1　1 | $\overline{Q^n}$ | 翻转 |

由以上分析可知，当 $CP=1$ 时，主触发器接收 $J$、$K$ 端的输入信号，从触发器不动作；当 $CP$ 下降沿到来时，从触发器接收主触发器信息，J 状态翻转，这种工作方式可以简单地描述为“前沿触发，后沿翻转”。在 $CP=1$ 的全过程中，$J$、$K$ 端的输入都对主触发器起作用，为保证 $CP$ 下降沿到来时输入决定的触发器的状态是正确的，要求在 $CP=1$ 的全部时间内 $J$、$K$ 端的输入都保持不变。

### 3. 边沿触发器

主从触发器对输入信号的要求严格，它的使用受到一定的限制。边沿触发器不仅可以克服电平触发方式的多次翻转现象，而且仅仅在时钟 $CP$ 的上升沿或下降沿时刻才响应输入的驱动信号，提高了抗干扰能力。

边沿触发器根据触发方式可分为上升沿触发或下降沿触发，根据功能可分为 RS、D、JK 触发器等；根据电路结构可分为维持阻塞边沿触发器和利用传输延迟时间的边沿触发器。

（1）维持阻塞 D 触发器

维持阻塞 D 触发器的电路图如图 10.12（a）所示，图 10.12（b）为其逻辑符号，其中包含一个由门 $G_1$、$G_2$、$G_3$、$G_4$ 组成的钟控 RS 触发器以及两个信号接收门 $G_5$和门 $G_6$，后面的两个门形成互补的数据 $D$ 和 $\overline{D}$，加在钟控 RS 触发器的输入端。D 触发器是利用内部反馈来保证边沿触发的。当 $CP=0$ 和 $CP=1$ 时，由于维持阻塞线①、②、③、④的存在，触发器保持原来的状态。当 $CP$ 由 0 正跳变到 1 时，门 $G_3$、$G_4$ 打开，互补数据 $D$、$\overline{D}$ 进入基本 RS 触发器，按照 D 触发器的规律变化，即 $Q^{n+1}=D$。当 $CP=1$ 时，输入信号被封锁，由于维持阻塞线④的存在，触发器的输出不会随输入信号 $D$ 的变化而变化。

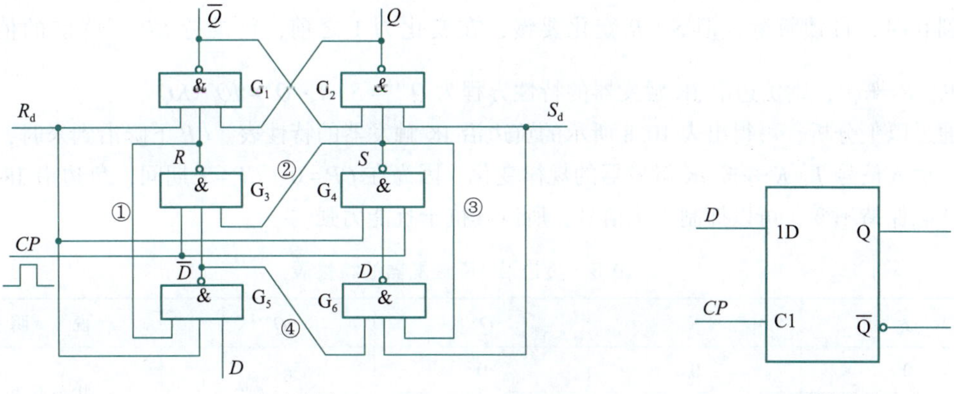


（a）电路图　　　　（b）逻辑符号

**图 10.12　维持阻塞 D 触发器**

正边沿 D 触发器的特性表见表 10.7，当时钟脉冲上升沿到来时，输出 $Q$ 随输入 $D$ 变化，否则触发器保持原来的状态。

**表 10.7　正边沿 D 触发器的特性表**

| $CP$ | $D$ | $Q^{n+1}$ | $\overline{Q^{n+1}}$ |
|---|---|---|---|
| ↑ | 1 | 1 | 0 |
| ↑ | 0 | 0 | 1 |
| 0 | × | $Q^n$ | $\overline{Q^n}$ |

(2) 利用传输延迟时间的 JK 触发器

图 10.13 所示是一种负边沿触发的 JK 触发器，它是利用触发器内部门电路延迟时间的差异来实现负边沿触发的，由两个与或非门构成的基本 RS 触发器和两个用于接收 $J$、$K$ 信号的与非门构成。

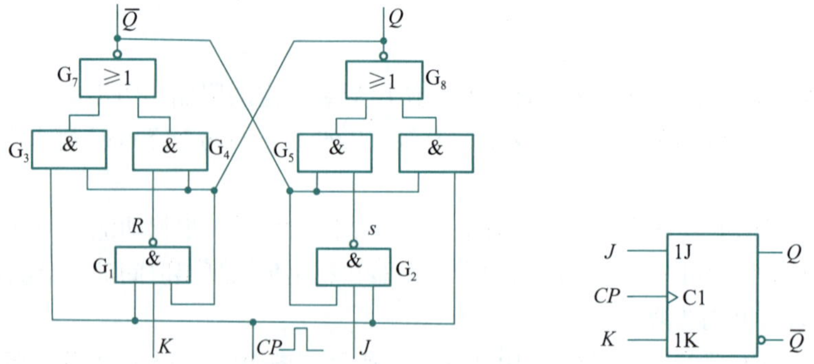


(a) 电路结构　　(b) 逻辑符号

**图 10.13　负边沿触发的 JK 触发器**

当 $CP=0$ 时，用于接收的与非门 $G_1$、$G_2$ 封锁，$R=S=1$，触发器状态保持不变；当 $CP=1$ 时，$G_1$、$G_2$ 门打开，但不论 $S$、$R$ 如何变化，由于 $Q^{n+1}=\overline{\overline{Q^n}\cdot CP+\overline{Q^n}\cdot S}=Q^n$，$\overline{Q^{n+1}}=\overline{Q^n\cdot CP+Q^n\cdot R}=\overline{Q^n}$，输出状态保持不变，触发器自锁；当 $CP$ 由 0 正跳变到 1 时，由于基本 RS 触发器的变化快于接收门，$J$、$K$ 的变化传到 RS 触发器时，触发器已自锁，其状态不会发生变化；当 $CP$ 由 1 负跳变到 0 时，自锁解除，但 $S$、$R$ 变化要慢，在变化为 1 之前，仍维持 $CP$ 下降前的值，即 $S=\overline{J\overline{Q^n}}$，$R=\overline{KQ^n}$，则负边沿 JK 触发器的特性方程为 $Q^{n+1}=\overline{S}+R\cdot Q^n=J\overline{Q^n}+\overline{K}Q^n$。

通过以上分析，可得出表 10.8 所示的负边沿 JK 触发器的特性表。$CP$ 下降沿到来时，触发器接收输入信号 $J$、$K$ 并按 JK 触发器的规律变化。因为在 $CP=0$、$CP=1$ 期间，负边沿 JK 触发器的状态保持不变，可以抑制干扰信号，所以其抗干扰能力强。

**表 10.8　负边沿 JK 触发器的特性表**

| $J$ | $K$ | $Q^n$ | $Q^{n+1}$ | 说　明 |
|---|---|---|---|---|
| 0 | 0 | 0 | 0 } $Q^n$ | 状态不变 |
| 0 | 0 | 1 | 1 } | |
| 0 | 1 | 0 | 0 } 0 | 置 0 |
| 0 | 1 | 1 | 0 } | |
| 1 | 0 | 0 | 1 } 1 | 置 1 |
| 1 | 0 | 1 | 1 } | |
| 1 | 1 | 0 | 1 } $\overline{Q^n}$ | 翻转 |
| 1 | 1 | 1 | 0 } | |

## 4. T 触发器和 T′触发器

T 触发器同 D 触发器一样，只有一个输入端 $T$。它可以用 JK 触发器或 D 触发器来实现。

图 10.14（a）所示是由 JK 触发器构成的钟控 T 触发器，图 10.14（b）是它的逻辑符号。将 JK 触发器的两个输入端 $J$、$K$ 连接在一起作为数据的输入端 $T$，由于 $J=K=T$，得到 T 触发器的特性方程为

$$Q^{n+1}=J\overline{Q^n}+\overline{K}Q^n=T\overline{Q^n}+\overline{T}Q^n$$

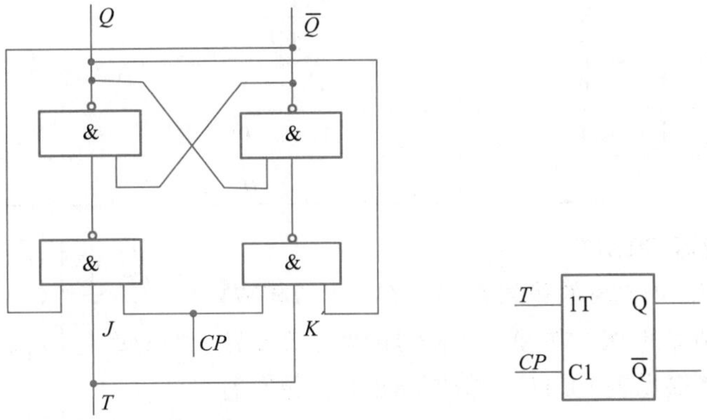


（a）电路图　（b）逻辑符号

**图 10.14　钟控 T 触发器**

T 触发器的特性表见表 10.9，每来一个有效的 $CP$ 脉冲信号，当 $T=1$ 时，触发器状态翻转一次；当 $T=0$ 时，不论有无脉冲信号，触发器都保持不变。当 $T$ 恒为 1 时，即构成 T′触发器，其特性方程为 $Q^{n+1}=\overline{Q^n}$，表明每来一个时钟脉冲，触发器的状态就发生一次翻转，$Q$ 端波形的频率为时钟频率的一半，故这种触发器可用作二分频器。

**表 10.9　T 触发器的特性表**

| $T$ | $Q^n$ | $Q^{n+1}$ | 说　明 |
|---|---|---|---|
| 0 | 0 | 0 ⎫ $Q^n$ | 状态不变 |
| 0 | 1 | 1 ⎭ | |
| 1 | 0 | 1 ⎫ $\overline{Q^n}$ | 翻转 |
| 1 | 1 | 0 ⎭ | |

**5. 集成触发器**

前面介绍的触发器都是用与非门、或非门等门电路通过适当连接得到的，实际使用时，通常采用集成触发器。集成触发器作为一种能存储信息的基本单元，种类很多，应用广泛，下面介绍几种常用的集成触发器。

（1）上升沿触发的双 D 触发器 74LS74

74LS74 是常用的双 D 触发器，它的逻辑符号如图 10.15 所示。在一片 74LS74 集成电路上有两个独立的 D 触发器，具有异步置位和异步复位功能。功能表见表 10.10，$\overline{S_d}$和$\overline{R_d}$分别为异步置位端和异步复位端，低电平有效。

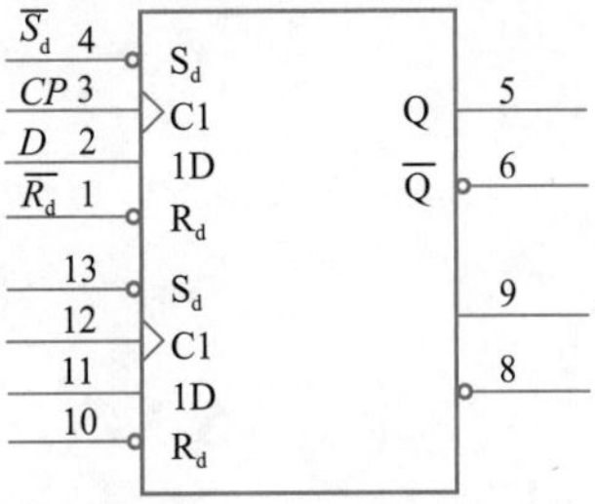


**图 10.15　74LS74 逻辑符号**

表 10.10　双 D 触发器 74LS74 的功能表

| 输入 | | | | 输出 | | 说明 |
|---|---|---|---|---|---|---|
| $\overline{S_d}$ | $\overline{R_d}$ | $CP$ | $D$ | $Q^{n+1}$ | $\overline{Q^{n+1}}$ | |
| 0 | 1 | × | × | 1 | 0 | 预置 1 |
| 1 | 0 | × | × | 0 | 1 | 预置 0 |
| 0 | 0 | × | × | 非法 | | 非法 |
| 1 | 1 | ↑ | 0 | 0 | 1 | 置 0 |
| 1 | 1 | ↑ | 1 | 1 | 0 | 置 1 |
| 1 | 1 | 0 | × | $Q^n$ | $\overline{Q^n}$ | 保持 |

（2）双 JK 触发器 74LS73

图 10.16 所示为 74LS73 的逻辑符号，在一片 74LS73 集成电路上有两个独立的 JK 触发器，下降沿触发，具有异步清零功能，其功能表见表 10.11，当 $CLR=0$ 时，触发器清零。

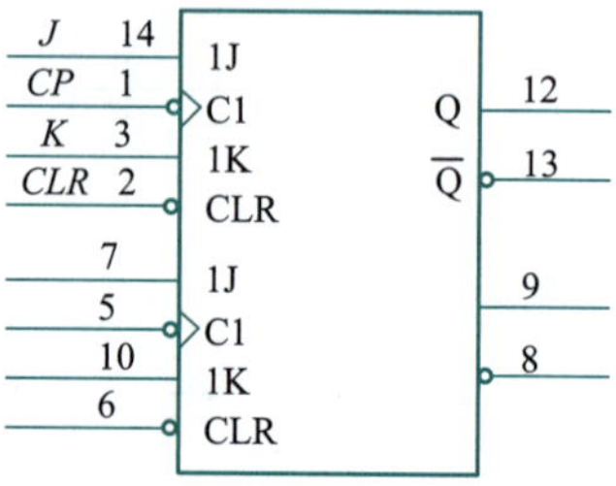


图 10.16　74LS73 的逻辑符号

表 10.11　双 JK 触发器 74LS73 的功能表

| 输入 | | | | 输出 | | 说明 |
|---|---|---|---|---|---|---|
| $CLR$ | $CP$ | $J$ | $K$ | $Q^{n+1}$ | $\overline{Q^{n+1}}$ | |
| 0 | × | × | × | 0 | 1 | 清 0 |
| 1 | 0 | × | × | $Q^n$ | $\overline{Q^n}$ | 保持 |
| 1 | ↓ | 0 | 0 | $Q^n$ | $\overline{Q^n}$ | 保持 |
| 1 | ↓ | 0 | 1 | 0 | 1 | 置 0 |
| 1 | ↓ | 1 | 0 | 1 | 0 | 置 1 |
| 1 | ↓ | 1 | 1 | $\overline{Q^n}$ | $Q^n$ | 翻转 |

（3）与门输入的主从 JK 触发器 74LS72

图 10.17 所示为与门输入的主从 JK 触发器 74LS72 的逻辑符号，多个输入信号的“与”为触发器的输入信号，即 $J=J_1 \cdot J_2 \cdot J_3$，$K=K_1 \cdot K_2 \cdot K_3$，具有异步置 0 和异步置 1 的功能。

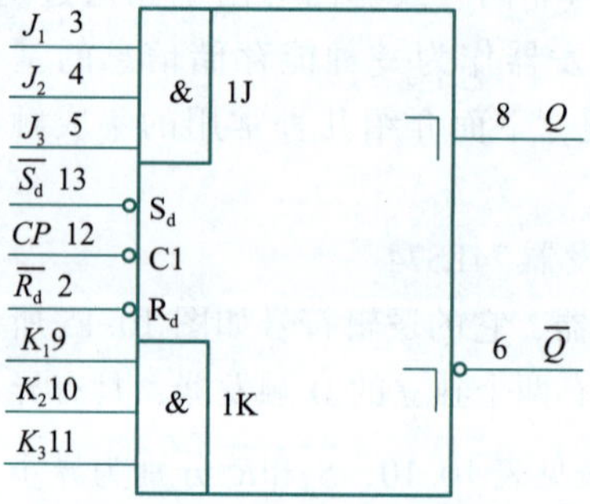


图 10.17　74LS72 的逻辑符号

# 10.3　时序逻辑电路

## 10.3.1　时序逻辑电路概述

在时序逻辑电路中，任何时刻的输出信号不仅取决于当时的输入信号，而且还取决于电路原来的状态，即电路的输出与电路以前的输入有关。时序逻辑电路结构框图如图 10.18 所示，它在结构上除包含组合逻辑电路外，重要的是包含由触发器构成的存储电路，存在输出到输入的反馈，所以与组合逻辑电路有着本质的区别。时序逻辑电路具有记忆功能，其功能是依靠存储电路来实现的，在时序逻辑电路中可以没有组合逻辑电路，但是必须有存储电路，没有存储电路就构不成时序逻辑电路。

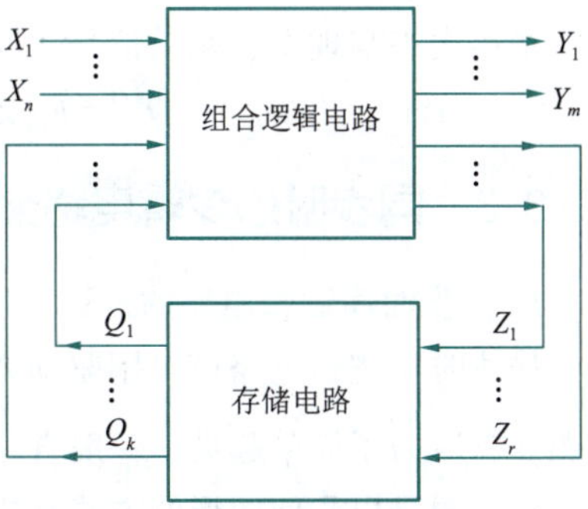


图 10.18　时序逻辑电路结构框图

若时序逻辑电路的输出不仅与电路状态有关，同时还与输入有关，则这种电路属于米利（Mealy）型时序逻辑电路。在米利型时序逻辑电路中，存储电路的输出反馈到组合逻辑电路与组合逻辑电路的输入信号共同决定时序逻辑电路的输出。若时序逻辑电路的输出仅与电路的状态有关，而与输入无关，则这种电路属于穆尔（Moore）型时序逻辑电路。在穆尔型时序逻辑电路中，存储电路的输出就是时序逻辑电路的输出。

时序逻辑电路按触发方式分为两类：一类是同步时序逻辑电路，另一类是异步时序逻辑电路。在同步时序逻辑电路中，所有存储电路受统一时钟信号的控制，存储电路中各触发器状态的更新与时钟脉冲同步进行；而异步时序逻辑电路则不同，没有统一的时钟信号，各存储电路不受统一时钟信号控制，电路状态的改变由输入信号引起，各触发器状态的更新不是同步进行的。

## 10.3.2　时序逻辑电路功能的描述方法

从图 10.18 中看到，$X_1$、$X_2$、…、$X_n$ 源于时序逻辑电路外部，是时序逻辑电路的输入，称它们为时序逻辑电路的输入变量；$Y_1$、$Y_2$、…、$Y_m$ 离开时序逻辑电路，是时序逻辑电路的输出，称它们为时序逻辑电路的输出变量；$O_1$、$O_2$、…、$O_k$ 是存储电路触发器的输出信号，也是组合逻辑电路的内部输入，称它们为状态变量；$Z_1$、$Z_2$、…、$Z_r$ 是存储电路的输入，也是组合逻辑电路的内部输出，即触发器的驱动信号，是能够使触发器状态发生改变的信号，称它们为驱动变量。时序逻辑电路的状态是由全部触发器的输出信号构成的，把状态变量按规定的次序排列起来构成的二进制代码称为该时刻时序逻辑电路的状态，时序逻辑电路的每一个状态都是状态变量的唯一组合，每一个状态区别于其他所有状态。若状态变量个数为 $n$，状态数为 $M$，则$M=2^n$。

组合逻辑电路是由逻辑门电路构成的，电路的输出与输入之间不存在反馈，输出、输入有严格的函数关系，用一组逻辑表达式就可以描述组合逻辑电路的特性。时序逻辑电路的描述方法与组合电路的描述方法不同，时序逻辑电路需要用三个方程来描述。

时序逻辑电路中存储电路变化前的状态是现态，用 $Q_1^n$、$Q_2^n$、…、$Q_k^n$ 表示；变化后的状态是存储电路的次态，用 $Q_1^{n+1}$、$Q_2^{n+1}$、…、$Q_k^{n+1}$ 表示。时序逻辑电路的输入和现态通过组合逻辑电路得到时序逻辑电路的输出，描述输出变量与输入变量和状态变量之间关系的逻辑表达式就是输出方程：

$$Y_i=G_i(X_1\cdots X_n,Q_1^n\cdots Q_k^n)\quad(i=1,\cdots,m)$$

时序逻辑电路的输入和现态通过组合逻辑电路同时得到存储电路的驱动信号，描述驱动变量与输入变量、状态变量之间关系的逻辑表达式就是驱动方程：

$$Z_i=H_i(X_1,\cdots,X_n,Q_1^n,\cdots,Q_k^n)\quad(i=1,\cdots,r)$$

描述次态与现态、驱动信号之间关系的逻辑表达式是状态方程：

$$Q_i^{n+1}=F_i(Z_1,\cdots,Z_r,Q_1^n,\cdots Q_k^n)\quad(i=1,\cdots,k)$$

## 10.3.3 同步时序逻辑电路分析举例

### 1. 同步时序逻辑电路的描述

描述时序逻辑电路可以用驱动方程、状态方程和输出方程，也可以用状态表、状态图与时序图。以后为了简单起见，一般省略现态的上标 $n$，用 $Q$ 和 $\overline{Q}$ 表示现态。

状态图是以几何图形的方式来描述时序逻辑电路的一种方法。用状态图这种图解的方法描述时序逻辑电路比文字描述更形象、方便，状态图用图形的方式表示输入信号、现态、次态以及输出信号之间的关系，使用圆圈中的数字或字母表示状态，使用箭头表示状态的变化并且在转换线上标记输入和输出，标记时将输入和输出用斜线隔开。状态图中的状态若用字母表示，称为字母状态图，用于时序逻辑电路原始状态的描述。若用数字表示状态，则称为编码状态图。实际使用时，并不特意区分字母状态图和编码状态图，统称为状态图。状态图是分析和设计时序逻辑电路的重要工具，其作用相当于真值表在组合逻辑电路中的作用。图 10.19 为某时序逻辑电路的状态图，观察状态图可知，该电路有四个状态，当输入 $X$ 为 0 时，状态 00 的次态仍然为 00 且输出 $Y$ 为 0，同理可以得到其余状态的转换情况。

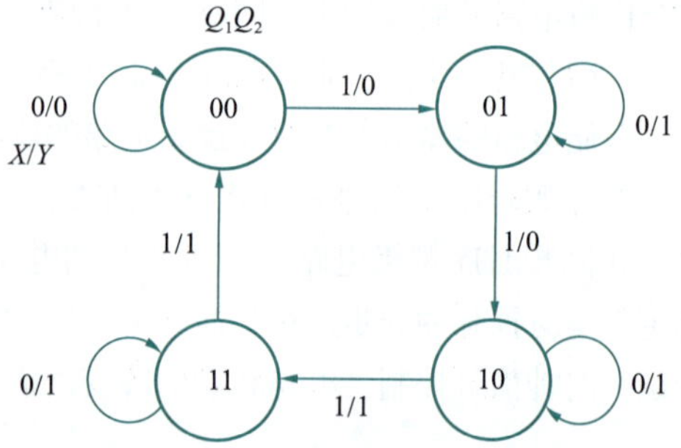


图 10.19 某时序逻辑电路的状态图

如把状态图中包含的全部信息列成表格，则这样的表格称为状态表。状态表有两种表现形式：第一种是在水平方向上标记输入变量的所有组合，在竖直方向上标记现态变量的所有组合，将输入变量、现态变量、次态变量和输出变量画成一个类似数据透视表的表格；第二种是将输入变量、现态变量、次态变量和输出变量纵向排列画成一个表，现态和输入的组合作为第一部分，第二部分是在每个现态和输入组合的情况下引起的次态及输出。将图 10.19 的状态图以状态表的形式表示出来，见表 10.12、表 10.13。

表 10.12 图 10.19 的第一种状态表

| $Q_1$ $Q_2$ | $X$ | |
|---|---|---|
| | 0 | 1 |
| 0 0 | 00/0 | 01/0 |
| 0 1 | 01/1 | 10/0 |
| 1 0 | 10/1 | 11/1 |
| 1 1 | 11/1 | 00/1 |

表中 $X=Q_1^{n+1}Q_2^{n+1}/Y$。

表 10.13　图 10.19 的第二种状态表

| 现态 | | 输入 | 次态 | | 输出 |
|---|---|---|---|---|---|
| $Q_1$ | $Q_2$ | $X$ | $Q_1^{n+1}$ | $Q_2^{n+1}$ | $Y$ |
| 0 | 0 | 0 | 0 | 0 | 0 |
| 0 | 0 | 1 | 0 | 1 | 0 |
| 0 | 1 | 0 | 0 | 1 | 1 |
| 0 | 1 | 1 | 1 | 0 | 0 |
| 1 | 0 | 0 | 1 | 0 | 1 |
| 1 | 0 | 1 | 1 | 1 | 1 |
| 1 | 1 | 0 | 1 | 1 | 1 |
| 1 | 1 | 1 | 0 | 0 | 1 |

时序图是时序逻辑电路的输入、状态和输出按时间顺序变化的工作波形图，是以波形方式描述时序逻辑电路特性的一种方法。在同步时序逻辑电路中，状态的变化受时钟脉冲的控制，*CP* 到来之前的状态为现态，*CP* 到来之后的状态为次态，而输出是组合逻辑电路部分的输出，只取决于当时的输入和状态。时序图主要用于在实验测试中检查电路的逻辑功能，时序图的画法将结合具体电路在后面给出。

**2. 同步时序逻辑电路的分析**

同步时序逻辑电路的分析是根据给定的逻辑电路图确定其逻辑功能的过程。在时钟信号作用下，随着输入信号的变化，同步时序逻辑电路的状态相应地发生变化。分析同步时序逻辑电路的关键是找出该时序逻辑电路的状态变化规律，从而确定该时序逻辑电路的逻辑功能。

时序逻辑电路的分析一般遵循以下步骤：

①根据给定的时序逻辑电路图，确定哪一部分是组合逻辑电路，哪一部分是存储电路，明确输入变量、输出变量和状态变量，写出输出方程和驱动方程。

②根据触发器的类型，写出其特性方程，结合驱动方程，求得状态方程。

③根据已有的状态方程或驱动方程和输出方程，列出状态表或画出状态图。

④根据状态图、状态表分析所给时序逻辑电路的逻辑功能。有些情况下可根据需要画出时序图，因为时序图可以形象地说明时序逻辑电路的工作情况并且可以和实验观察的波形比较，便于理解输出和输入之间的关系。

**【例 10.4】**　分析图 10.20 所示时序逻辑电路的逻辑功能。

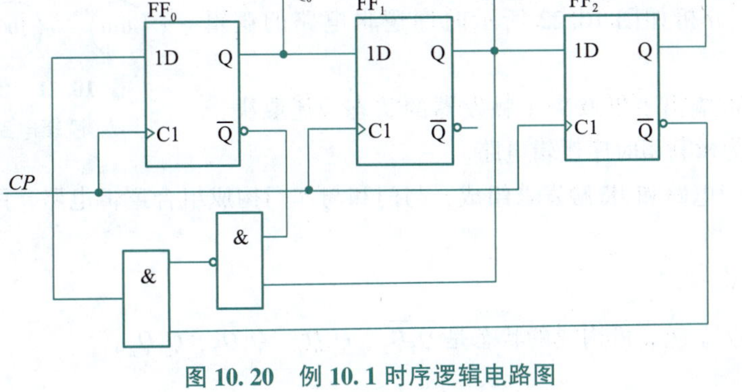


图 10.20　例 10.1 时序逻辑电路图

**解** 该电路包含三个 D 触发器，触发器的输出就是时序逻辑电路的输出，无输入信号，为穆尔型时序逻辑电路。

①写出驱动方程：

$$D_0=\overline{\overline{Q}_0 Q_1}\cdot\overline{Q_2}=(Q_0+\overline{Q_1})\overline{Q_2}$$

$$D_1=Q_0$$

$$D_2=Q_1$$

②结合 D 触发器特性方程 $Q^{n+1}=D$，写出状态方程：

$$Q_0^{n+1}=(Q_0+\overline{Q_1})\overline{Q_2}$$

$$Q_1^{n+1}=Q_0$$

$$Q_2^{n+1}=Q_1$$

③由状态方程得到表 10.14 所示的状态表，由状态表画出该时序逻辑电路的状态图，如图 10.21 所示。

**表 10.14 例 10.1 时序逻辑电路状态表**

| $Q_2$ | $Q_1$ | $Q_0$ | $Q_2^{n+1}$ | $Q_1^{n+1}$ | $Q_0^{n+1}$ |
|---|---|---|---|---|---|
| 0 | 0 | 0 | 0 | 0 | 1 |
| 0 | 0 | 1 | 0 | 1 | 1 |
| 0 | 1 | 0 | 1 | 0 | 0 |
| 0 | 1 | 1 | 1 | 1 | 1 |
| 1 | 0 | 0 | 0 | 0 | 0 |
| 1 | 0 | 1 | 0 | 1 | 1 |
| 1 | 1 | 0 | 1 | 0 | 0 |
| 1 | 1 | 1 | 1 | 1 | 0 |

④由状态图可以看出，该电路的 8 个状态中只有 6 个状态是有效序列。当电路进入有效序列后，在 *CP* 的作用下，按状态图所示的计数次序在 6 个状态中循环，因此为一个六进制计数器。其余两个状态（010、101）是无效状态，但是经过一个或两个 *CP* 脉冲作用后就会进入有效状态，所以它是一个能自启动的六进制计数器。

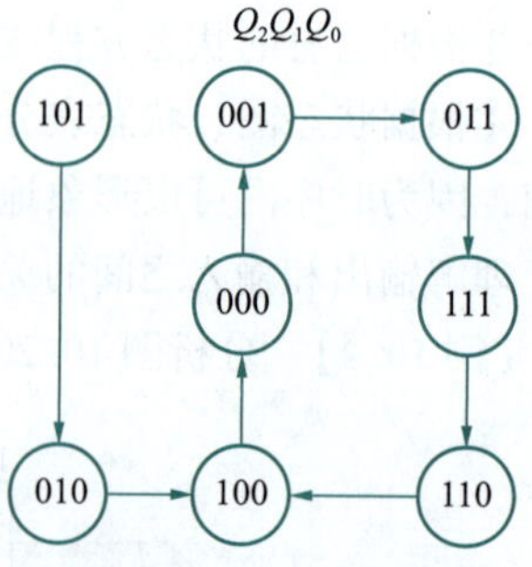

**图 10.21 例 10.1 时序逻辑电路状态图**

**【例 10.5】** 分析如图 10.22 所示时序逻辑电路的逻辑功能。

**解** 该电路的输出不仅取决于触发器的状态，还取决于输入 $X$，该电路为米利型时序逻辑电路。

①该电路由门电路和 JK 触发器组成，与门和与非门构成组合逻辑电路，两个 JK 触发器构成存储电路。

输入变量：$X$。

状态变量：$Q_1$、$Q_2$，可构成的状态是 $\overline{Q}_1\overline{Q}_2$、$\overline{Q}_1 Q_2$、$Q_1\overline{Q}_2$、$Q_1 Q_2$。

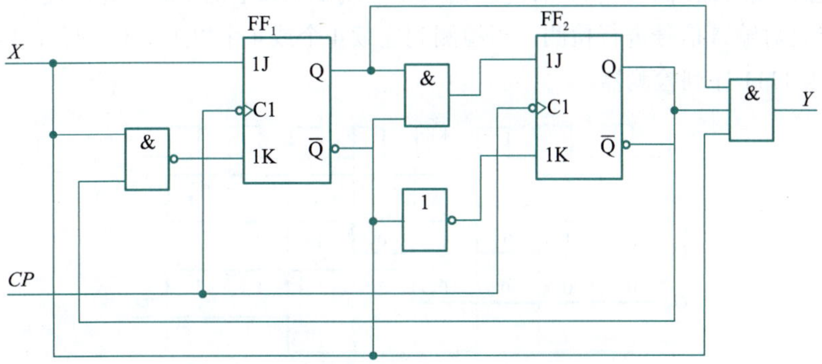


图 10.22　例 10.2 时序逻辑电路图

驱动变量：$J_1$、$K_1$、$J_2$、$K_2$，即激励信号。

输出变量：$Y$。

②由组合逻辑电路分析，得出其驱动方程、输出方程。

驱动方程：$J_1=X$，$J_2=XQ_1$，$K_1=\overline{X\cdot Q_2}$，$K_2=\overline{X}$。

输出方程：$Y=XQ_1O_2$。

③根据 JK 触发器的特性方程，将驱动方程代入特性方程，得到其状态方程。

$Q_1^{n+1}=X\overline{Q}_1+XQ_2Q_1$，$Q_2^{n+1}=XQ_1\overline{Q}_2+XQ_2$。

④根据状态方程、输出方程，得到该时序逻辑电路的状态表，见表 10.15。由状态表可画出状态图，如图 10.23 所示。

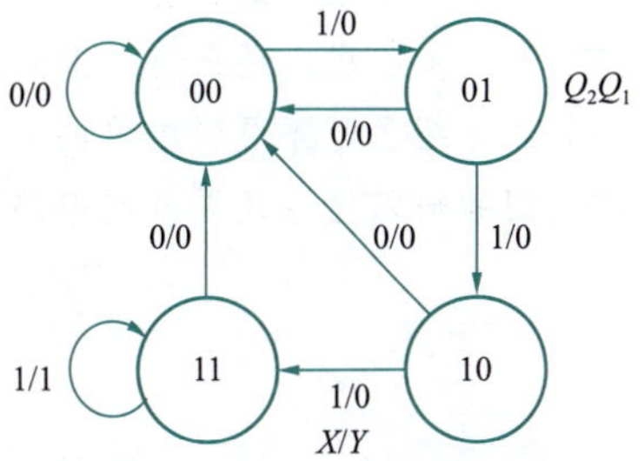


图 10.23　例 10.2 的状态图

表 10.15　例 10.2 的状态表

| $X$ | $Q_2$ | $Q_1$ | $Q_2^{n+1}$ | $Q_1^{n+1}$ | $Y$ |
|---|---|---|---|---|---|
| 0 | 0 | 0 | 0 | 0 | 0 |
| 0 | 0 | 1 | 0 | 0 | 0 |
| 0 | 1 | 0 | 0 | 0 | 0 |
| 0 | 1 | 1 | 0 | 0 | 0 |
| 1 | 0 | 0 | 0 | 1 | 0 |
| 1 | 0 | 1 | 1 | 0 | 0 |
| 1 | 1 | 0 | 1 | 1 | 0 |
| 1 | 1 | 1 | 1 | 1 | 1 |

⑤根据时序逻辑电路状态方程以及触发器的动作特点，画出其时序图如图 10.24 所示。

在画时序图时，应特别注意触发器的触发方式，以便确定状态转移的时刻是时钟脉冲的前沿还是后沿。由于存储电路是下降沿 JK 触发器，时序的划分以时钟脉冲的下降沿为基准，下降沿之前的是现态，下降沿之后的为次态。输出 $Y$ 往往是组合逻辑电路部分的输出，只取决于当时的输入和状态的变化。

根据状态图和状态表或时序图，分析可知，当输入信号 $X=0$ 时，无论电路处于何种状态，都要回到00态，同时输出$Y=0$；只有连续输入4个或4个以上的1时，才能使$Y=1$。所以该电路的逻辑功能是对输入信号进行检测，当检测到连续4个或4个以上1时，输出$Y=1$；否则$Y=0$，故该电路为1111序列检测器。

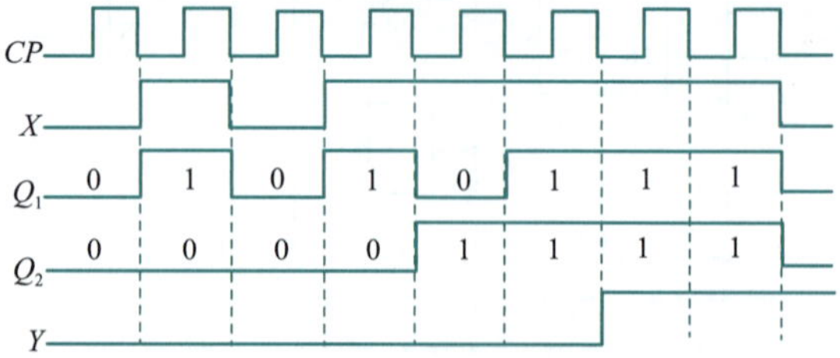


图10.24 例10.2时序逻辑电路时序图

## 小　　结

本章介绍了组合逻辑电路分析方法和设计方法，对于组合逻辑电路的分析和设计都要按照步骤一步一步完成；还分析了RS触发器、D触发器、JK触发器的基本结构、逻辑功能、特性方程等；介绍了时序逻辑电路的分析方法和设计方法，对于时序逻辑电路的分析和设计不仅要考虑此刻的输入信号还要考虑电路原来的状态。

## 习　　题

**10.1**　组合逻辑电路及其输入波形如图10.25所示，试列出其真值表，并对应输入波形画出输出$L$的波形。

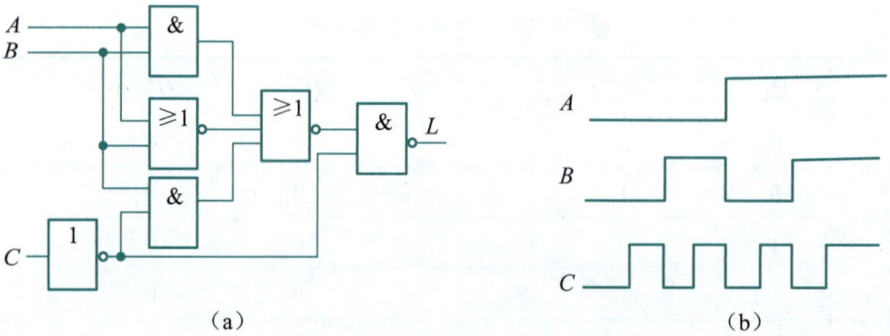


图10.25 题10.1图

**10.2**　某工厂有三个车间（用$A$、$B$、$C$表示）和两台发电机（用$X$、$Y$表示）。如果只有一个车间开工，启动发电机$Y$就能满足供电要求；如果两个车间同时开工，启动发电机$X$能满足供电要求；如果三个车间同时开工，则需要同时启动发电机$X$和$Y$才能满足供电要求。试根据供电要求，用逻辑门设计一个电路来控制发电机的启动和停止运行。

**10.3**　触发器的异步清零和同步清零的区别是什么？

**10.4**　如图10.26所示电路，触发器的初始状态均为0。

①画出在时钟脉冲$CP$的作用下，输出$Q_0$、$Q_1$的波形。

②试说明$Q_0$、$Q_1$信号频率与$CP$信号频率之间的关系。

**10.5**　同步时序逻辑电路及 $CP$ 波形如图 10.27 所示，列出状态表，画出状态图和时序图（电路的初始状态为 00）。

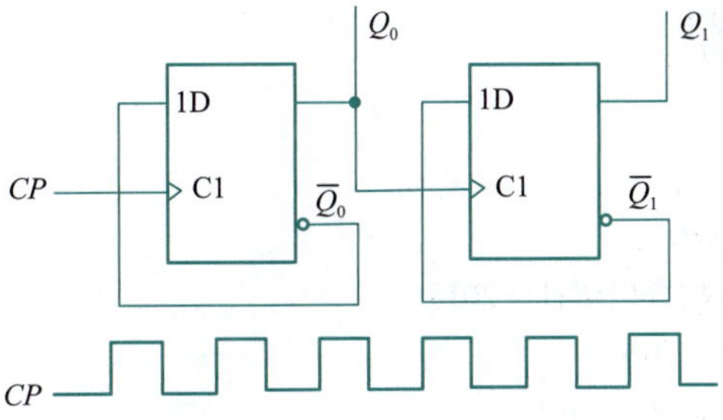


图 10.26　题 10.4 图

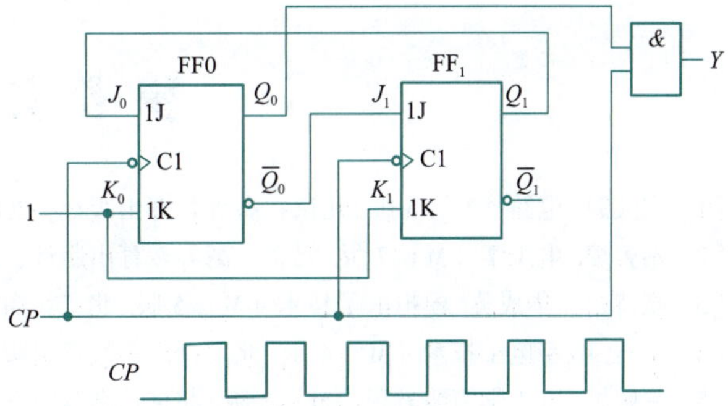


图 10.27　题 10.5 图

**10.6**　试用上升沿触发的 D 触发器设计一个时序逻辑电路，其状态图如图 10.28 所示。

**10.7**　某同步时序逻辑电路的状态表见表 10.16，试写出用 D 触发器设计该电路时的最简驱动方程。

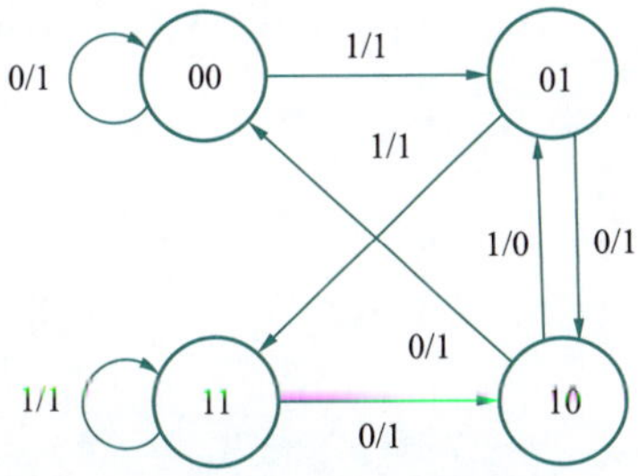


图 10.28　题 10.6 图

**表 10.16　题 10.7 表**

| $Q_2^n$ | $Q_1^n$ | $Q_0^n$ | $Q_2^{n+1}$ | $Q_1^{n+1}$ | $Q_0^{n+1}$ |
|---|---|---|---|---|---|
| 0 | 0 | 0 | × | × | × |
| 0 | 0 | 1 | 0 | 1 | 1 |
| 0 | 1 | 0 | 1 | 1 | 0 |
| 0 | 1 | 1 | 0 | 1 | 0 |
| 1 | 0 | 0 | 1 | 0 | 1 |
| 1 | 0 | 1 | 0 | 0 | 1 |
| 1 | 1 | 0 | 1 | 0 | 0 |
| 1 | 1 | 1 | × | × | × |

**10.8**　用 555 定时器组成应用电路时，控制电压端与地之间接一个电容的作用是什么？

**10.9**　用 555 定时器构成的施密特触发器电路和 $u_I$ 波形如图 10.29 所示。

①电路的正、负向阈值电压及回差电压分别是多少？

②对应输入波形，画出输出波形。

③画出电路的传输特性曲线。

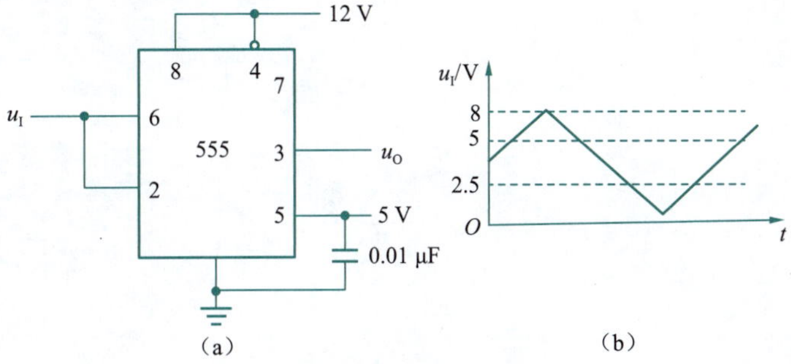


图 10.29　题 10.9 图

# 参 考 文 献


[1] 邱关源. 电路 [M]. 5 版. 北京：高等教育出版社，2006.
[2] 秦曾煌. 电工学 [M]. 7 版. 北京：高等教育出版社，2009.
[3] 童诗白，华成英. 模拟电子技术 [M]. 5 版. 北京：高等教育出版社，2015.
[4] 阎石. 数字电子技术 [M]. 6 版. 北京：高等教育出版社，2016.
[5] 秦曾煌. 电工学简明教程 [M]. 3 版. 北京：高等教育出版社，2015.
[6] 郝晓丽. 电路与电子技术基础 [M]. 北京：人民邮电出版社，2014.
[7] 周围. 电路分析基础 [M]. 2 版. 北京：人民邮电出版社，2019.